U0743697

高等职业教育计算机类专业系列教材

高等职业教育新形态立体化教材

机器学习——Python 实战

（微课版）

主　编　夏林中　于培宁　梁　晨

副主编　刘国锋　丁振强　张俊豪

西安电子科技大学出版社

内 容 简 介

本书较为全面地介绍了机器学习的核心算法和理论。全书共 10 个模块，包括机器学习入门基础、机器学习数学基础、回归算法、朴素贝叶斯分类算法、决策树分类算法、逻辑回归、支持向量机、聚类、集成学习之随机森林算法与 Ada Boost 算法等，各模块均配有技能实训和拓展实训，可帮助读者强化所学内容。

本书可作为高等职业教育电子信息相关专业机器学习、数据分析、数据挖掘等课程的教材，也可作为程序员、数据分析师、数据科学家等相关人员解决实际问题的工具书，还可作为机器学习初学者的入门参考书和工程技术人员的参考资料。

图书在版编目（CIP）数据

机器学习：微课版：Python实战 / 夏林中，于培宁，梁晨主编.
西安：西安电子科技大学出版社，2024. 8. -- ISBN 978-7-5606-7293-9

Ⅰ. TP181；TP311.561

中国国家版本馆 CIP 数据核字第 2024TR5070 号

策　　　划	明政珠	
责任编辑	杨　薇	
出版发行	西安电子科技大学出版社（西安市太白南路 2 号）	
电　　话	(029) 88202421　88201467	邮　　编　710071
网　　址	www.xduph.com	电子邮箱　xdupfxb001@163.com
经　　销	新华书店	
印刷单位	陕西天意印务有限责任公司	
版　　次	2024 年 8 月第 1 版　2024 年 8 月第 1 次印刷	
开　　本	787 毫米×1092 毫米　1/16　印张 14	
字　　数	329 千字	
定　　价	64.00 元	

ISBN 978-7-5606-7293-9

XDUP 7594001-1

前　言

人工智能是新一代生产力发展的主要驱动力，机器学习是其不可或缺的技术基石。当前，机器学习已成功地应用到很多领域，如数据挖掘、数据分类和分析、自动驾驶等，成为高职高专院校电子信息相关专业学生必须掌握的关键技术之一。

为适应机器学习的发展需求，作者根据多年的实际项目开发经验和丰富的高等职业教育教学经验编写了本书。本书以实际项目为案例，遵循"学做合一"的理念，将技术讲解与实际案例紧密结合。读者在使用本书的过程中，不仅能快速完成基本技术的学习，而且能按工程化实践要求进行项目开发。

本书的主要特点如下：

1. 图文并茂、循序渐进

本书图文并茂、突出实用性，并提供了大量的操作示例和代码，较好地将学习与应用结合在一起；内容由浅入深，循序渐进，适合不同层次的读者阅读。

2. 理论教学与实际项目开发紧密结合

为了使读者能快速地掌握相关技术并按实际项目开发要求熟练运用所学知识，本书在各模块中都设计了相关实训。

3. 案例典型，轻松易学

本书所选用的案例均与日常生活密切相关，如房价数据分析、鸢尾花分类等，可使读者在学习的时候不会觉得陌生，更容易接受，从而提高学习效率。

4. 紧跟行业技术发展

机器学习技术发展很快，本书着重于当前主流技术的讲解，与行业联系密切，所有内容紧跟行业技术的发展。

5. "教、学、做"一体化

本书精心设计了以企业典型项目为载体、任务驱动、"教、学、做"一体化的教学内容，注重通过实训引导学生在实践的基础上理解并掌握理论知识，从而掌握相关岗位的基本技能，提升综合应用能力。每个模块除了安排技能实训，还安排有拓展实训，拓展实训相关步骤由学生自己完成，实现学中做、做中学的教学模式。

6. 教学资源丰富

本书不仅采用了传统教材的知识体系，还融入了现代信息技术，提供了多样化的教学资源，读者扫描书中的二维码即可学习。微课版教材的特点在于其灵活性和互动性。本书通过凝练的视频课程，将复杂的知识点分解成易于理解和消化的小块内容，使读者能够在任何时间、任何地点通过移动设备轻松学习。通过这种创新的模式，读者将能够更加深入地掌握知识，提高学习效率。

本书加了 * 的模块是课程的拓展部分，可满足职业本科层次以上学生的学习需求，高等职业教育学生可根据实际情况选用。

为方便读者使用，书中全部实例的源代码及电子教案均免费提供，读者可登录西安电子科技大学出版社官网(https://www.xduph.com)下载。

本书由夏林中、于培宁、梁晨担任主编，刘国锋、丁振强、张俊豪担任副主编，另外深圳市讯方技术股份有限公司多名工程师参与了编写工作。夏林中担任本书的整体编写规划和统筹工作，并编写模块 1～模块 3；于培宁主要编写模块 4～模块 6；梁晨主要编写模块 7～模块 10；刘国锋担任本书的评审工作；丁振强担任本书的素材开发与评审工作；张俊豪担任本书的整体校验工作并统筹提供企业案例内容。

由于作者水平有限，书中不足之处在所难免，殷切希望广大读者批评指正。请读者将发现的问题发送至作者的电子邮箱(liangc@sziit.edu.cn)，以便再版时更正。

作　者

2024 年 5 月

CONTENTS

目　　录

模块 1　机器学习入门基础 ……………………………………………………… 1

1.1　机器学习的概念 …………………………………………………………… 2

1.2　机器学习的原理 …………………………………………………………… 3

1.3　机器学习的分类 …………………………………………………………… 5

1.4　机器学习的实施流程 ……………………………………………………… 6

　1.4.1　数据收集 ……………………………………………………………… 6

　1.4.2　数据清洗 ……………………………………………………………… 6

　1.4.3　特征提取与选择 ……………………………………………………… 7

　1.4.4　模型训练 ……………………………………………………………… 8

　1.4.5　模型评估测试 ………………………………………………………… 8

　1.4.6　模型部署应用 ………………………………………………………… 8

1.5　机器学习的应用领域 ……………………………………………………… 9

1.6　机器学习的开发工具 ……………………………………………………… 10

　1.6.1　一站式开发环境 Anaconda ………………………………………… 10

　1.6.2　集成开发环境 PyCharm ……………………………………………… 11

实训一　安装一站式开发环境 Anaconda ……………………………………… 12

实训二　安装集成开发环境 PyCharm …………………………………………… 22

模块 2　机器学习数学基础 ……………………………………………………… 33

2.1　线性代数 …………………………………………………………………… 34

　2.1.1　向量空间 ……………………………………………………………… 34

　2.1.2　矩阵分析 ……………………………………………………………… 40

2.2　概率与统计 ………………………………………………………………… 43

　2.2.1　概率与条件概率 ……………………………………………………… 43

　2.2.2　贝叶斯理论 …………………………………………………………… 44

　2.2.3　信息论基础 …………………………………………………………… 45

2.3*　多元微积分 ………………………………………………………………… 47

　2.3.1　导数与偏导数 ………………………………………………………… 47

　2.3.2　梯度和海森矩阵 ……………………………………………………… 48

　2.3.3　最速下降法 …………………………………………………………… 50

　2.3.4　随机梯度下降法 ……………………………………………………… 51

实训一　利用 Python 实现线性代数相关方法 ················· 52

实训二　利用 Python 实现概率论相关方法 ················· 55

模块 3　回归算法 ················· 58

3.1　线性回归 ················· 59

3.1.1　一元线性回归 ················· 60

3.1.2　多元线性回归 ················· 61

3.2　代价(损失)函数 ················· 61

3.3　梯度下降法 ················· 62

3.3.1　梯度下降法的数学描述 ················· 63

3.3.2　梯度下降法的调优 ················· 64

3.4　标准方程法 ················· 65

3.5　非线性回归 ················· 66

实训一　利用 scikit-learn 基于波士顿房价数据集实现线性回归算法 ················· 67

实训二　利用 scikit-learn 多元线性回归建立美国加利福尼亚地区的房价预测模型 ················· 68

实训三　通过广告花费预测产品销售额 ················· 71

模块 4　朴素贝叶斯分类算法 ················· 78

4.1　贝叶斯分类算法 ················· 79

4.1.1　贝叶斯定理 ················· 79

4.1.2　贝叶斯定理的一个简单例子 ················· 80

4.1.3　贝叶斯分类算法的原理 ················· 80

4.2　朴素贝叶斯分类算法简述 ················· 81

4.2.1　朴素贝叶斯分类算法的原理 ················· 81

4.2.2　朴素贝叶斯分类算法的参数估计 ················· 82

4.2.3　朴素贝叶斯分类算法的优缺点 ················· 83

4.3　高斯朴素贝叶斯分类算法 ················· 83

4.4　多项式朴素贝叶斯分类算法 ················· 84

实训一　高斯朴素贝叶斯分类算法的 Python 实现——鸢尾花分类 ················· 85

实训二　多项式朴素贝叶斯分类算法的 Python 实现——新闻分类 ················· 88

模块 5　决策树分类算法 ················· 93

5.1　决策树分类算法的基本概念 ················· 95

5.1.1　以信息论为基础的分类原理 ················· 95

5.1.2　决策树度量标准 ················· 96

5.1.3　决策树的具体用法 ················· 96

5.1.4　决策树分类算法的优缺点 ················· 97

5.2　常用的决策树分类算法 ················· 98

5.2.1　ID3 决策树分类算法 ················· 98

　　5.2.2　C4.5 决策树分类算法 ·················· 102

　　5.2.3　CART 分类算法 ························ 103

　5.3　决策树剪枝 ······························· 104

　实训一　利用 scikit-learn 的决策树编写一个广告屏蔽程序 ······· 105

　实训二　利用 CART 分类算法创建分类树 ··············· 108

　实训三　实现 CART 回归树 ······················ 109

模块 6　逻辑回归 ····························· 113

　6.1　逻辑回归概述 ··························· 114

　6.2　逻辑回归原理 ··························· 116

　　6.2.1　逻辑回归模型 ······················· 116

　　6.2.2　逻辑回归学习策略 ····················· 117

　　6.2.3　逻辑回归优化算法 ····················· 118

　6.3　多项逻辑回归 ··························· 119

　实训　对鸢尾花数据进行逻辑回归 ·················· 121

模块 7　支持向量机 ··························· 126

　7.1　支持向量机的基础知识 ······················ 128

　7.2　不同情形下的支持向量机 ····················· 130

　　7.2.1　线性可分下的支持向量机 ·················· 130

　　7.2.2　线性不可分下的支持向量机 ················· 131

　　7.2.3　非线性支持向量机 ····················· 131

　　7.2.4　多分类支持向量机 ····················· 132

　　7.2.5　支持向量回归机 ······················ 132

　实训一　线性 SVM ·························· 133

　实训二　非线性 SVM ························· 137

模块 8　聚类 ······························· 141

　8.1　聚类概述 ···························· 142

　　8.1.1　聚类算法简介 ······················· 142

　　8.1.2　性能度量和距离计算 ···················· 143

　　8.1.3　聚类算法的分类 ······················ 143

　8.2　K-means 聚类 ························· 144

　　8.2.1　K-means 聚类过程和原理 ················· 144

　　8.2.2　K-means 算法优化 ···················· 145

　　8.2.3　K-means 应用实例 ···················· 146

　8.3　层次聚类 ···························· 149

　　8.3.1　层次聚类的过程和原理 ··················· 150

　　8.3.2　凝聚层次聚类 ······················· 151

　　8.3.3　Hierarchical Clustering 算法简介 ············· 152

8.3.4　BIRCH 算法简介 ·· 153

8.3.5　层次聚类应用实例 ·· 154

8.4　密度聚类 ··· 155

8.4.1　密度聚类的过程和原理 ··································· 155

8.4.2　密度聚类应用实例 ·· 158

实训　K-means 的电信客户流失群体分析 ························ 160

模块 9˚　集成学习之随机森林算法 ··························· 171

9.1　集成学习算法思想 ··· 172

9.2　随机森林 ··· 175

9.2.1　随机森林的基本概念及原理 ····························· 175

9.2.2　样例分析 ··· 176

9.2.3　随机森林的特点 ··· 178

9.2.4　与其他有监督学习算法的对比 ··························· 179

9.3　随机森林的推广——极端随机树 ······························ 179

9.4　随机森林算法的 scikit-learn 实现 ··························· 180

9.4.1　scikit-learn 随机森林类库概述 ·························· 180

9.4.2　随机森林算法的框架参数 ································· 180

9.4.3　随机森林算法的输出参数 ································· 182

实训　利用随机森林算法对鸢尾花进行数据分析 ················ 182

模块 10˚　集成学习之 AdaBoost 算法 ······················ 195

10.1　AdaBoost 算法 ··· 196

10.1.1　AdaBoost 算法概述 ······································ 196

10.1.2　AdaBoost 算法的分类 ···································· 197

10.2　AdaBoost 算法的 scikit-learn 实现 ························· 201

10.2.1　AdaBoost 算法的框架 ···································· 201

10.2.2　AdaBoost 算法的超参数 ································· 201

10.2.3　AdaBoost 算法的模型参数 ······························ 202

实训一　AdaBoost 算法的 scikit-learn 实现 ···················· 203

实训二　AdaBoost 算法的波士顿房价预测 ····················· 205

附录　scikit-learn 简单动手实践 ···························· 210

参考文献 ·· 216

模块 1

机器学习入门基础

学习目标

知识目标

(1) 学习机器学习的相关概念。
(2) 学习机器学习的基本框架体系。
(3) 学习机器学习的实施流程与应用领域。
(4) 学习搭建基于 Python 的机器学习开发环境。

技能目标

(1) 具备机器学习的基本思维。
(2) 掌握机器学习的实施流程。
(3) 掌握 Anaconda3 的使用方法。
(4) 掌握 PyCharm 的配置方法。

素养目标

(1) 通过学习机器学习的概念，培养学生的求真精神，激发他们探索未知事物与规律的好奇心。
(2) 通过学习机器学习的原理，引导学生对自己的学习过程进行反思，从而培养学生良好的学习习惯。
(3) 通过技能实训，培养学生严谨的工作作风和踏实的工作态度。

情境引入

机器学习在生活中的应用场景非常多，如电子商务的个性化推荐、自动语音识别、文本翻译、视频图像自动分类等，这些应用大都是基于机器学习的基本原理和相关技术进行开发并实现的。以个性化推荐为例，你知道这种系统是如何了解到用户潜在兴趣点的吗？你知道它们给用户推荐产品的过程是怎样的吗？

推荐系统的工作过程大体为：推荐系统首先利用用户数据（即用户在网络上浏览商品或其他网页时在后台留下的痕迹）来快速捕获用户的兴趣点；其次，通过构建合适的算法模型，将这些用户数据输入模型进行训练；最后，利用得到的模型分析预测出用户可能感兴趣的商品，在用户下一次浏览时推荐给用户。以上就是个性化推荐背后的基本逻辑。

知识准备

机器学习是一门多领域交叉学科，涵盖了广泛的数学知识，如概率论、统计学等。与其他学科相比，机器学习的学习门槛较高，学习者不仅需要积累相关的知识，还要有学好它的勇气和决心。

1.1　机器学习的概念

机器学习的概念

当前，新一代人工智能技术发展迅猛，并向社会各个领域加速渗透，对人类的生产、生活方式产生了深刻的影响。作为当前 IT 界的热点方向之一，许多高校纷纷设立了人工智能相关的学院或者专业，人工智能（Artificial Intelligence，AI）、机器学习（Machine Learning）、深度学习（Deep Learning）等热门词汇也频繁出现在我们的日常生活和学习中。

在正式学习机器学习之前，我们需要明晰人工智能、机器学习和深度学习这三者之间的关系。人工智能属于计算机科学的一个分支，是一门新兴的技术学科，其主要研究和开发用于模拟、延伸和扩展人的智能的理论、方法、技术及应用系统。简单来说，人工智能的目标就是努力将人类完成的任务实现智能自动化。AI 的覆盖面非常宽泛，其主要包含两大关键技术——机器学习和深度学习。机器学习为实现人工智能提供了方法，深度学习则为实现机器学习提供了技术。总体来说，机器学习和深度学习都属于 AI 的范畴，机器学习是 AI 的一个分支技术，深度学习则是机器学习里的特定分支技术，三者是包含关系，而非并列关系，如图 1-1 所示。

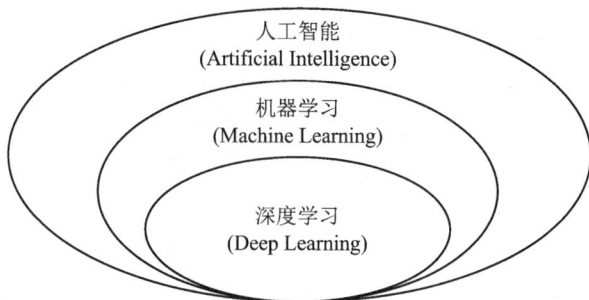

图 1-1　人工智能、机器学习、深度学习三者的关系

　　彼得·哈林顿（Peter Harrington）在《机器学习实战》（*Machine Learning in Action*）一书中是这么说的："机器学习就是把无数的数据转换成有用的信息。"而彼得·弗拉赫（Peter Flach）则有不同看法，他在《机器学习》（*Machine Learning*）一书中把机器学习概括为"使用正确的特征来构建正确的模型，以完成指定任务"。市面上还有很多不同的专业书籍，对机器学习的定义和理解都不太相同。关于机器学习的定义，学术界目前还没有统一的标准。业界普遍认为机器学习是一种专门研究计算机怎样模拟人类的学习行为，进行新知识和新技能的获取，并不断通过重组知识结构来改善自身性能的技术。机器学习是人工智能的核心研究方向之一，主要涉及数据、算法和模型这三大要素。

　　（1）数据：输入计算机的数据。

　　（2）算法：用系统的方法描述解决问题的策略机制。

　　（3）模型：描述输入到输出的映射关系。

　　它们三者之间的关系为：数据作为输入提供给算法，算法通过学习和训练生成模型。

1.2　机器学习的原理

机器学习的原理

　　对于初学者而言，在了解了机器学习的基本概念后，可能会觉得概念比较抽象、难懂，本节将带领大家进一步理解它的含义。

　　机器学习的目的是实现机器对相似人、事、物的预测或者判断。为了更好地理解机器学习，下面举一些简单的例子。回想一个小孩学习新事物的生活场景：当他还没有学会如何判断物品是否可食用时，无论是能吃的还是不能吃的，他都会拿起来先咬一口。当他吃到难吃、无味甚至是不能吃的东西时，他会得到负面的味觉反馈。不知不觉中，他会逐渐从这些错误经验中总结出这些物品是不可食用的这一结论。当他下次再看到相似的东西时，就不会误食了。小孩对世界充满好奇，玩耍时也总掌握不了分寸，父母在每次看到他不正确的行为时会对他进行引导，甚至批评，以让他了解类似的行为不可以做。反复几次之后，他会逐渐知道，哪些动作是允许的，哪些动作是不允许的。上述这些例子，其实就是我们人类进行学习的真实过程，而机器学习中的许多过程也与之相似。如在模块 3 的回归算法中，会提供很多带有正确或错误标签的数据给机器，然后让机器不断地去尝试判断它们的正误；经过这样的学习过程，机器会被训练得到一个判断这些数据是否正确的模型（可以简单理解为函数）；之后，再把一些新的相似数据提供给机器时，它就会按照模型计算的结果进行判断了。在该例子中，数据就相当于小孩嘴里的东西，能吃的东西是有特征的，如软的、有味道的、咬起来很舒服的等。通过不断尝试，小孩掌握了基本的规律，这个规律就类似于机器学习中的模型或者函数，下次再把一些东西给小孩时，他自己就能够根据东西的特征来判断能不能吃了。算法可以理解为小孩掌握规律前的尝试方法，如通过触感、气味、味道等，或几种组合综合判断。尝试方法的严谨、复杂程度与算法相匹配，最终得到的模型则会因实际情况而有所差异。

　　通过图 1-2 可以简单了解机器学习的过程。这一过程可以分为训练阶段与预测阶段。在训练阶段，提供已有数据（训练数据）给算法，让其摸索规律，训练得到模型；在预测阶段，输入新的数据到训练阶段得到的模型中，对新的数据进行预测，得到预测结果。

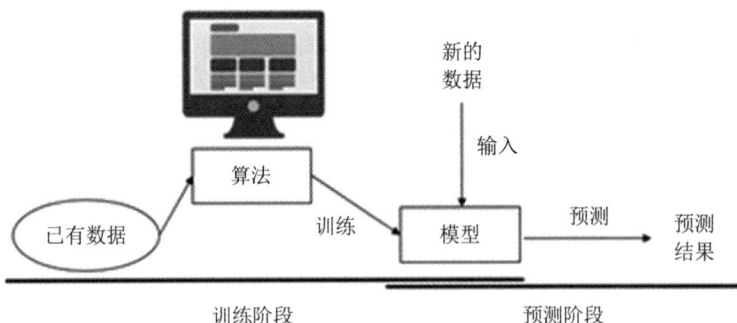

图 1-2　机器学习过程图解

　　需要说明的是，机器学习并不是任何情况和场景下都适用的，也不是每次判断都是绝对准确的，准确率的高低与数据质量和特性、机器学习类型的选择、算法选型等因素有非常大的关系。

　　对于一些简单统计的应用场景，如果可以通过个别规则解决，则无须使用机器学习。对于智能医疗等对准确率要求非常高的应用场景，机器学习也难以应用，因为一旦判断出错，可能产生非常严重的后果。只有对于允许一定错误率且问题本身比较复杂的应用场景，才适合使用机器学习。例如：在推荐场景中，准确的推荐有助于平台高效引流、提高成交率、提供优质用户体验；即使推荐不准确，也不会影响整个系统的关键业务，只要保证整体推荐的准确率达到某一阈值标准即可。

　　因此，机器学习本质上是一个提高效率的工具，但如果应用成本远超实际效益，可以选择不使用。除此之外，机器学习也不是万能的，对于是否能应用，选择哪种算法比较好，能否达到利益最大化等具体问题，则需要根据实际情景作合理选择。

1.3 机器学习的分类

机器学习的
4 种类型

按研究领域的不同，机器学习可分为监督学习、无监督学习、半监督学习和增强学习 4 种类型。下面对这 4 种类型进行简要介绍。

1. 监督学习

监督学习先通过学习已有的标记数据样本来构建模型，再利用模型对新的数据进行预测。例如，为了预测某建筑内电梯在未来一年内是否会发生故障，监督学习可以利用以前相同品牌电梯的相关数据(包括型号、使用年限、维修次数等)来构建一个模型并对其进行训练。这个模型可以用来预测该电梯发生故障的概率。常见的监督学习主要分为回归和分类两种形式，回归用于预测连续值的结果(如预测电影票房)，分类用于预测离散值的结果(如判断指定图片中的动物是猫还是狗)。

2. 无监督学习

无监督学习也称为非监督学习，它通过学习没有标记的数据样本来发掘未知数据间的隐藏结构关系，从而实现预测。聚类学习就是一种比较常用的无监督学习，其目的是把相似的对象聚在一起，构成不同的集合，其示意图如图 1-3 所示。例如，商业活动中对目标客户群体的细致分类等应用就使用了聚类学习。无监督学习除聚类学习外还有很多，如关联规则学习、数据降维分析等。

图 1-3 聚类学习示意图

3. 半监督学习

半监督学习是一种在预测时，既使用有标记样本数据，又使用无标记样本数据的方法。通常情况下，无标记样本的数量远超有标记样本。因为获得有标记数据的成本往往很高，所以在训练分类器时，先使用部分有标记数据，在学习了数据的内在结构联系以后，再使用大量无标记数据进一步学习以得到更好的模型，从而实现对数据的有效预测。例如，生物学中，在对某种蛋白质的结构进行分析或者功能鉴定时，可能需要生物学家用很多年的时间来对数据进行标记，然而通过半监督学习便可以利用大量简单易得的无标记数据来建立蛋白质的结构分析模型。

4. 增强学习

增强学习是一种通过与环境交互，推测并优化实际动作，从而实现决策的学习方法。

和上述学习类型相比，增强学习的输入数据会直接反馈为模型决策效果。与此同时，模型做相应调整，并依据状态的变化来获得强化后的信号，从而完成和环境的交互。例如，车联网中的自动驾驶汽车通过不断与环境交互来学习驾驶技巧。

本节只介绍 4 种机器学习类型各自的基本概念，读者只需要大体了解其中的区别和每种类型的特征即可。在实际应用场景中，使用最多的是监督学习和无监督学习，后续模块中将会进行详细讲解。

1.4　机器学习的实施流程

机器学习的
实施流程

图 1-4 给出了机器学习的一般实施流程，由图可知，机器学习的实施流程主要包括数据收集、数据清洗、特征提取与选择、模型训练、模型评估测试、模型部署应用等环节。了解机器学习的完整实施流程后，就能宏观地认识机器学习了。

数据收集 ⇨ 数据清洗 ⇨ 特征提取与选择 ⇨ 模型训练 ⇨ 模型评估测试 ⇨ 模型部署应用

图 1-4　机器学习的实施流程

1.4.1　数据收集

应用机器学习解决问题时，在明确目标任务（即明确要解决的问题和业务需求）之后，首先需要进行数据收集。收集数据有多种方式，如编写网络爬虫从网站上抽取数据、采集服务器中指定的应用数据、接收设备发送过来的数据等。在机器学习任务中使用的数据样本组成的集合称为数据集。典型的数据集类似于一个二维的电子表格或数据库表，每一行称为一个数据样本，每一列的属性称为一项特征（如身高、体重等），举例如表 1-1 所示。

表 1-1　典型数据集举例

序号	姓名	性别	身高/cm	体重/kg	喜欢的颜色
1001	张三	男	175	60	蓝色
1002	李四	女	160	48	红色
1003	王五	男	180	65	黑色
1004	赵六	女	165	50	黑色

1.4.2　数据清洗

大部分情况下，收集得到的数据需要经过清洗才能够为算法所使用，因为真实的数据中通常会出现以下数据质量问题：

（1）不完整，即数据中缺少属性或者包含一些缺失的值。例如，表1-2中李四的体重是空值（Null）。

（2）多噪声，即数据中包含错误的记录或者异常点。例如，表1-2中王五的身高是520 cm，这显然不符合常理，属于异常情况。

（3）不一致，即数据中存在矛盾的、有差异的记录。例如，表1-2中赵六喜欢的颜色是赵六，属于矛盾情况。

表 1-2　"脏"数据举例

序号	姓名	性别	身高/cm	体重/kg	喜欢的颜色
1001	张三	男	175	60	蓝色
1002	李四	女	160	**Null**	红色
1003	王五	男	**520**	65	黑色
1004	赵六	女	165	50	**赵六**

一般我们称这些有异常的数据为"脏"数据。在使用"脏"数据之前，需要对其进行清洗，清洗方法有删掉异常的数据样本，或者对一些缺失值进行补充（通常是采用均值）等。数据清洗是机器学习过程中的重要环节，需要花费很多的时间和精力。这是因为数据的质量对模型性能至关重要，是决定模型能力的关键因素。如果没有质量优良的数据，就无法构建出性能优秀的模型。因此，提前清洗"脏"数据是非常必要的。

1.4.3　特征提取与选择

对数据进行初步清洗后，需要将其转换为一种适合机器学习模型的表示形式，并且要确保转换后一样能准确地表示数据。例如，通过人的身高、体重、喜欢的颜色等这些特征来预测性别时，我们不会把"蓝色""红色""黑色"直接输入给模型，因为计算机是无法理解自然语言的，机器学习的模型算法也要求输入的数据必须是数值型的。在此分类问题中，需要将类别数据编码为对应的数值表示。这一过程可以采用哑编码来完成。哑编码是一种将离散型的特征进行一对多映射，从而生成多个特征的编码方式。例如，采用哑编码将喜欢的颜色（一种特征）即蓝色、红色、黑色映射为3个特征。表1-3所示为表1-1哑编码后的结果。

表 1-3　表 1-1 哑编码后的结果

序号	姓名	性别	身高/cm	体重/kg	喜欢的颜色		
					蓝色	红色	黑色
1001	张三	男	175	60	1	0	0
1002	李四	女	160	48	0	1	0
1003	王五	男	180	65	0	0	1
1004	赵六	女	165	50	0	0	1

　　在表 1-3 中用 1 和 0 表示特征匹配的状态，如张三喜欢蓝色，则蓝色特征的值为 1，其他颜色为 0，李四喜欢的颜色为红色，则红色特征的值为 1，其他颜色为 0。

　　对于文本数据，一般使用词袋法、TF-IDF、word2vec 等方式从中提取有用的数据。当然，还有很多其他的数据转换形式，这里不再延展开讨论。

　　通常情况下，完成特征转换提取后，可能会存在很多特征，其中一些可能是多余的或者与我们要预测的值无关。此时，需要从这些特征中选出对最终结果影响较大的一些特征，将其作为构建模型的特征列表。

　　对所有构建好的特征进行选择的必要性主要有以下几点：

　　（1）减少训练的时间，能使用较少的特征更快地生成模型。

　　（2）简化模型，使模型更容易被使用者所理解。

　　（3）使模型的泛化能力更好，避免过拟合。

　　一般来说，特征选择的方法有过滤法（Filter）、包裹法（Wapper）、嵌入法（Embedded）等。

1.4.4　模型训练

　　数据经过预处理之后，就可以用来训练模型了。一般把数据集分为训练集和测试集，或分为训练集、验证集和测试集。训练模型是在训练集上进行的。在模型训练的过程中，需要对模型的超参数进行调优。超参数是在开始学习过程之前设置的参数，如算法的迭代次数就属于超参数。如果不了解算法原理，则往往无法快速定位能决定模型优劣的模型参数。因此，在模型训练过程中，对研究者的机器学习算法原理掌握程度的要求较高。研究者理解越深入，就越容易发现模型所存在问题的原因，从而快速找到恰当且高效的调优方法。

1.4.5　模型评估测试

　　利用训练数据生成模型后，即可使用测试集来评估模型在真实环境中的泛化能力（即模型对新样本数据的适应能力）。如果测试结果不理想，则分析原因并进行模型优化。过拟合（指所训练的模型在训练集上表现优秀，却在测试集上表现很差的情况）和欠拟合（指无论经过多少轮次的训练，模型在训练集中的表现都很差的情况）是模型诊断中常见的问题。如果出现过拟合，可以通过增加训练数据量或降低模型复杂度来优化；如果出现欠拟合，可以通过提高特征数量和质量，以及增加模型复杂度来优化。针对分类、回归等不同类型的机器学习问题，评估指标的选择也有所不同。所以，研究者需要熟悉每种评估指标的准确定义，这样才可以有针对性地在不同场合选择有效的评估指标，并根据评估指标的结果对模型进行调整。一般情况下，每次调整模型后，都需要重新训练和评估。总结来说，要得到最优的机器学习模型，需要经过无数次的尝试和优化。

1.4.6　模型部署应用

　　在测试集上完成评估的模型，可以用来预测新数据的值。这时，需要将模型部署到实际的生产场景中，并根据业务场景的真实数据对模型进行多次微调。

1.5　机器学习的应用领域

机器学习的
应用领域

机器学习作为人工智能的关键技术，其应用涉及智能汽车、气象预测、个性化营销推广、自然语言处理、智能家居等领域。下面列举一些不同领域的相关应用。

1. 智能汽车

智能汽车通过机器学习技术整合物联网资源，智能了解车主及周边的环境，自动根据驾驶者的需求灵活调整车内设置，如座椅位置、温度、音响等，甚至可以报告故障和智能修复故障。在自动驾驶方面，智能汽车可以为驾驶者提供关于交通和道路状况的实时建议及事故预警。

2. 气象预测

气象预测主要分为短时预测和长期预测。短时预测指未来几小时到几天不等的天气预测；长期预测则指对厄尔尼诺(El Nino)、拉尼娜(La Nina)等气候现象进行预测。短期预测通常基于地区内的气象站所提供的多种实时数据(如当地的气温、湿度、气压、风速、雷达图等)进行分析，并通过复杂的物理模型综合运算得出预测结果。传统方法通常需要为模型设定大气物理的先验知识，而机器学习方法避开了物理因素，利用大量数据驱动机器从算法训练中"习得"大气物理学的原理。目前，机器学习在气象的短期预测领域已有较为成熟的应用，科学家们也正在努力开发适用于长期预测的模型。

3. 个性化营销推广

商家对顾客越了解，就越能够为顾客提供更好的服务，因而卖出的东西也会越多，这是个性化营销的基础。我们应该都碰到过这样的情况：在网上商店浏览某件产品，但没有买，过了几天后，再去浏览各个不同的网站时就会看到那款产品的广告。这种个性化营销其实只是冰山一角，企业能够进行全方位的个性化营销，如具体给顾客发送什么样的电子邮件，给他们提供什么样的优惠券，以及给他们推荐什么产品等，这一切都是为了提高交易达成的可能性。机器学习方法可以不断地收集顾客在网上浏览的网址、查看的产品、发表的留言、购买的记录等信息，并基于这些信息进行分析，从而"学习"到每位顾客的喜好，进行个性化精准营销。

4. 自然语言处理

自然语言处理(Natural Language Processing，NLP)已应用于多个领域。有自然语言的机器学习算法能够替代客户服务人员，快速地给客户提供他们所需的信息。智能手机的语音助手应用机器学习算法，拥有了语音识别能力，可以识别和理解人类的语言。除此之外，还可以通过机器学习算法，让计算机按照某一规则自动对指定文本信息进行提取，合成简短的摘要内容。

5. 智能家居

智能家居主要体现在"智"这一方面，它把机器学习算法与家居生活融合在一起。如智能音箱、智能烤箱等都内置了智能语音助手，它可以识别人们的语音，分析人们的指令，还可以做到智能回答以及反馈，实现音乐播放、烘烤时间反馈等功能，极大地方便了人们的生活，提高了人们的生活质量。

1.6　机器学习的开发工具

机器学习的
开发工具

为了在真实环境中应用机器学习，选择一款合适的计算机编程开发工具至关重要。在编程语言方面，推荐使用 Python 开发语言。一方面，Python 简单易学、应用广泛，可以快速将公式和逻辑转化为计算机语言；另一方面，Python 的开发生态系统成熟，具有很多经典的科学计算扩展库，如 Numpy、Matplotlib、SciPy 等，还有一个开源的机器学习库 scikit-learn，其中包含了许多可以直接使用的机器学习算法，且性能也是经过优化的。机器学习的目的是解决实际问题，而不是开发功能强大的应用软件。因此，Python 语言及其众多的扩展库所构成的开发环境十分适合工程技术人员。在实际生产中，Python 语言常用的开发环境主要有 Anaconda 和 PyCharm，本节将对这两种开发环境进行详细介绍。

1.6.1　一站式开发环境 Anaconda

Anaconda 是一个基于 Python 的数据处理和科学计算平台，其内置了许多非常有用的第三方库。安装了 Anaconda，就相当于把 Python 和 Numpy、Pandas、Matplotlib 等常用的库自动安装好了。Anaconda 同时支持 Linux、Mac、Windows 系统，便于新手学习。安装完 Anaconda（本书使用 Anaconda3 2021.05 版本）后，会配套安装好两个关键的组件 Jupyter Notebook 和 Spyder。

1）Web 开发环境 Jupyter Notebook

Jupyter Notebook 是一个基于服务器和客户端结构的 Web 应用程序。它允许创建和操作称为 Notebook 的笔记本文档，支持实时代码、数学方程、可视化和 Markdown。对于 Python 数据科学家而言，Jupyter Notebook 是必不可少的，因为它提供了最直观和交互式的数据科学环境之一。

除作为集成开发环境（Integrated Development Environment，IDE）运行外，Jupyter Notebook 还可用作教育或演示工具。对于刚刚开始接触机器学习、数据科学的人来说，它是一个完美的工具。Jupyter Notebook 可以实现代码的轻松查看和编辑功能，还可以创建令人印象深刻的演示文稿，以应用于各种需要的场景。通过使用 Matplotlib 和 Seaborn 等可视化库，可以在代码所在的同一文档中显示图形。此外，还可以将整个工作导出为 .pdf、.html 或 .py 文件。

Jupyter Notebook 允许创建博客和演示文稿，确保可重复的研究，可以运行之前编辑过的片段，适合初学者快速上手学习。但是，Jupyter Notebook 不方便管理大型项目，编写代码时无法智能提示，编码效率相对较低。

2）轻量级集成开发环境 Spyder

Spyder 的前身是 Pydee，是一个开源的专用于 Python 的交互式开发环境，提供高级的代码编辑、交互测试、调试等特性,支持 Windows 和 Linux 系统。和其他的 Python 开发环境相比,Spyder 最大的优点是拥有类似于 MATLAB 的"工作空间"的功能,可以很方便地观察和修改数组的值。

Spyder 方便初学者快速上手,其在线帮助选项允许在并行开发项目的同时查找有关库的特定信息。此外,Python 特定的 IDE 与 Rstudio 有相似之处。因此,从 R 语言切换到 Python 语言时使用 Spyder 很适合。

Spyder 支持对 Python 库的集成,如 Matplotlib 和 SciPy,进一步证明了 Spyder 特别适用于数据科学家。除可观的 IPython/Jupyter 集成之外,Spyder 还拥有独特的"可变浏览器"功能。

Spyder 支持代码完成和变量探索,使用方便,非常适用于数据科学项目,具有整洁的界面、积极的社区支持;但是它不适用于非数据科学项目,对于高级 Python 开发人员而言比较简单。

1.6.2　集成开发环境 PyCharm

PyCharm 是由一家捷克的软件开发公司 JetBrains 开发的一款面向专业开发者的 IDE。它的功能齐全,有一整套可以帮助用户在使用 Python 语言开发时提高效率的工具,如调试、语法高亮、项目管理、代码跳转、智能提示、自动完成、单元测试、版本控制等。集成开发环境提供免费版和付费版,分别称为社区版和专业版。PyCharm 是安装简单、设置快速的 IDE 之一,并且是数据科学家的首选。

对于那些喜欢 IPython 或 Anaconda 发行版的人来说,了解 PyCharm 可以帮助他们轻松集成 Matplotlib 和 Numpy 等工具。这意味着可以在处理数据科学项目时轻松使用数组查看器和交互式图。除此之外,IDE 扩展了对 JavaScript、Angular JS 等的支持,这使得 PyCharm 适合于 Web 开发。

PyCharm 可以很方便地用于编辑、运行、编写和调试 Python 代码。若要从一个新的 Python 项目开始,只需打开一个新文件并写下代码。除提供直接调试和运行功能外,PyCharm 还提供对源代码控制和全尺寸项目的支持。

PyCharm 功能强大,可以安装大量的插件,提高编程效率,方便对项目的管理;社区支持活跃;可以用于数据科学和非数据科学项目;无需任何外部要求即可运行,方便编辑和调试 Python 代码。但是,与其他软件相比,PyCharm 运行时需要消耗更大的内存,在使用之前,可能需要根据具体的运行环境做相应配置。

至此介绍了三种 Python IDE,即 Jupyter Notebook、Spyder 和 PyCharm,每一种 IDE 都有其独特的优缺点,初学者在开始学习机器学习之前,难免会不知道应该选择哪种 IDE,以致无从下手。

使用 Python 进行编程时,必须先安装好 Python。而在安装 Anaconda 时除了会配套安装好 Jupyter Notebook、Spyder 外,还附带了 Python 的安装;如果只是安装 PyCharm,还需要再单独安装 Python 才能进行编程。在实际的学习和工作中,必须同时学会 Anaconda 和 PyCharm 的安装与使用,两者结合使用有利于提高工作效率。因此,本模块讲解了这两种开发环境的安装与简单使用(在安装 PyCharm 时,配置 Python 的运行环境为 Anaconda 中的 Conda)。此外,本书主要使用 Jupyter Notebook 进行编程,而 PyCharm 则作为扩展学习。

技能实训

配置机器学习 Anaconda 开发环境，为后面的学习做好准备。

实训一　安装一站式开发环境 Anaconda

一、实训目的
（1）熟悉一站式开发环境 Anaconda。
（2）为后续开发/学习 Python 机器学习应用做准备。

二、实训内容
（1）下载并安装 Anaconda。
（2）测试 Anaconda。

安装一站式开发
环境 Anaconda

三、实训设备
本实训所需设备为安装有 Windows 操作系统的计算机（注：本书中所有操作步骤都以 Windows 10 64 bit 操作系统为例）。

四、实训步骤

1. 下载并安装 Anaconda
步骤 1：下载 Anaconda3 安装文件。

这里选择在"清华大学开源软件镜像站"中下载 Anaconda3 安装文件（由于是国内镜像，下载速度快很多），其网址是 https://mirrors.tuna.tsinghua.edu.cn/anaconda/archive/。输入网址，进入网站后选择"Anaconda3-2021.05-Windows-x86_64.exe"这个版本，如图 1-5 所示，然后单击下载（注：读者也可根据实际情况选择对应版本进行下载）。

Anaconda3-2021.05-Linux-x86_64.sh	544.4 MiB	2021-05-14 11:33
Anaconda3-2021.05-MacOSX-x86_64.pkg	440.3 MiB	2021-05-14 11:33
Anaconda3-2021.05-MacOSX-x86_64.sh	432.7 MiB	2021-05-14 11:34
Anaconda3-2021.05-Windows-x86.exe	408.5 MiB	2021-05-14 11:34
Anaconda3-2021.05-Windows-x86_64.exe	477.2 MiB	2021-05-14 11:34
Anaconda3-4.0.0-Linux-x86.sh	336.9 MiB	2017-01-31 01:34
Anaconda3-4.0.0-Linux-x86_64.sh	398.4 MiB	2017-01-31 01:35
Anaconda3-4.0.0-MacOSX-x86_64.pkg	341.5 MiB	2017-01-31 01:35

图 1-5　"清华大学开源软件镜像站"中 Anaconda3 版本列表

步骤 2：执行安装步骤。

双击下载好的 Anaconda3 运行文件(.exe 文件)，进入安装流程。

(1) 如图 1-6 所示，单击"Next"按钮，进入下一步。

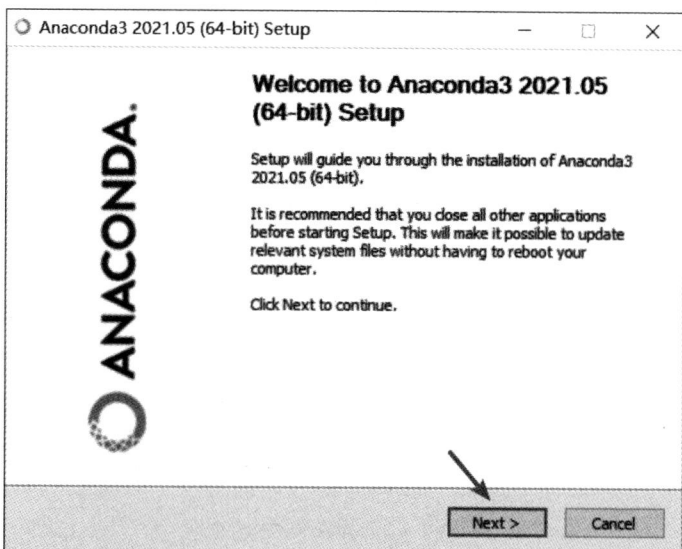

图 1-6　"Anaconda3 安装欢迎"页面

(2) 如图 1-7 所示，在弹出的"安装许可"页面中单击"I Agree"按钮，表示同意安装协议。

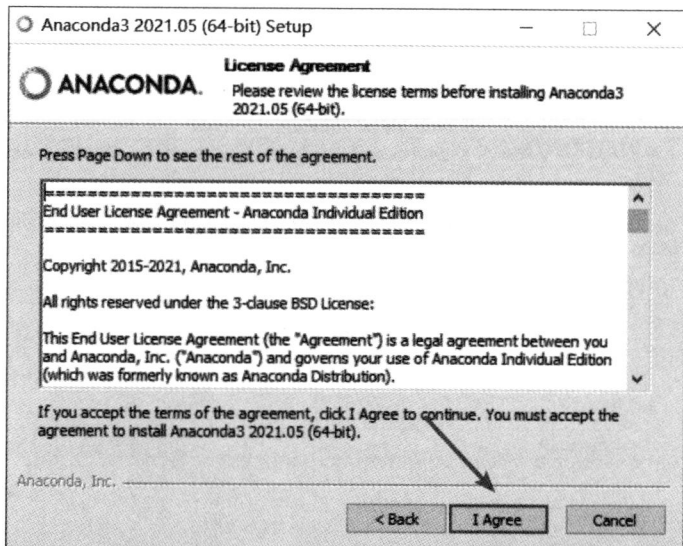

图 1-7　"安装许可"页面

(3) 如图 1-8 所示，在"选择安装类型"页面中选择"Just Me"(为自己安装)或"All Users"(为所有用户安装)单选框。为了确保安装权限，这里选择"Just Me"选项，然后单击"Next"按钮进入下一步。

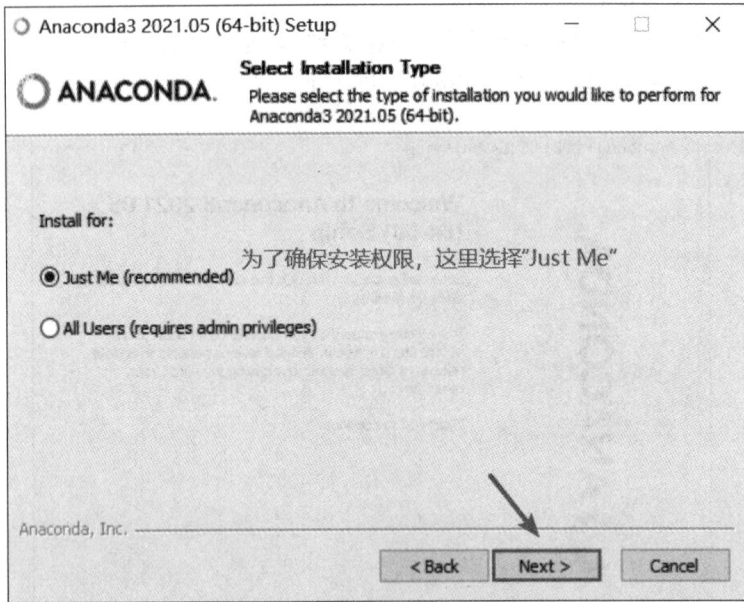

图 1 - 8　"选择安装类型"页面

　　(4) 如图 1 - 9 所示，在"选择安装位置"页面中单击"Browse..."按钮浏览自己的计算机，将 Anaconda3 安装在希望安装的磁盘下，然后单击"Next"按钮进入下一步。如果此时出现如图 1 - 10 所示的"安装提示"弹窗，则说明选择的安装位置中已有一些文件，导致不能安装 Anaconda3。因为 Anaconda3 的安装需要空的文件夹，所以按照提示更改到全新的空文件夹后即可解决该问题。

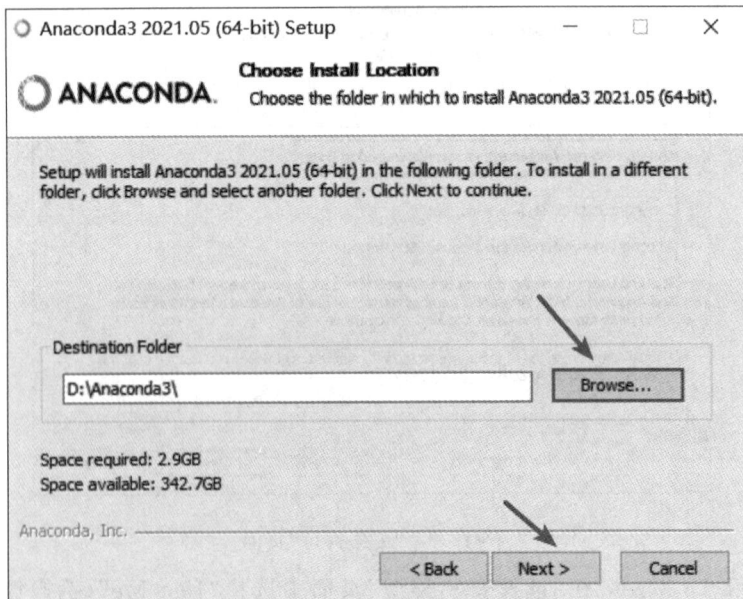

图 1 - 9　"选择安装位置"页面

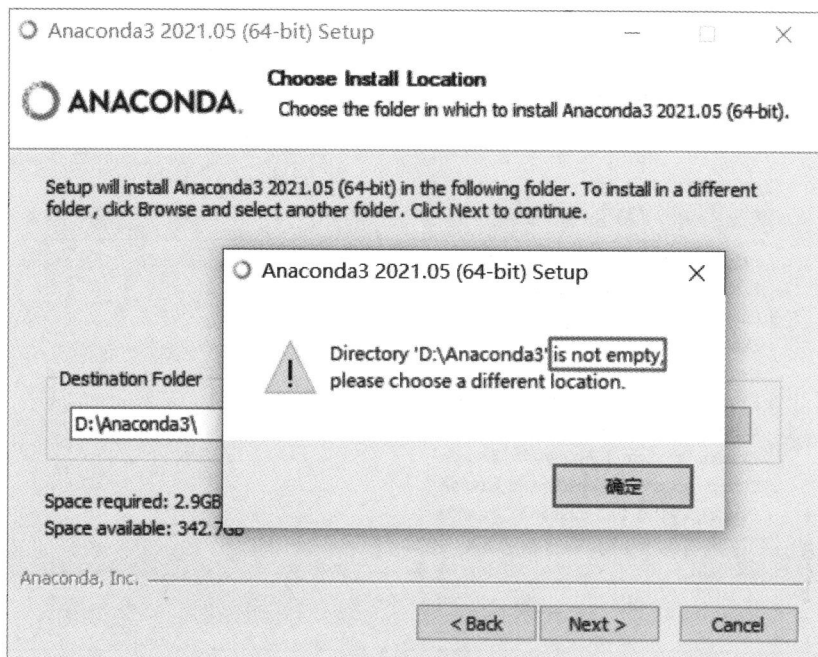

图 1-10　"安装提示"弹窗

　　（5）如图 1-11 所示，在弹出的"高级安装选项"页面中勾选两个复选框（分别表示"将 Anaconda3 添加到 PATH 环境变量"和"将 Anaconda3 设置为 Python 3.8 默认的解释器"），然后单击"Install"按钮，进入如图 1-12 所示的"安装"页面。

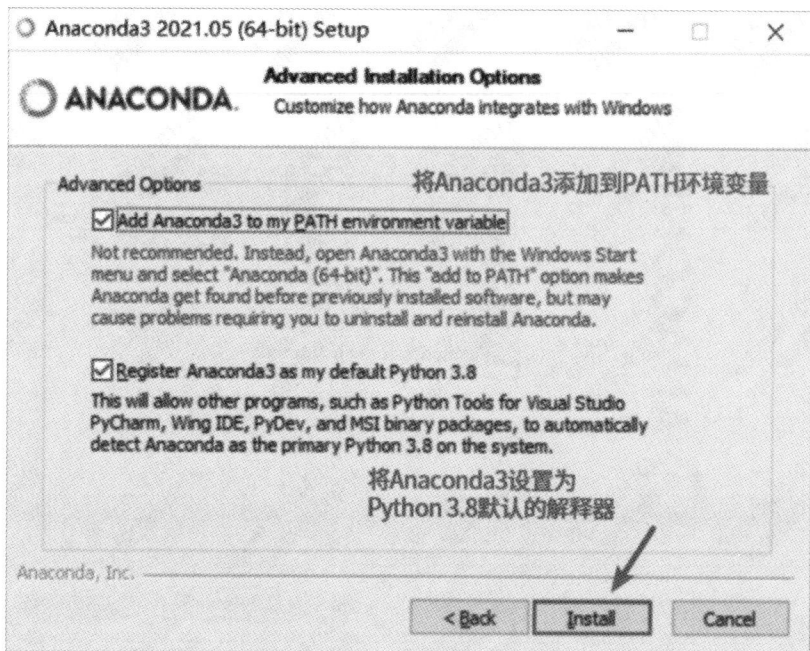

图 1-11　"高级安装选项"页面

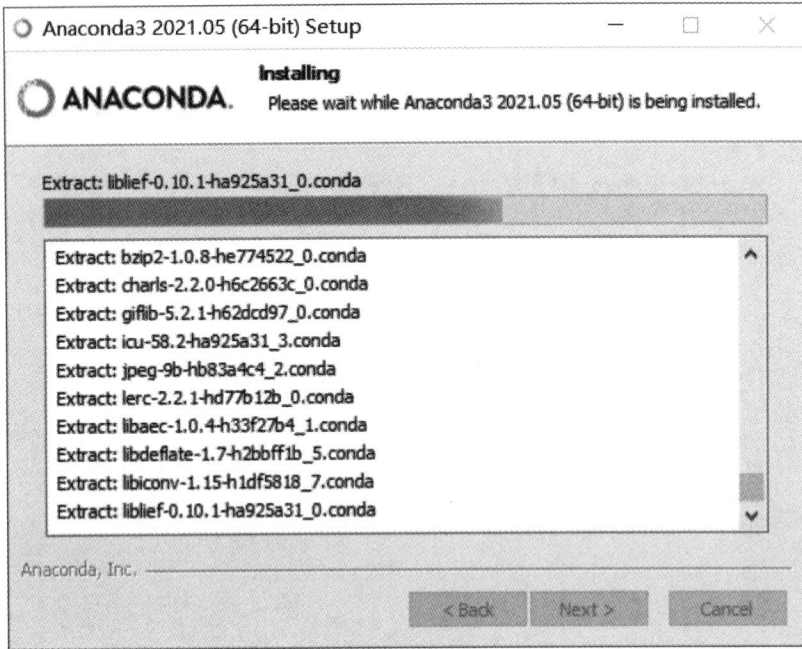

图 1-12 "安装"页面

（6）安装时间比较久，耐心等待一会，即可安装成功。安装成功后会弹出如图 1-13 所示的"安装完成"页面。可以根据需要，选择是否勾选页面中的两个复选框。这里为了节省时间，没有勾选这两项。最后单击"Finish"按钮，完成安装。

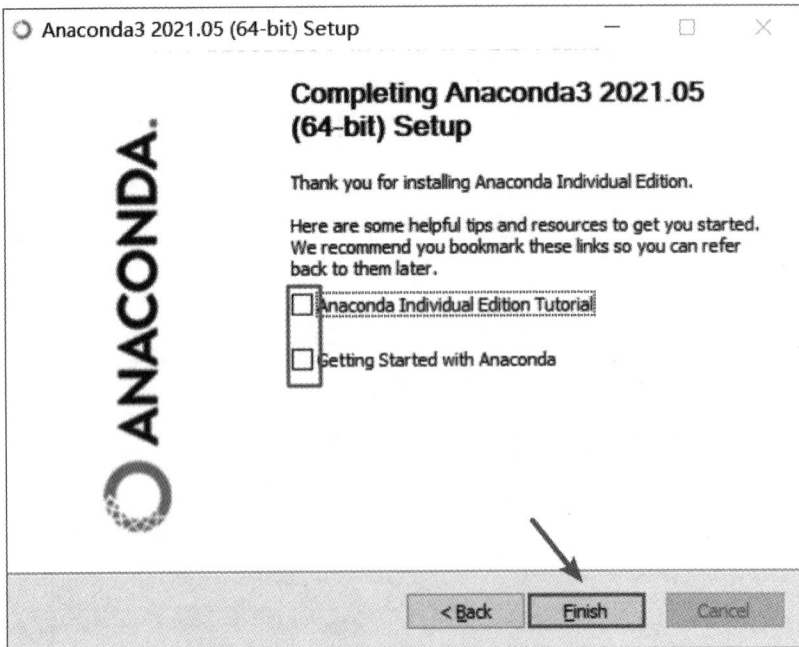

图 1-13 "安装完成"页面

步骤 3：检验安装结果。

按下键盘中的"Win＋R"组合键，输入"cmd"，打开控制台窗口，并输入"python"。若出现版本号（如图 1-14 中第二个箭头标识位置的字样），则表示安装成功。

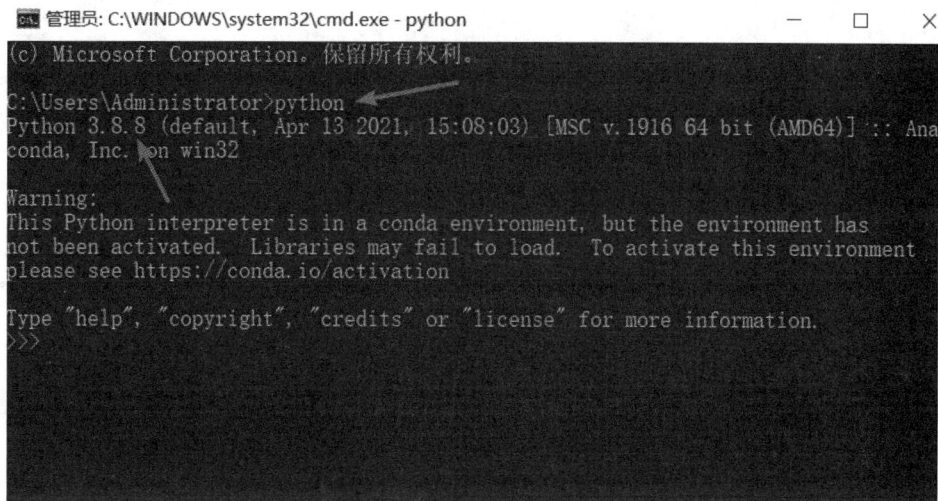

图 1-14　检验 Anaconda 的安装结果

因为 Anaconda3 默认安装 Python 3.8 版本，所以到此为止，Anaconda3 以及 Python 的安装已经全部完成。

2. 测试 Anaconda

步骤 1：打开 Spyder IDE。

通过"开始"菜单打开 Spyder IDE 工具，如图 1-15 所示。

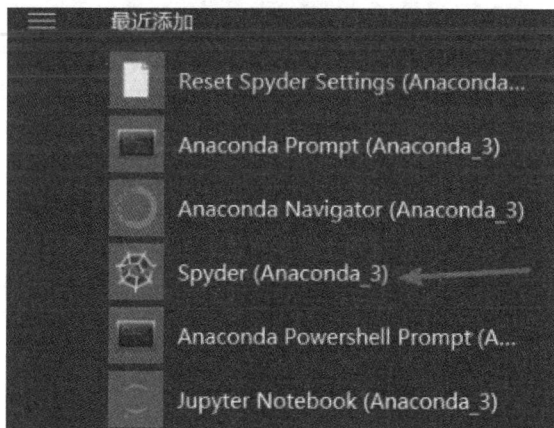

图 1-15　查看"开始"菜单的 Spyder

步骤 2：测试 Spyder。

如图 1-16 所示，Spyder 主界面分为代码编写区、控制台区和辅助区。

（1）在"代码编写区"输入命令"print（'Hello,Python!'）"，然后单击图 1-17 中白色的"Run"按钮运行命令。

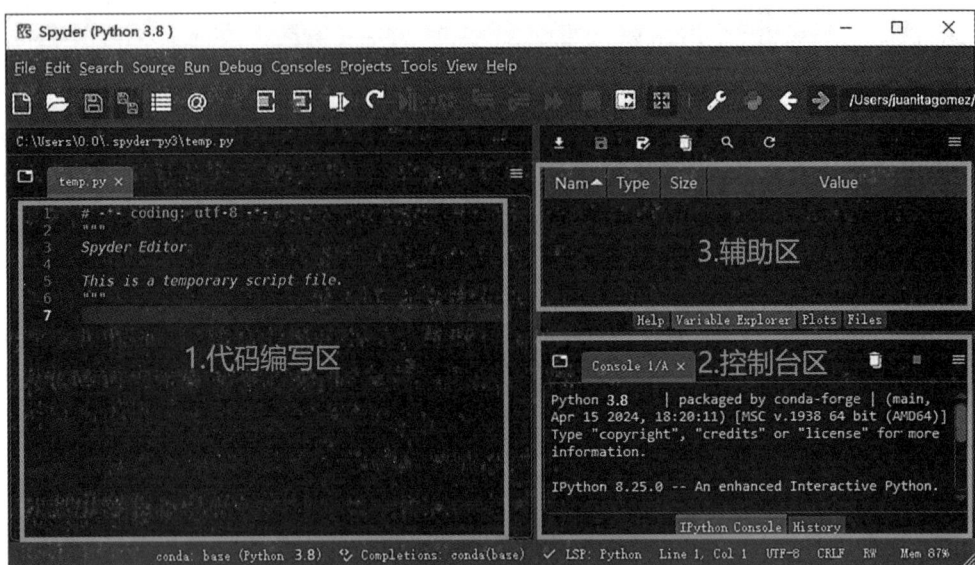

图 1-16 Spyder 主界面

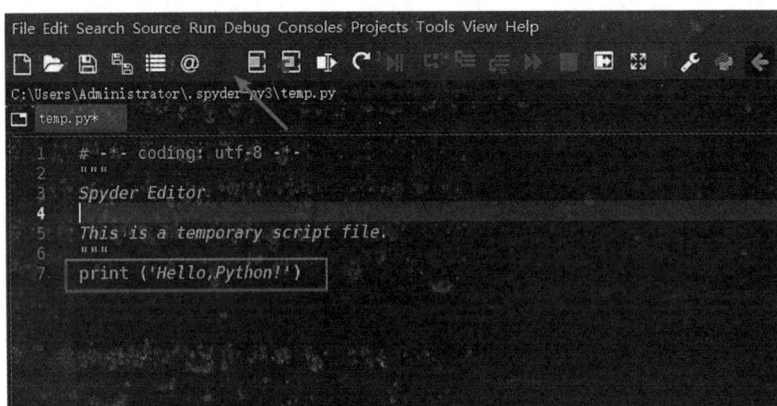

图 1-17 执行代码

（2）在"控制台区"查看输出结果，如图 1-18 所示。

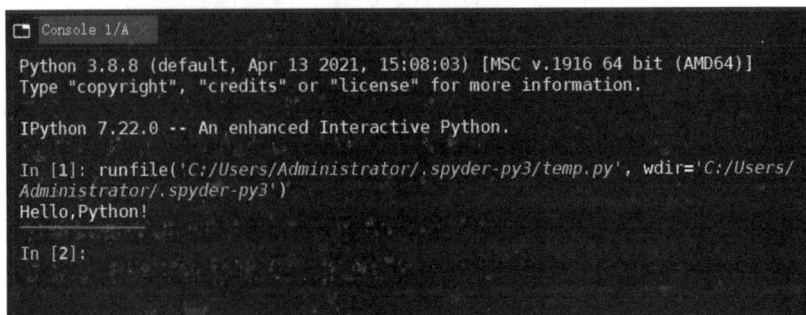

图 1-18 查看输出结果

步骤 3:打开 Jupyter Notebook。

Jupyter Notebook 是基于网页的用于交互计算的应用程序,其可被应用于全过程计算:开发、文档编写、运行代码和展示结果。

(1) 通过"开始"菜单打开"Jupyter Notebook",如图 1-19 所示。

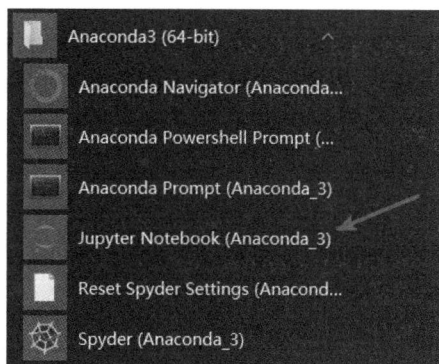

图 1-19 查看"开始"菜单的 Jupyter Notebook

(2) 等待 Jupyter Notebook DOS 窗口打开并运行完成,启动页面如图 1-20 所示。

图 1-20 Jupyter Notebook DOS 窗口启动页面

(3) 等待 DOS 窗口运行完成,自动弹出网页 Home Page(localhost:8888/tree),如图 1-21 所示。

图 1-21 中顶部的 3 个选项卡分别是 Files(文件)、Running(运行)和 Clusters(集群)。

• Files(文件)选项卡:显示当前 Notebook 工作文件夹中的所有文件和文件夹。

• Running(运行)选项卡:列出所有正在运行的 Notebook。可以在该选项卡中管理这些 Notebook。

• Clusters(集群)选项卡:一般不会用到,因为过去可以在 Clusters(集群)中创建多个用于并行计算的内核,但现在这项工作已由 ipyparallel 接管。

需要注意的是,DOS 后台窗口不要关闭,否则 Jupyter Notebook 会报错,导致无法访问,如图 1-22 所示。

步骤 4:创建新的 Notebook。

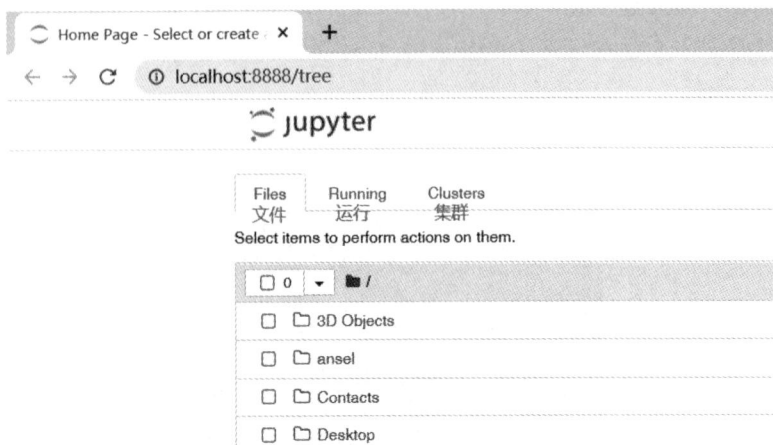

图 1 - 21　Jupyter Notebook 主页

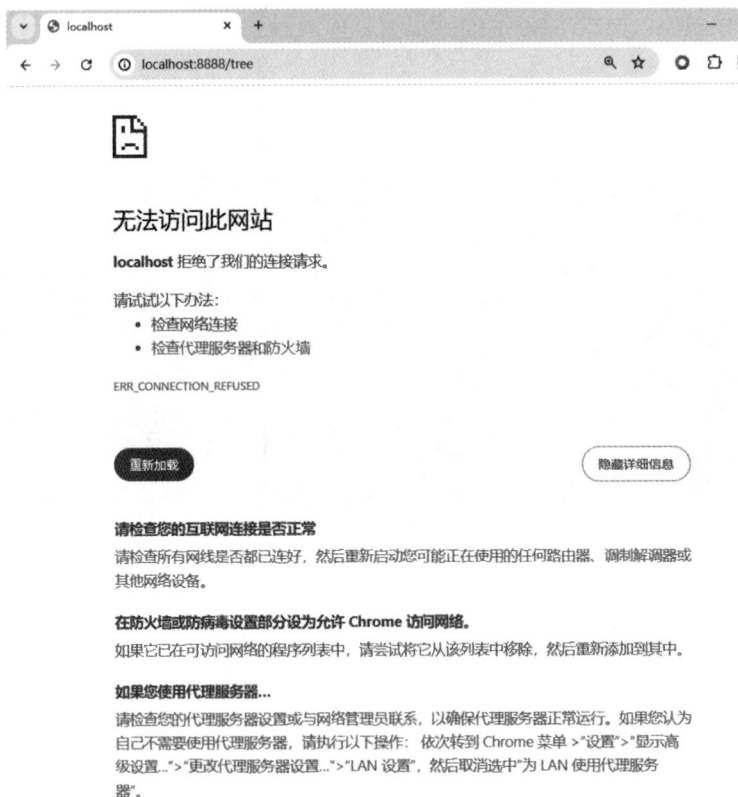

图 1 - 22　关闭 DOS 后台窗口后的页面

如图 1 - 23 所示，在右侧单击"New"（新建），创建新的 Notebook、文本文件、文件夹或终端。

"Notebook"下的列表显示了已安装的内核，这里直接选择计算机上默认的环境名即可（名称可以与图 1 - 23 中的不一样）。此处单击选择"Python 3"。

步骤 5：编写"Hello World"。

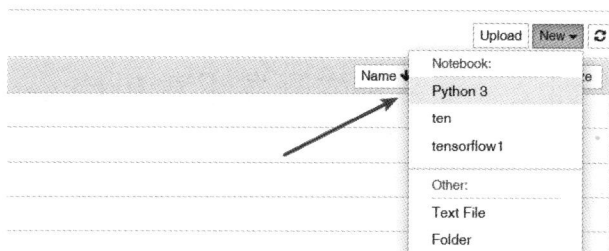

图 1-23　新建 Python 3 文件

单击"Python 3"之后打开如图 1-24 所示的页面，页面上的按钮和各区域的功能已在图中进行了标注。

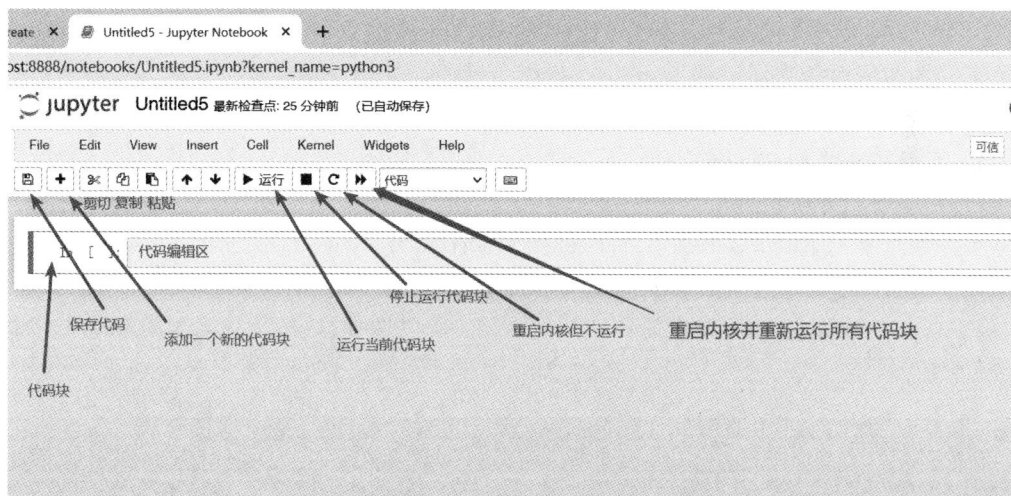

图 1-24　Jupyter Notebook 操作页面指导

可以在代码编辑区输入 Python 程序，然后单击"运行"按钮运行程序并输出结果。

如图 1-25 所示，运行后成功输出了"Hello World"。

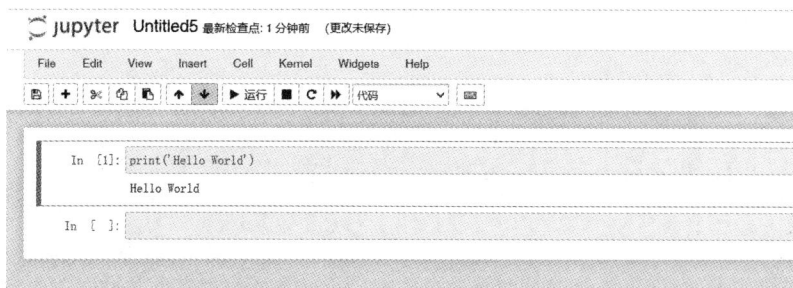

图 1-25　查看代码运行结果

Jupyter Notebook 还有很多快捷使用，可以大大增加代码的编写效率，感兴趣的读者可以自行查阅相关资料，这里不再过多介绍。

至此，Anaconda 的测试工作全部完成。

实训二　安装集成开发环境 PyCharm

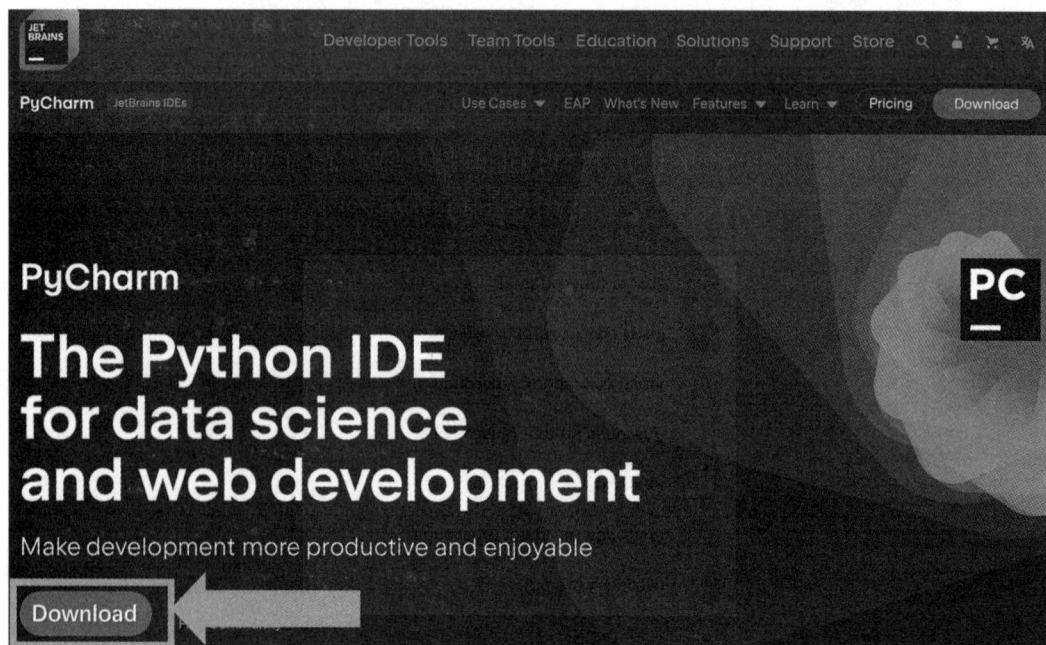

一、实训目的

（1）熟悉集成开发环境 PyCharm。

（2）会对 PyCharm 进行相应的设置。

二、实训内容

（1）下载并安装 PyCharm。

（2）配置 PyCharm。

三、实训设备

本实训所需设备为安装有 Windows 操作系统的计算机。

安装集成开发
环境 PyCharm

四、实训步骤

1．下载并安装 PyCharm

步骤 1：下载 PyCharm。

可以通过官网下载 PyCharm，官网链接为"https://www.jetbrains.com/pycharm"。

（1）输入上方网址进入 PyCharm 官网，如图 1-26 所示，单击"DOWNLOAD"按钮进入"版本选择"页面。这里是教学使用，不为商用，所以选择"Community"（社区版），如图 1-27 所示。

图 1-26　PyCharm 官网下载示意图

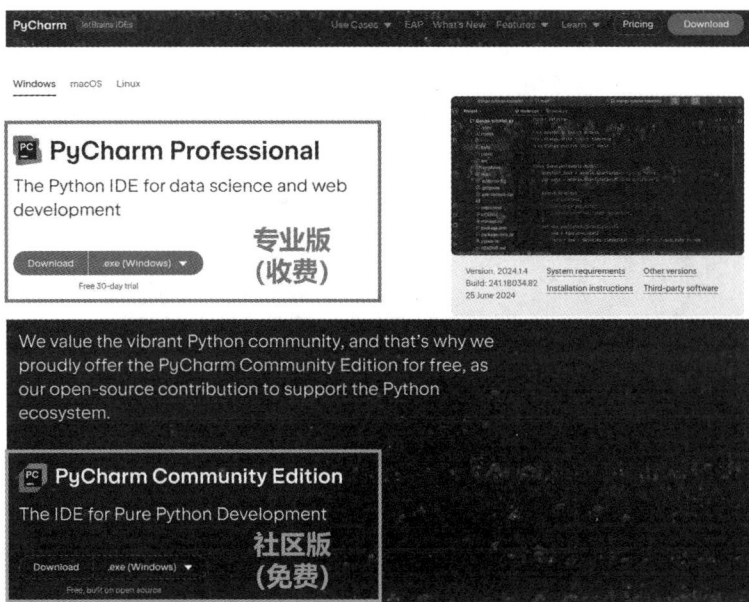

图 1-27 下载指定版本

（2）稍作等待之后，弹出下载界面，新建文件夹"PyCharm"，再单击"下载"按钮，如图 1-28 所示。

图 1-28 选择下载路径

步骤 2：安装 PyCharm。

（1）打开下载好的安装程序，如图 1-29 所示，单击"Next"按钮进入下一步。

（2）如图 1-30 所示，单击"Browse..."按钮浏览安装地址，再单击"Next"按钮进入下一步。

（3）如图 1-31 所示，为了方便后面实训，勾选全部复选框，然后单击"Next"按钮进入下一步。

（4）前面的设置都完成后，单击"Install"开始安装，如图 1-32 所示。

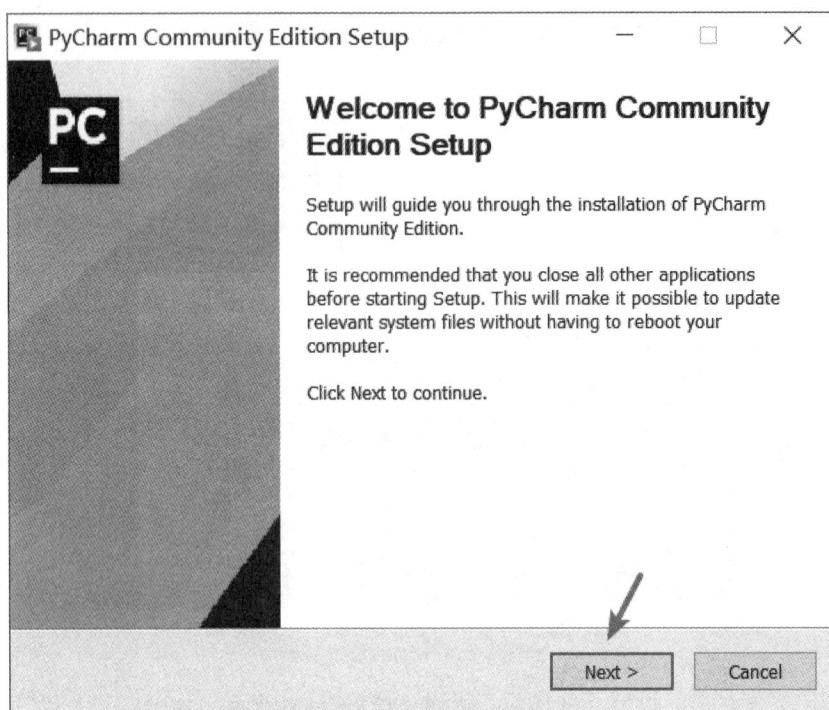

图 1 - 29　安装 PyCharm 欢迎页面

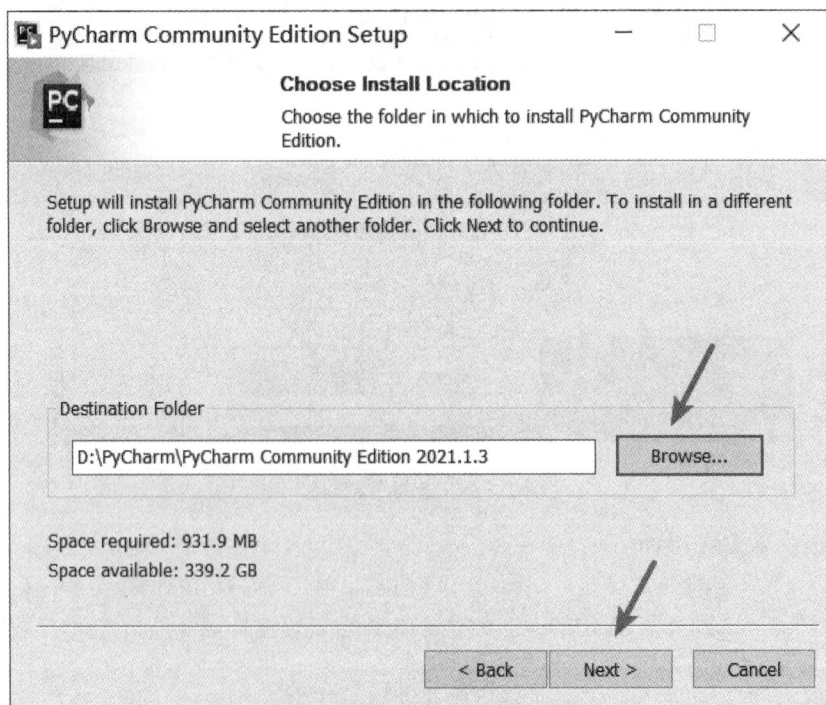

图 1 - 30　选择安装路径

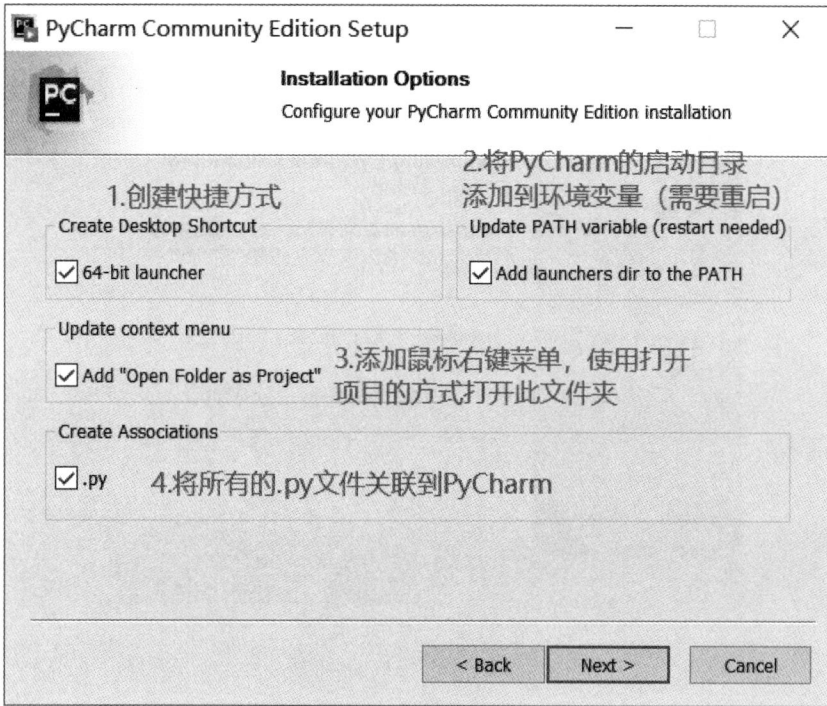

图 1-31　安装设置

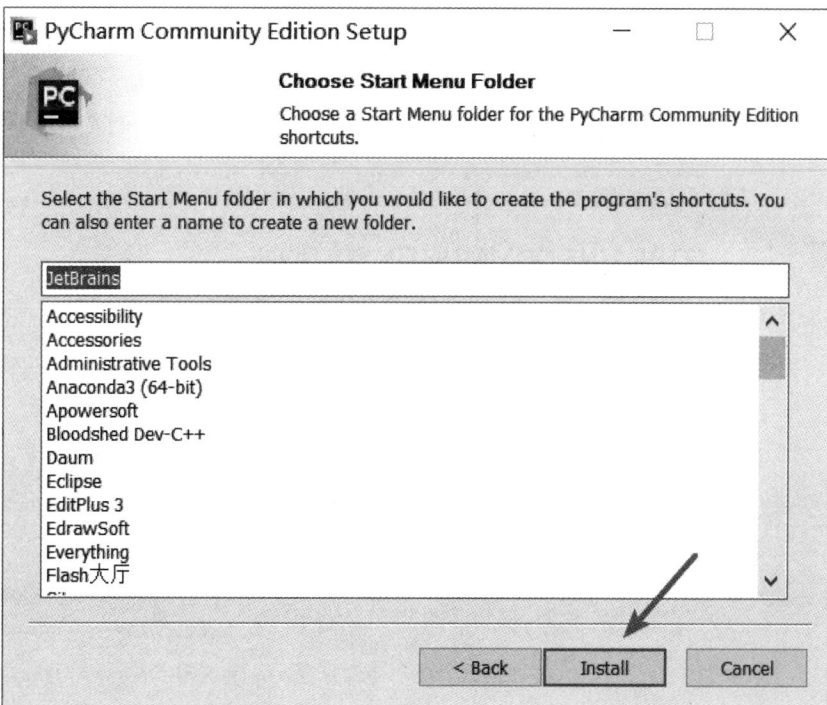

图 1-32　开始安装

（5）安装结束后，选择"I want to manually reboot later"单选框，并单击"Finish"按钮完成安装，如图 1-33 所示。

图 1-33　完成安装

此时我们可以看到桌面上有了 PyCharm 图标。至此，安装全部完成。

2. 配置 PyCharm

步骤 1：打开 PyCharm。

双击桌面上的 PyCharm 图标，打开如图 1-34 所示的页面，勾选"I confirm that I have read and accept the terms of this User Agreement"（同意协议）选项，再单击"Continue"按钮，就会进入 PyCharm 主界面。

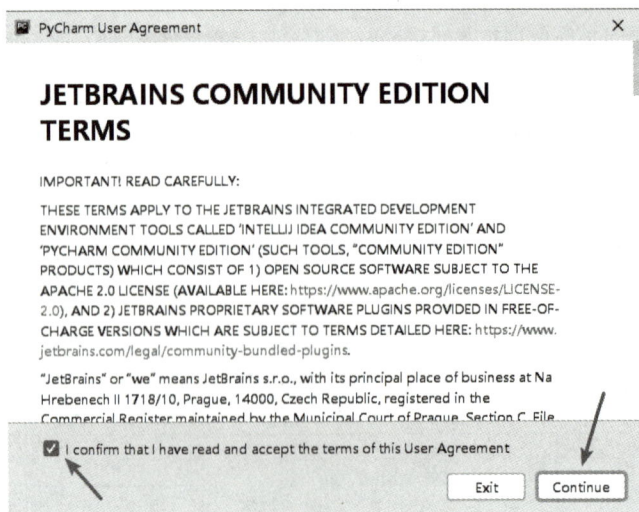

图 1-34　同意协议

步骤 2：设置 PyCharm 外观。

（1）如图 1-35 和图 1-36 所示，单击"Customize"，再单击"All settings…"进入"所有设置"页面。

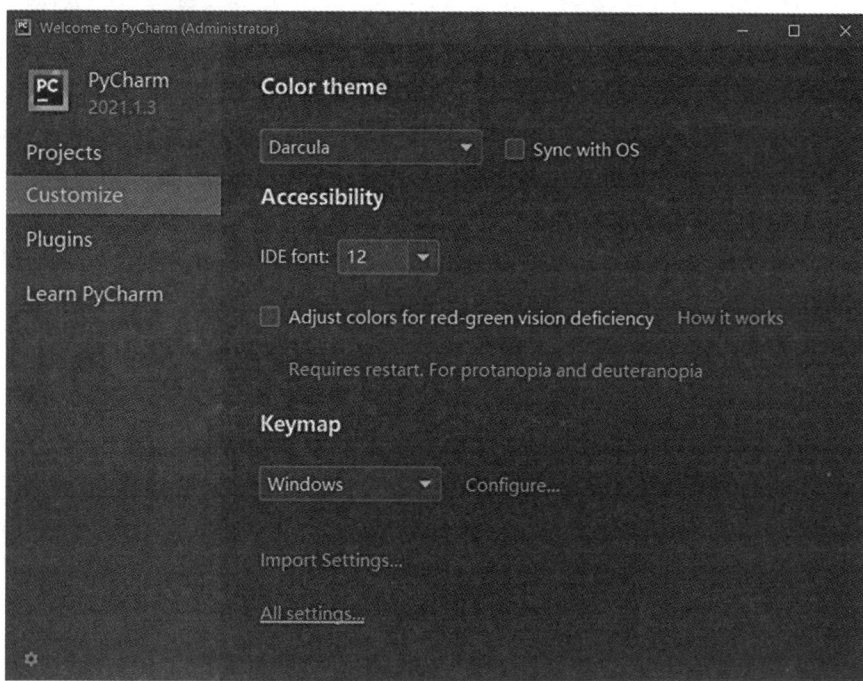

图 1-35　进入"定制"设置页面

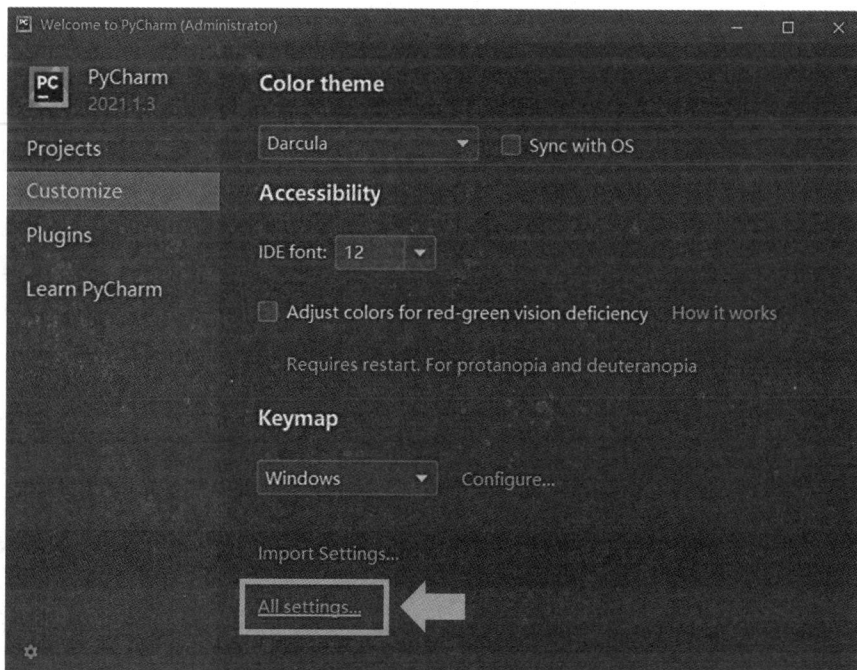

图 1-36　进入"所有设置"页面

（2）如图 1-37 所示，在搜索框内输入"Font"，单击进入 Font 界面。

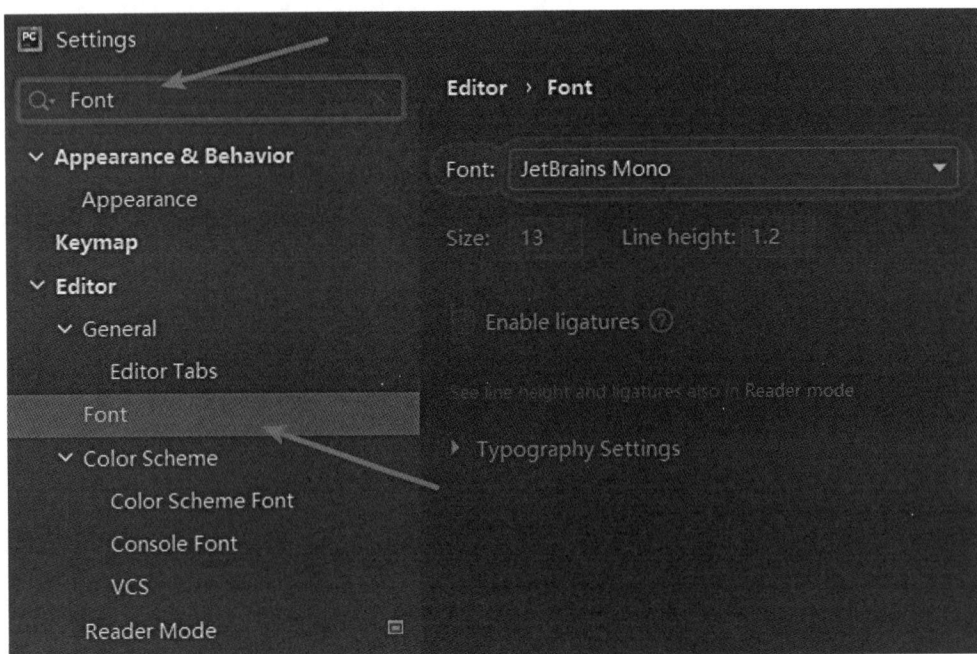

图 1-37　搜索"Font"

（3）如图 1-38 所示，依次将"Font"设置为"DejaVu Sans Mono"，"Size"设置为"16"，"Line height"设置为"1.0"，再单击"Apply"按钮即可设置成功。

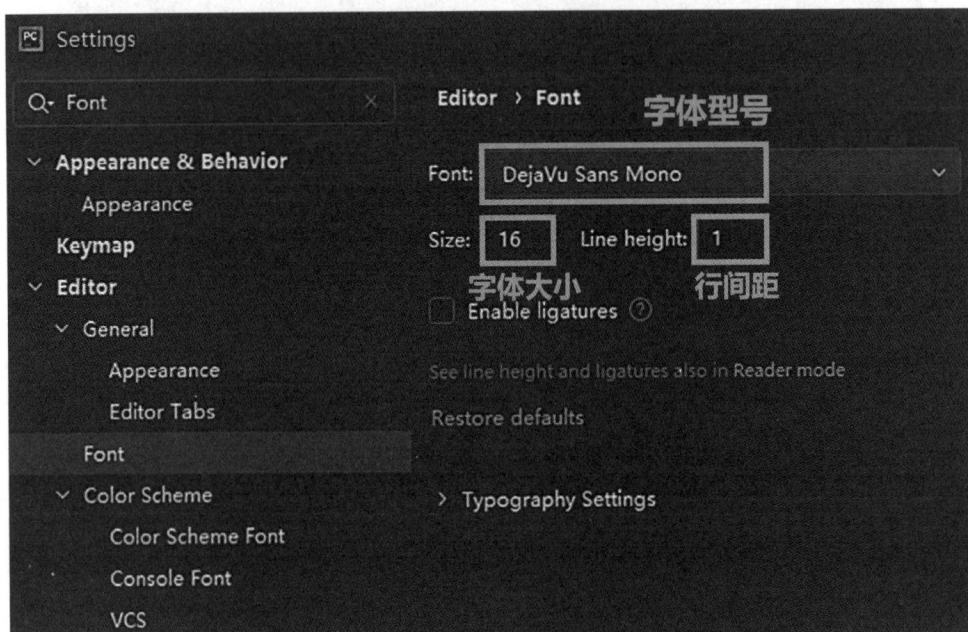

图 1-38　设置字体

步骤 3：创建新的 Project。

（1）如图 1-39 所示，单击"New Project"创建一个新的 Project。

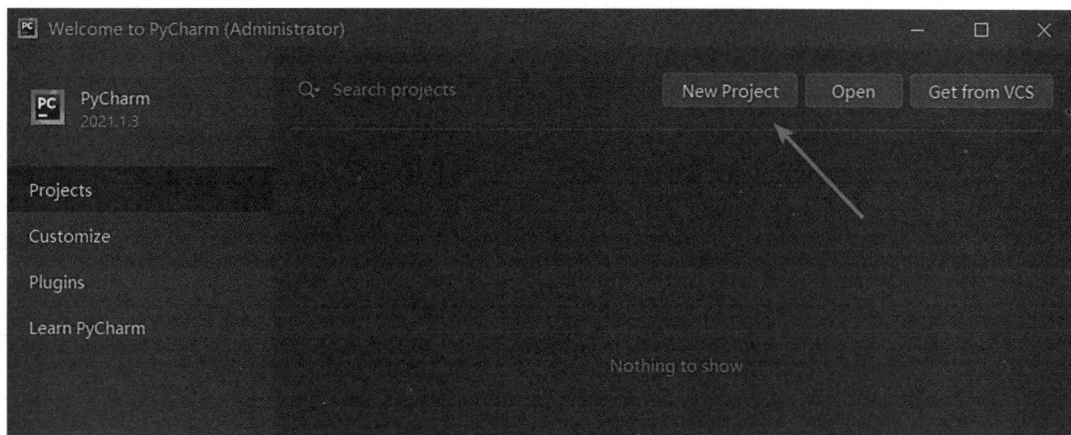

图 1-39 新建项目

（2）如图 1-40 所示，对 Project 进行如下设置：

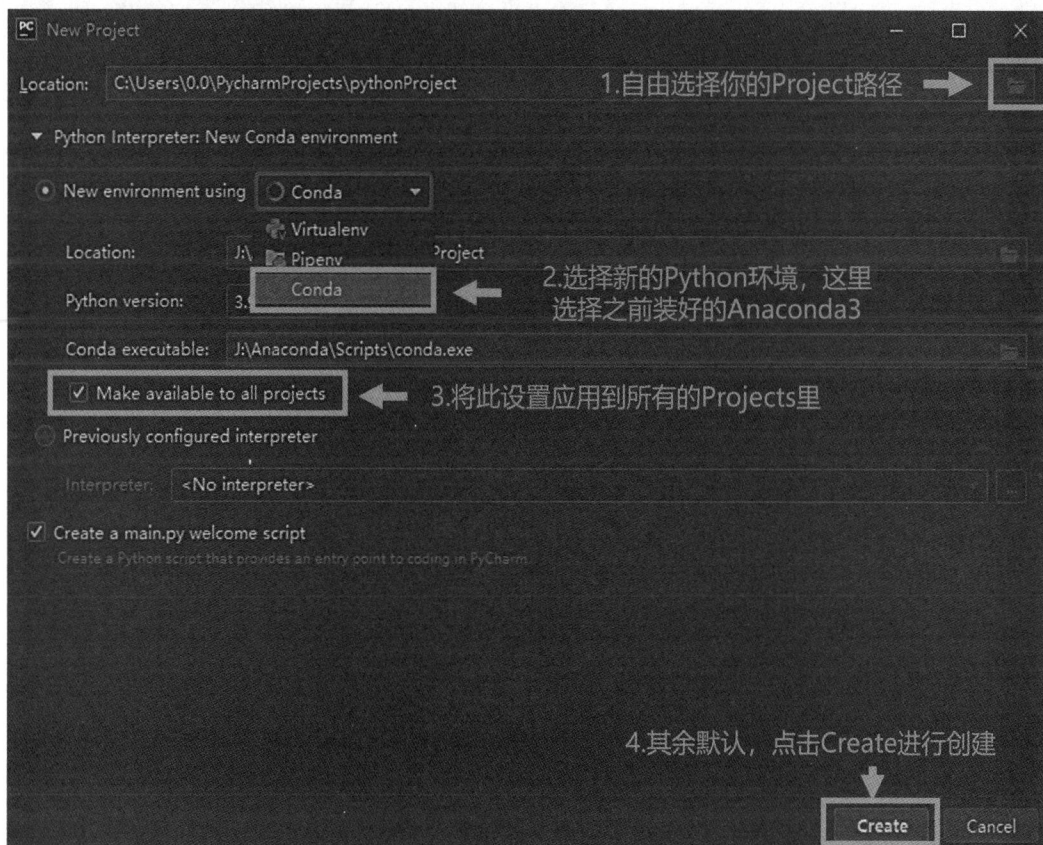

图 1-40 选择 Python 环境

① 自由选择 Project 路径；
② 将 Python 环境设置为之前安装的 Anaconda3 的 Conda；
③ 将此设置应用到所有的 Projects 中；
④ 其余默认，单击"Create"按钮进行创建。

至此，一个新的 Project 创建成功，界面如图 1-41 所示，PyCharm 的配置已初步完成。

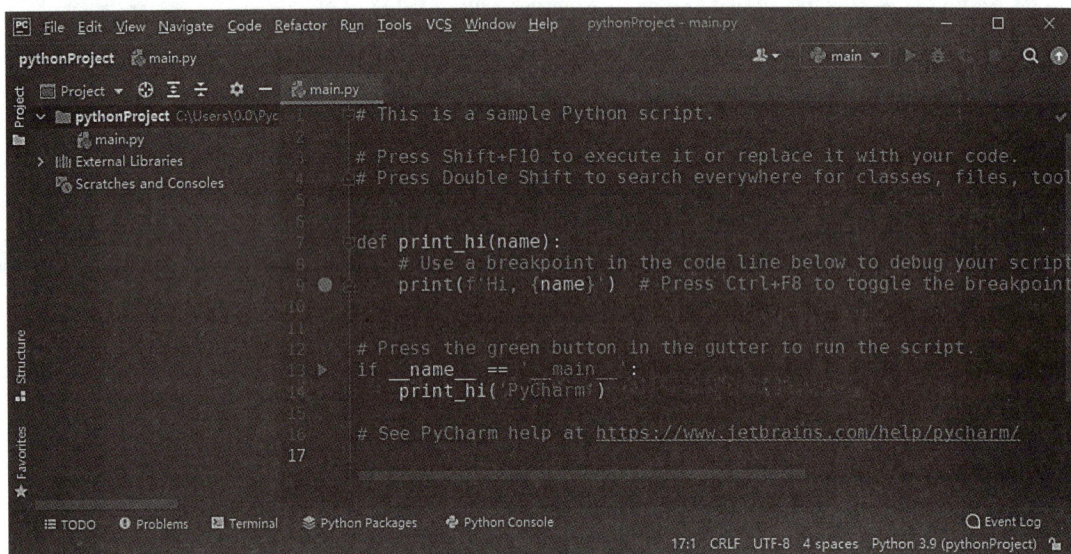

图 1-41　项目创建完成页面

模块小结

本模块主要介绍了机器学习的概念和原理。机器学习属于人工智能领域中的一个分支，其主要的运作模式是通过对已有数据规律进行摸索来建立模型，进而对新数据（新事物）进行预测。机器学习包括监督学习、无监督学习、半监督学习和增强学习 4 种类型。在实施过程中，典型的机器学习过程主要包括数据收集、数据清洗、特征提取与选择、模型训练、模型评估测试以及模型部署应用等。目前机器学习技术已经在智能汽车、天气预测、个性化营销推广、自然语言处理、智能家居等诸多领域得到了应用。本模块还介绍了当下机器学习的主流编程语言——Python，以及用于管理 Python 相关计算资源包的软件 Anaconda。

在技能实训部分，介绍了 Anaconda 和 PyCharm 两种开发环境的安装方法和简单的使用过程。此部分内容虽然浅显易懂，但是对于 Python 编程的学习很关键，也是后续内容的基础，特别是 Jupyter Notebook 的使用，后面模块中将会大量涉及。

重点知识树

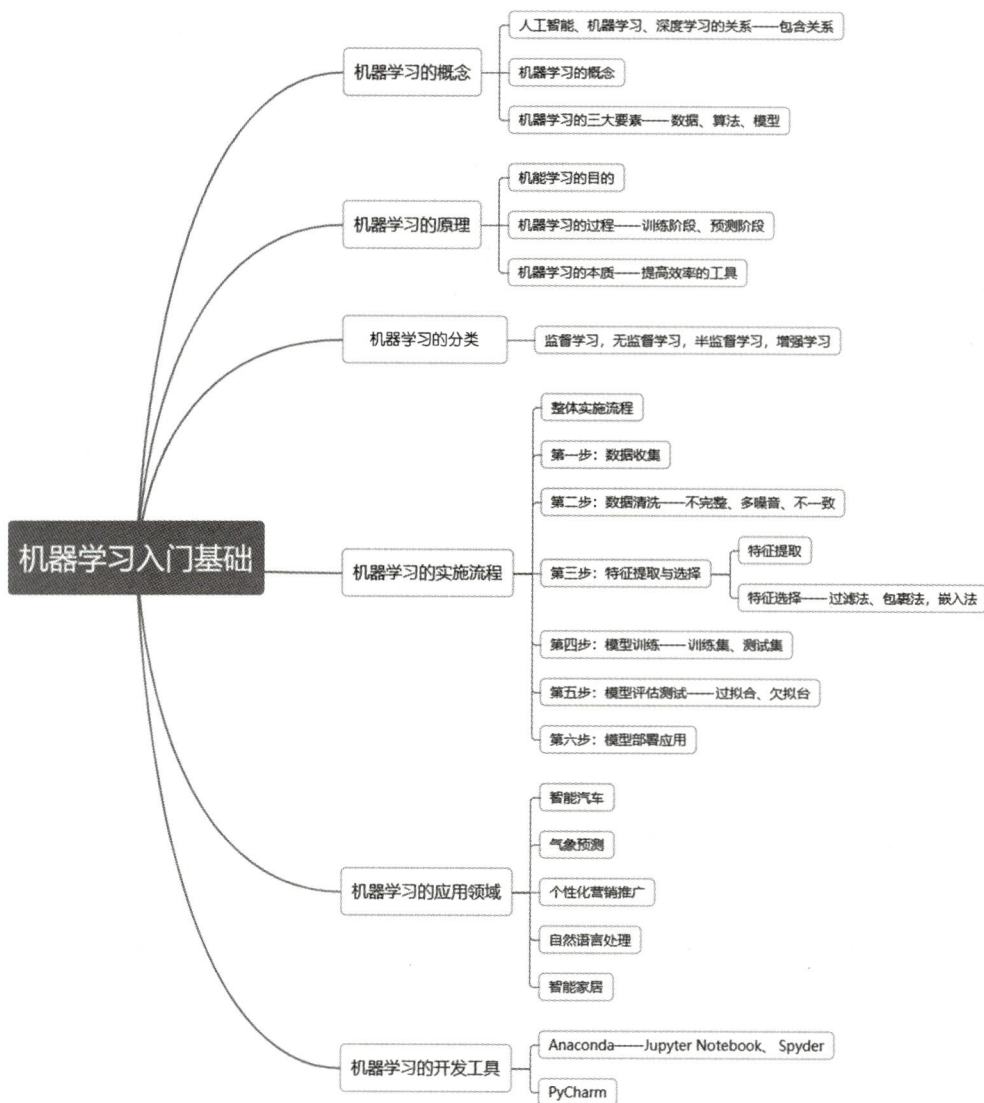

知识巩固

1.（单选）下列有关人工智能、机器学习、深度学习三者关系的描述，正确的是（　　）。

A. 人工智能包括机器学习与深度学习两部分，机器学习与深度学习是并列关系

B. 深度学习包括人工智能与机器学习两部分，人工智能与机器学习是并列关系

C. 人工智能包含机器学习，机器学习包含深度学习，三者属于包含关系

D．深度学习包含人工智能，人工智能包含机器学习，三者属于包含关系

2．（多选）按研究领域的不同，机器学习可分为（　　）4 种类型。

A．监督学习　　　　　　　　　B．无监督学习

C．半监督学习　　　　　　　　D．增强学习

3．（单选）（　　）不是特征选择的主要方法。

A．过滤法（Filter）　　　　　　B．包裹法（Wapper）

C．嵌入法（Embedded）　　　　D．幻想法（Imagination）

4．（单选）先通过学习已有的标记数据样本来构建模型，再利用模型对新的数据进行预测，这种机器学习类型属于（　　）。

A．监督学习　　　　　　　　　B．无监督学习

C．半监督学习　　　　　　　　D．增强学习

5．（单选）以下说法错误的是（　　）。

A．Anaconda 是一个基于 Python 的数据处理和科学计算平台，它已经内置了许多非常有用的第三方库

B．PyCharm 是一种 Python IDE，带有一整套可以帮助用户在使用 Python 语言开发时提高其效率的工具

C．Jupyter Notebook 的本质是一个 Web 应用程序，便于创建和共享文字化程序文档，支持实时代码、数学方程、可视化和 Markdown

D．Spyder 是一个 Python 爬虫框架

6．（判断）数据的质量对模型性能是至关重要的，是决定模型能力的关键因素，没有好的数据，就没有好的模型。（　　）

7．（判断）在机器学习实施流程的特征提取与选择环节中，我们不会把"蓝色""红色""黑色"直接输入给模型。（　　）

8．（简答）简述人工智能、机器学习、深度学习的关系。

拓展实训

一、实训目的

（1）学会使用 PyCharm 环境。

（2）学会在 PyCharm 中创建 Python 代码并运行。

二、实训内容

（1）测试 PyCharm 环境是否可以正常使用。

（2）使用 PyCharm 创建并运行一个 Python 程序。

三、实训设备

本实训所需的设备为安装有 Windows 操作系统的计算机。

模块 2

机器学习数学基础

学习目标

知识目标

（1）学习线性代数的基础知识，主要包括向量空间、矩阵分析等内容。

（2）学习概率与统计的基础知识，主要包括概率与条件概率、贝叶斯理论、信息论等内容。

（3）学习多元微积分的基础知识，主要包括函数求导（求偏导）、海森矩阵（Hessian Matrix）、函数迭代中使用的最速下降法、随机梯度下降法等内容。

技能目标

（1）具备机器学习相关数学原理的基本分析能力。

（2）掌握使用 Python 数学计算工具的方法。

素养目标

（1）通过学习线性代数知识，锻炼学生对抽象问题的分析和理解能力，同时培养学生处理细节问题时的严谨态度。

（2）通过学习概率与统计知识，引导学生以平常心看待身边事物，既要有承受失败的勇气，也要有尽最大努力去达到目标的决心。

（3）通过学习多元微积分知识，锻炼学生解决复杂问题的能力，并培养其严谨的工作作风。

情境引入

自从人工智能流行起来后，人工智能工程师、机器学习算法工程师、深度学习算法工程师、数据科学家等职业迅速成为就业时的优选项。很多 IT 从业人员也希望能学习相关领域的知识，以赶上人工智能这趟急速奔驰的列车。

虽然人工智能和传统 IT 技术都是从计算机科学领域发展出来的，但二者之间却有着一堵明显的高墙，这堵高墙便是数学。尽管传统的 IT 从业者可以通过人工智能的软件工具包(如 Python 的机器学习软件包 scikit-learn 等)快速解决相关的业务问题，但在具体分析实际问题时还是需要用到较多的数学基础知识。具备良好的数学基础不仅有助于理解模型涉及的算法和参数的含义，也能使从业者在进行模型调参时更有目标，进而提升工作效率和模型开发的成功率。

针对初学者而言，了解机器学习相关内容无须精通所有的数学知识，只需要熟悉与机器学习关联性强的数学知识，包括向量和矩阵等线性代数知识、概率论和信息论基础知识、多元微积分知识等。

知识准备

实际上，机器学习是一门以计算机为研究工具，以数据为研究对象，以学习方法为研究中心，结合了概率论、线性代数、数值计算、信息论、最优化理论、计算机科学等多个领域的交叉学科。如何在有限的计算资源下，找出模型的最优解？如何在不同的目标函数和导数的限定下，选择优化方法？如何构造目标函数，才便于用凸优化或其他算法框架来求解？如何计算或判断各种方法的时间空间复杂度、收敛性等性能指标？想要解决这些问题都需要从业者具备一定的数学基础。

可以说，打好牢固的数学基础是提升机器学习从业人员能力的必经之路。本模块的主要内容就是介绍机器学习中涉及的一些数学基础。

2.1　线性代数

线性代数作为利用空间来投射和表征数据的基本工具，可以方便地对数据进行各种变换，最终可以更为直观、清晰地获取到数据的主要特征和不同维度的信息。只有熟练地运用好这个工具，才能搭建起机器学习的牢固阶梯。

2.1.1　向量空间

本节将从空间坐标表示与线性变换入手，帮助读者快速建立线性代数的直观感受，理解向量和矩阵运算的几何本质。

1. 矩阵与向量基础

在机器学习的科学研究与工程实践中，经常会遇到 $m\times n$ 线性方程组：

$$\begin{cases} a_{11}x_1 + a_{12}x_2 + \cdots + a_{1n}x_n = b_1 \\ a_{21}x_1 + a_{22}x_2 + \cdots + a_{2n}x_n = b_2 \\ \qquad\qquad\qquad \vdots \\ a_{m1}x_1 + a_{m2}x_2 + \cdots + a_{mn}x_n = b_m \end{cases} \tag{2-1}$$

其中，a_{ij}、b_i 为复数或实数，$1 \leqslant i \leqslant m$，$1 \leqslant j \leqslant n$。方程组(2-1)使用 m 个方程描述了 n 个未知量之间的线性关系。这一线性方程组很容易用矩阵-向量形式简记为

$$Ax = b \tag{2-2}$$

公式(2-2)中的 x、b 是复数或实数集合形成的 $n\times 1$、$m\times 1$ 矩阵；A 是一个按照长方阵列排列的复数或实数集合形成的 $m\times n$ 矩阵，具体表示为

$$A = a\begin{bmatrix} a_{11} & a_{12} & \cdots & a_{1n} \\ a_{21} & a_{22} & \cdots & a_{2n} \\ \vdots & \vdots & & \vdots \\ a_{m1} & a_{m2} & \cdots & a_{mn} \end{bmatrix} \tag{2-3}$$

公式(2-2)中的 x、b 具体表示为

$$x = [x_1, x_2, \cdots, x_n]^{\mathrm{T}}, \quad b = [b_1, b_2, \cdots, b_m]^{\mathrm{T}} \tag{2-4}$$

其中，符号"T"表示矩阵的转置运算。由该公式可知 x、b 分别为 $n\times 1$ 向量和 $m\times 1$ 向量，它们是按照列方式排列的复数或实数集合，统称为列向量。类似地，按照行方式排列的复数或实数集合称为行向量。鉴于工程中广泛使用列向量，本书中提到的向量如果没有特殊说明，一般都指列向量。

从直觉上来讲，似乎行向量更为直观，这么做主要是为了方便后续的向量坐标变换、向量映射等运算。这里只简单说明一下，有个直观印象即可。

① 物理向量：泛指既有幅值，又有方向的物理量，如速度、加速度、位移等。

② 几何向量：为了将物理向量可视化，常用带方向的(简称有向)线段表示，这种有向线段称为几何向量。例如，二维向量 $[4,5]^{\mathrm{T}}$，该向量由两部分构成：分别是数字 4 和 5，有两种理解方式。第一种，可以把该向量理解成二维平面中 x 坐标为 4、y 坐标为 5 的一个点；第二种，可以理解为以平面原点 $(0,0)$ 为起点，到目标终点 $(4,5)$ 的有向线段，如图 2-1 所示。

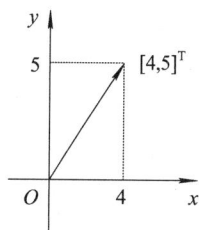

图 2-1　几何向量 $[4,5]^{\mathrm{T}}$ 的几何图示

③ 代数向量：几何向量的一种代数表示形式。例如，图 2-1 中几何向量对应的代数形式即 $[4,5]^{\mathrm{T}}$，这种用代数形式表示的几何向量称为代数向量。推而广之，多维空间的几何向量也可用代数形式表示。如无特殊声明，本章之后将以代数向量作为讨论对象。

简单来说，把数字排成一行或一列就是向量。向量是描述空间的有力工具。向量不仅仅局限于描述空间中的点坐标和有向线段，也可以作为描述事物属性的数据载体。例如一次考试中你的成绩为：语文 85 分，数学 92 分，外语 89 分。由于这三门课分属于你的不同科目属性，因此可以将总分 **score** 表示为一个三维向量：**score**$=[85,92,89]^\mathrm{T}$。再举个例子，在自然语言处理中，程序在进行文本阅读时，首先会进行文本分词，然后会将结果转换为向量表示，这是因为向量很适合在高维空间中进行表达和处理。

2. 向量的 Python 表示

如何用 Python 来表示行向量和列向量呢？这里需要用到 Numpy 工具包。

Python 中用 Numpy 工具包来生成一个向量，默认生成的是行向量，但一般情况下处理问题使用的是列向量，因此需要对生成的行向量做一些处理。

第一直觉是借助矩阵的转置，也就是把向量的行索引和列索引交换位置，可用 transpose() 转置。但是需要注意的是 Numpy 中的转置方法在一维向量里是无效的。

那如何来表示列向量呢？

这里可以把向量看作是一维的数组，也可以被视作行数为 1 或者列数为 1 的二维数组，即向量可以看作是特殊的矩阵。行向量是 $1\times m$ 的矩阵，列向量是 $n\times 1$ 的矩阵，用这个视角重新生成一个新的行向量和列向量，列向量可通过行向量转置，若行向量为 $\boldsymbol{A}$，则列向量为 $\boldsymbol{A}^\mathrm{T}$。

3. 矩阵基本运算

若令

$$\boldsymbol{a}_1=[a_{11},a_{21},\cdots,a_{m1}]^\mathrm{T},\ \boldsymbol{a}_2=[a_{12},a_{22},\cdots,a_{m2}]^\mathrm{T},\ \cdots,\ \boldsymbol{a}_n=[a_{1n},a_{2n},\cdots,a_{mn}]^\mathrm{T} \quad (2-5)$$

则矩阵 $\boldsymbol{A}$ 可表示为

$$\boldsymbol{A}=[\boldsymbol{a}_1,\boldsymbol{a}_2,\cdots,\boldsymbol{a}_n] \quad (2-6)$$

令 $\mathbf{R}$ 表示实数集合，则一个实矩阵可记作

$$\boldsymbol{A}\in\mathbf{R}^{m\times n}\Leftrightarrow \boldsymbol{A}=[a_{ij}]=[\boldsymbol{a}_1,\boldsymbol{a}_2,\cdots,\boldsymbol{a}_n]\quad a_{i,j}\in\mathbf{R},i=1,2,\cdots,m,j=1,2,\cdots,n \quad (2-7)$$

矩阵最简单的代数运算是矩阵加法和矩阵的数乘。

1）矩阵加法

两个 $m\times n$ 矩阵 $\boldsymbol{A}=[a_{ij}]$ 和 $\boldsymbol{B}=[b_{ij}]$ 的和记为 $\boldsymbol{A}+\boldsymbol{B}$，定义为 $\boldsymbol{A}+\boldsymbol{B}=[a_{ij}+b_{ij}]$，即为将矩阵 $\boldsymbol{A}$ 与 $\boldsymbol{B}$ 中对应位置的元素值相加。需要注意的是，两个维数相同的矩阵才能进行加法运算，将相同位置上的元素相加即可，结果矩阵的维数保持不变。

2）矩阵数乘

矩阵数乘就是矩阵与标量的乘法，本质是将参与乘法运算的标量和矩阵中的每个元素分别相乘。结果矩阵与原始矩阵的维数相同，只是将向量沿着所在直线的方向拉长相应的倍数，方向和参与运算的数字的正负号相关。具体示例如下：

令 $\boldsymbol{A}=[a_{ij}]$ 为 $m\times n$ 矩阵，且 α 是一个标量，则乘积 $\alpha\boldsymbol{A}$ 是一个 $m\times n$ 矩阵，其定义为 $\alpha\boldsymbol{A}=[\alpha a_{ij}]$。

4. 向量空间基础

虽然许多工程问题也可以不使用线性空间进行研究，但是线性空间的使用却可以给问题的描述带来诸多方便。本质上讲，线性空间是某一类事物在矩阵代数里的一个抽象的集合表示，线性映射或线性变换则反映线性空间中元素间最基本的线性联系，它们为线性函

数的研究提供了极大的方便。

在引出向量空间和子空间的定义之前，先介绍集合的有关概念。

1）集合的相关概念

顾名思义，集合就是某些元素的集体表示。集合通常用花括号表示，如 $S=\{\cdot\}$，花括号内为集合 S 的元素。如果集合的元素只有几个，通常便在花括号内罗列出所有的元素，如 $S=\{a,b,c,d\}$。若 S 是满足某种性质 $P(x)$ 的元素 x 的集合，则记为 $S=\{x:P(x)\}$。

令 A 和 B 为集合，集合有以下基本运算与关系符号。

（1）包含。

符号 $A\subseteq B$ 读作"集合 A 包含于集合 B"或"A 是 B 的一个子集"，意指 A 的每一个元素都是 B 的元素，即 $x\in A\Rightarrow x\in B$。

若 $A\subset B$，则称 A 是 B 的一个真子集。符号 $B\supset A$ 读作"B 包含 A"或"B 是 A 的超集（superset）"。没有任何元素的集合记作 $\varnothing$，称为空集。其中，空集是任何集合的子集，是任何非空集合的真子集。

（2）相等。

符号 $A=B$ 读作"集合 A 等于 B"，意即 $A\subseteq B$ 和 $B\subseteq A$，或 $x\in A\Leftrightarrow x\in B$（集合 A 的元素一定是集合 B 的元素，反之亦然）。$A=B$ 的否定写作 $A\neq B$，意即 A 不属于 B，反过来 B 也不属于 A。

（3）并集。

A 和 B 的并集（union）记作 $A\bigcup B$，定义为

$$X=A\bigcup B=\{x\in X:x\in A \text{ 或 } x\in B\} \tag{2-8}$$

它表示并集 X 的元素由属于集合 A 或 B 的元素一起组成。

（4）交集。

集合 A 和 B 的交集（intersection）用符号 $A\bigcap B$ 表示，定义为

$$X=A\bigcap B=\{x\in X:x\in A \text{ 且 } x\in B\} \tag{2-9}$$

即交集的元素由 A 和 B 共同的元素构成。

（5）和集。

符号 $Z=A+B$ 表示集合 A 和 B 的和集，定义为

$$Z=A+B=\{z=x+y\in Z:x\in A,y\in B\} \tag{2-10}$$

即和集的元素由 A 的元素与 B 的元素之和组成。

（6）差集。

集合差（set-theoretic difference）$A-B$ 定义为

$$X=A-B=\{x\in X:x\in A \text{ 但 } x\notin B\} \tag{2-11}$$

也称差集。差集也可用符号 $X=A\backslash B$ 表示。

（7）补集。

子集合 A 在集合 X 中的补集（complement）定义为

$$A^c=X-A=\{x\in X:x\notin A\} \tag{2-12}$$

（8）笛卡尔积。

若 X 和 Y 为集合，且 $x\in X$ 和 $y\in Y$，则所有有序对（ordered pair）(x,y) 的集合记为

$X \times Y$，称为集合 X 和 Y 的笛卡尔积，即

$$X \times Y = \{(x,y): x \in X, y \in Y\} \tag{2-13}$$

类似地，$X_1 \times X_2 \times \cdots \times X_n$ 表示 n 个集合 $X_1, X_2, \cdots, X_n$ 的笛卡尔积，其元素为有序 n 元组（ordered n-ples）$(x_1, x_2, \cdots, x_n)$。

2）向量空间的基本概念

上述集合的有关概念，在机器学习的实践过程中将经常用到。下面来了解向量空间的基本概念。

若以向量为元素的集合 V 称为向量空间，则有：若加法运算定义为两个向量之间的加法，乘法运算定义为向量与标量域 S 中的标量之间的乘法，并且对于向量集合 V 中的向量 $\boldsymbol{x}$、$\boldsymbol{y}$、$\boldsymbol{\omega}$ 和标量域 S 中的标量 a_1、a_2，向量空间的定义须满足以下两个闭合性和关于加法及乘法的八条公理。

（1）加法的闭合性。

若 $\boldsymbol{x} \in \boldsymbol{V}$ 和 $\boldsymbol{y} \in \boldsymbol{V}$，则 $\boldsymbol{x} + \boldsymbol{y} \in \boldsymbol{V}$，即 $\boldsymbol{V}$ 在加法下是闭合的，简称加法的闭合性（closure for addition）。

（2）标量乘法的闭合。

若 a_1 是一个标量，$\boldsymbol{y} \in \boldsymbol{V}$，则 $a_1 \boldsymbol{y} \in \boldsymbol{V}$，即 $\boldsymbol{V}$ 在标量乘法下是闭合的，简称标量乘法的闭合性（closure for scalar multiplication）。

（3）加法的交换律。

$\boldsymbol{x} + \boldsymbol{y} = \boldsymbol{y} + \boldsymbol{x}$，$\forall \boldsymbol{x}, \boldsymbol{y} \in \boldsymbol{V}$，称为加法的交换律（commutative law for addition）。

（4）加法的结合律。

$\boldsymbol{x} + (\boldsymbol{y} + \boldsymbol{\omega}) = (\boldsymbol{x} + \boldsymbol{y}) + \boldsymbol{\omega}$，$\forall \boldsymbol{x}, \boldsymbol{y}, \boldsymbol{\omega} \in \boldsymbol{V}$，称为加法的结合律（associative law for addition）。

（5）零向量的存在性。

在 $\boldsymbol{V}$ 中存在一个零向量 $\boldsymbol{0}$，使得对于任意向量 $\boldsymbol{y} \in \boldsymbol{V}$ 恒有 $\boldsymbol{y} + \boldsymbol{0} = \boldsymbol{y}$（零向量的存在性）；给定一个向量 $\boldsymbol{y} \in \boldsymbol{V}$，存在另一个向量 $-\boldsymbol{y} \in \boldsymbol{V}$，使得 $\boldsymbol{y} + (-\boldsymbol{y}) = 0 = (-\boldsymbol{y}) + \boldsymbol{y}$（负向量的存在性）。

（6）标量乘法的结合律。

$a(b\boldsymbol{y}) = (ab)\boldsymbol{y}$ 对所有向量 $\boldsymbol{y}$ 和所有标量 a、b 成立，称为标量乘法的结合律（associative law for scalar multiplication）。

（7）标量乘法的分配率。

$a(\boldsymbol{x} + \boldsymbol{y}) = a\boldsymbol{x} + a\boldsymbol{y}$ 对所有向量 $\boldsymbol{x}$、$\boldsymbol{y}$ 和标量 a 成立，称为标量乘法的分配律（distributive law for scalar multiplication）。$(a + b)\boldsymbol{y} = a\boldsymbol{y} + b\boldsymbol{y}$ 对向量 $\boldsymbol{y}$ 和所有标量 a、b 成立（亦称为标量乘法的分配律）。

（8）标量乘法的单位律。

$1 \times \boldsymbol{y} = \boldsymbol{y}$ 对所有 $\boldsymbol{y} \in \boldsymbol{V}$ 成立，称为标量乘法的单位律（unity law for scalar multi-plication）。

由于向量空间服从向量加法的交换律、结合律以及标量乘法的结合律、分配律，所以上述定义所确定的向量空间为线性空间。

如果 $\boldsymbol{V}$ 中的向量为实向量，并且标量域为实数域，则称 $\boldsymbol{V}$ 是实向量空间。若 $\boldsymbol{V}$ 中的向量为复向量，且标量域为复数域，则称 $\boldsymbol{V}$ 为复向量空间。

向量空间只定义了向量的加法以及标量与向量的乘法，并且向量空间的和集、交集等也只涉及两个向量空间的元素（即向量）之间比较简单的关系。虽然这些运算非常重要，但一旦涉及向量和矩阵的更复杂的运算，则明显不够用了。因此，需要对向量空间中的向量定义其他运算。最自然的联想是两个向量之间的乘法运算，因此增加了关于两个向量之间的内部乘积（简称内积）的定义，这就引出了内积空间的概念。限于篇幅，这里只介绍实内积空间，关于复内积空间可以自行查阅相关资料。

实内积空间（real inner product space）是满足下列条件的实向量空间 E，即对 E 中每一对向量 x、y，存在向量 x 和 y 的内积 $\langle x, y \rangle$ 服从以下公理：

（1）严格正性。

$\langle x, x \rangle > 0$，$\forall x \neq 0$，称为内积的严格正性（strict positivity）或称内积是正定的（positive definite），并且 $\langle x, x \rangle = 0 \Leftrightarrow x = 0$。

（2）对称性。

$\langle x, y \rangle = \langle y, x \rangle$ 称为内积的对称性（symmetry）。

（3）双线性性。

$\langle x, y+z \rangle = \langle x, x \rangle + \langle x, z \rangle$，$\forall x, y, z$；$\langle \alpha x, y \rangle = \alpha \langle x, y \rangle$ 对所有实向量 x、y 及所有实标量 α 成立，称为内积的双线性。

如果对实 n 阶向量空间 $\mathbf{R}^n$ 定义向量 $x = [x_1, x_2, \cdots, x_n]^{\mathrm{T}}$，$y = [y_1, y_2, \cdots, y_n]^{\mathrm{T}}$，$x$、$y$ 之间的内积为典范内积（canonical inner product），即

$$\langle x, y \rangle = \sum_{i=1}^{n} x_i y_i \qquad (2-14)$$

则称 $\mathbf{R}^n$ 为 n 阶欧几里得（Euclidean）空间或者 Euclidean n 空间。由于向量内积通常采用上述定义，所以在一般情况下，常使用符号 $\mathbf{R}^n$ 表示 Euclidean n 空间。

令 $x(t), y(t)$ 是 $\mathbf{R}$ 的两个连续函数，并且 t 的定义域为 $[a, b]$，则 $x(t)$ 和 $y(t)$ 之间的内积定义为

$$\langle x(t), y(t) \rangle \stackrel{\text{def}}{=} \int_a^b x(t) y(t) \mathrm{d}t \qquad (2-15)$$

可以验证，该内积满足内积的三个公理，所以 $\mathbf{R}^n$ 是一维内积空间。但是，由于这个空间不是有限维的，所以它不是 Euclidean 空间。

3）向量范数的相关概念

范数是另一种重要的向量运算，它与内积密切相关，下面简要介绍向量范数的概念。若 $\mathbf{R}^n$ 是一个实内积空间，并且 $x \in \mathbf{R}^n$，则向量 x 的范数（或"长度"）记作 $\|x\|$，并定义为

$$\|x\| = \langle x, x \rangle^{1/2} \qquad (2-16)$$

长度为 1 的向量称为单位向量（unit vector）。向量 x 和 y 之间的距离定义为

$$d = \|x - y\| = \langle x - y, x - y \rangle^{1/2} \qquad (2-17)$$

特别地，对于 Euclidean n 空间，向量范数取

$$\|x\|_2 = \langle x, x \rangle^{1/2} = \sqrt{x_1^2 + x_2^2 + \cdots + x_n^2} \qquad (2-18)$$

并称之为向量 x 的 Euclidean 长度。向量的距离取

$$\|x - y\|_2 = \sqrt{(x_1 - y_1)^2 + (x_2 - y_2)^2 + \cdots + (x_n - y_n)^2} \qquad (2-19)$$

并称之为向量 x 和 y 之间的 Euclidean 距离。下面讨论向量内积的几何意义与 Python 求取

内积示例。

二维向量内积的另一种表示方法（$\langle \boldsymbol{x}, \boldsymbol{y}\rangle = \sum\limits_{i=1}^{n} x_i y_i = \|\boldsymbol{x}\|\|\boldsymbol{y}\|\cos\theta$，其中 θ 为向量 $\boldsymbol{x}$ 与 $\boldsymbol{y}$ 之间的夹角）的物理意义一目了然，其几何图示如图 2-2 所示。

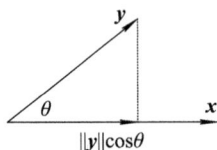

图 2-2　二维向量内积的几何图示

由图 2-2 可知，向量内积的物理含义为：向量 $\boldsymbol{x}$ 和 $\boldsymbol{y}$ 的内积可表示向量 $\boldsymbol{y}$ 在向量 $\boldsymbol{x}$ 方向上的投影长度乘上向量 $\boldsymbol{x}$ 的模长。换句话说，如果 $\boldsymbol{x}$ 是单位向量，就可以直接描述为 $\boldsymbol{y}$ 在 $\boldsymbol{x}$ 方向上的投影长度。

需要注意的是，在实际计算向量内积时，无论是行向量间的内积，还是列向量间的内积，其运行结果都是一样的。Python 中计算向量的内积非常方便，可直接使用 Numpy 函数库中的内积方法 dot，内积运算函数 dot 中的参数要求必须是一维行向量。向量本质上是特殊矩阵，向量作为 dot 函数的参数可使用二维向量，即向量外多增加一个中括号。

2.1.2　矩阵分析

本节围绕机器学习中常用的矩阵求导与矩阵分解两个方面展开，为读者的机器学习之路打下矩阵分析的基础。

矩阵分析

1. 矩阵求导基础

如果 $m \times n$ 阶矩阵 $\boldsymbol{A}$ 的元素 a_{ij} 都是参数 t 的函数，则矩阵的导数定义为

$$\frac{\mathrm{d}\boldsymbol{A}}{\mathrm{d}t} = \begin{bmatrix} \dfrac{\mathrm{d}a_{11}}{\mathrm{d}t} & \dfrac{\mathrm{d}a_{12}}{\mathrm{d}t} & \cdots & \dfrac{\mathrm{d}a_{1n}}{\mathrm{d}t} \\ \dfrac{\mathrm{d}a_{21}}{\mathrm{d}t} & \dfrac{\mathrm{d}a_{22}}{\mathrm{d}t} & \cdots & \dfrac{\mathrm{d}a_{2n}}{\mathrm{d}t} \\ \vdots & \vdots & & \vdots \\ \dfrac{\mathrm{d}a_{m1}}{\mathrm{d}t} & \dfrac{\mathrm{d}a_{m2}}{\mathrm{d}t} & \cdots & \dfrac{\mathrm{d}a_{mn}}{\mathrm{d}t} \end{bmatrix} \tag{2-20}$$

同样可定义矩阵的高阶导数。矩阵的积分定义为

$$\int \boldsymbol{A}\,\mathrm{d}t = \begin{bmatrix} \int a_{11}\,\mathrm{d}t & \int a_{12}\,\mathrm{d}t & \cdots & \int a_{1n}\,\mathrm{d}t \\ \int a_{21}\,\mathrm{d}t & \int a_{22}\,\mathrm{d}t & \cdots & \int a_{2n}\,\mathrm{d}t \\ \vdots & \vdots & & \vdots \\ \int a_{m1}\,\mathrm{d}t & \int a_{m2}\,\mathrm{d}t & \cdots & \int a_{mn}\,\mathrm{d}t \end{bmatrix} \tag{2-21}$$

同样也可定义矩阵的多重积分。

类似地，对于方阵 A 还可定义矩阵函数及其导数：

指数矩阵函数为

$$\exp(At) = I + At + \frac{A^2 t^2}{2!} + \frac{A^3 t^3}{3!} + \cdots \tag{2-22}$$

指数矩阵函数的导数为

$$\frac{d}{dt}\exp(At) = A\exp(At) = \exp(At)A \tag{2-23}$$

矩阵乘积的导数为

$$\frac{d}{dt}(AB) = \frac{dA}{dt}B + A\frac{dB}{dt} \tag{2-24}$$

其中，I 为与 A 同阶的单位矩阵，A 和 B 都是变量 t 的矩阵函数。

在实际机器学习工作中，最常用的就是实值函数 y 对 n 维向量 x 求导，其定义为

$$\frac{\partial y}{\partial x} = \left[\frac{\partial y}{\partial x_1}, \frac{\partial y}{\partial x_2}, \cdots, \frac{\partial y}{\partial x_n}\right]^T \tag{2-25}$$

实值函数 y 对 n 阶矩阵 X 求导的定义为

$$\frac{\partial y}{\partial X} = \begin{bmatrix} \dfrac{\partial y}{\partial x_{11}} & \dfrac{\partial y}{\partial x_{12}} & \cdots & \dfrac{\partial y}{\partial x_{1n}} \\ \dfrac{\partial y}{\partial x_{21}} & \dfrac{\partial y}{\partial x_{22}} & \cdots & \dfrac{\partial y}{\partial x_{2n}} \\ \vdots & \vdots & & \vdots \\ \dfrac{\partial y}{\partial x_{n1}} & \dfrac{\partial y}{\partial x_{n2}} & \cdots & \dfrac{\partial y}{\partial x_{nn}} \end{bmatrix} \tag{2-26}$$

在相关机器学习数学原理推导过程中，还可能用到如下公式：

$$\frac{\partial \beta^T x}{\partial x} = \beta \tag{2-27}$$

$$\frac{\partial x^T x}{\partial x} = 2x \tag{2-28}$$

$$\frac{\partial x^T A x}{\partial x} = (A + A^T)x \tag{2-29}$$

公式(2-27)～公式(2-29)中，x、β 为向量，A 为与对应向量满足相关运算条件的矩阵。

2. 矩阵分解基础

机器学习中的许多重要算法都涉及矩阵分解，矩阵分解的优点在于简洁的数学表示，使其适用于处理大规模数据，同时它的分解结果还具有良好的可解释性。因此，矩阵分解在工业界得到了广泛有效的应用（如推荐系统），并在学术界持续开启了大量特征学习、优化算法等领域的工作。

所谓矩阵分解（Matrix Factorization），就是通过线性变换，将某个给定或已知的矩阵分解为两个或三个标准型矩阵的乘积，个别情况下分解为两个标准型矩阵之和。在线性代数中，矩阵的分解可分为三角分解（Triangular Factorization）、满秩分解、特征值分解（Eigenvalue Decomposition）、Jordan 分解、奇异值分解（Singular Value Decomposition，SVD）、非负矩阵分解等。其中常用的分解方法有三角分解、特征值分解，本小节主要对

SVD 进行介绍。

　　奇异值分解是在机器学习领域广泛应用的算法之一，它通对矩阵进行拆分，可以提取出其中的关键信息，从而降低原始数据的规模（奇异值一般被从大到小排列，越大的奇异值代表其对原矩阵的影响越大，在很多情况下人们可以只取前几个重要的奇异值对原矩阵进行重构，从而达到简化运算以及压缩存储空间的目的）。奇异值分解不光可以用于降维算法中的特征分解，还可以用于推荐系统、自然语言处理、信号分析、金融、统计等领域，是很多机器学习算法的基石。

　　本小节将详细介绍矩阵 SVD 的数学原理。

　　设矩阵 $A \in \mathbf{R}_r^{m \times n}(r > 0)$，$A^T A$ 的特征值为 $\lambda_1 \geqslant \lambda_2 \geqslant \cdots \geqslant \lambda_r > \lambda_{r+1} = \cdots = \lambda_n = 0$，则称 $\sigma_i = \sqrt{\lambda_i}\,(i=1,2,\cdots,n)$ 为矩阵 A 的奇异值。

　　设矩阵 $A \in \mathbf{R}_r^{m \times n}(r > 0)$，则存在 m 阶矩阵 U 和 n 阶矩阵 V，得

$$U^H AV = \begin{bmatrix} \boldsymbol{\Sigma} & \mathbf{0} \\ 0 & 0 \end{bmatrix} \tag{2-30}$$

其中，矩阵 U^H 是矩阵 U 的共轭转置，$\boldsymbol{\Sigma} = \mathrm{diag}(\sigma_1, \sigma_2, \cdots, \sigma_r)$，是一个对角矩阵，而 $\sigma_i(i=1,2,\cdots,r)$ 为矩阵 A 的全部非零奇异值，则 $A = U \begin{bmatrix} \boldsymbol{\Sigma} & \mathbf{0} \\ 0 & 0 \end{bmatrix} V^H$ 为矩阵 A 的奇异值分解。下面具体介绍求解奇异值分解中的矩阵 U 和 V 的方法。

　　记共轭矩阵的特征值为 $\lambda_1 \geqslant \lambda_2 \geqslant \cdots \geqslant \lambda_r > \lambda_{r+1} = \cdots = \lambda_n = 0$，则存在 n 阶矩阵 V，得

$$V^H(A^H A)V = \begin{bmatrix} \lambda_1 & & \\ & \ddots & \\ & & \lambda_n \end{bmatrix} = \begin{bmatrix} \boldsymbol{\Sigma}^2 & \mathbf{0} \\ 0 & 0 \end{bmatrix} \tag{2-31}$$

将 V 分块为

$$V = [V_1 \,\vdots\, V_2],\ V_1 \in \mathbf{R}_r^{n \times r},\ V_2 \in \mathbf{R}_{n-r}^{n \times (n-r)}$$

并改写公式（2-31）为

$$A^H AV = V \begin{bmatrix} \boldsymbol{\Sigma}^2 & \mathbf{0} \\ 0 & 0 \end{bmatrix}$$

则有

$$A^H AV_1 = V_1 \boldsymbol{\Sigma}^2,\ A^H AV_2 = 0 \tag{2-32}$$

由公式（2-32）的第一式可得

$$V_1^H A^H AV_1 = \boldsymbol{\Sigma}^2 \quad \text{或者} \quad (AV_1 \boldsymbol{\Sigma}^{-1})^H (AV_1 \boldsymbol{\Sigma}^{-1}) = I_r$$

由公式（2-32）的第二式可得

$$(AV_2)^H (AV_2) = 0 \quad \text{或者} \quad AV_2 = 0$$

　　令 $U_1 = AV_1 \boldsymbol{\Sigma}^{-1}$，则 $U_1^H U_1 = I_r$，即 U_1 的 r 个列是两两正交的单位向量，记作 $U_1 = (v_1, v_2, \cdots, v_r)$，所以可将 $v_1, v_2, \cdots, v_r$ 扩充为 $\mathbf{R}^m$ 的标准正交基，记增添的向量为 $v_{r+1}, \cdots, v_m$，并构造矩阵 $U_2 = (v_{r+1}, \cdots, v_m)$，则 $U = [U_1 \,\vdots\, U_2] = (v_1, v_2, \cdots, v_r, v_{r+1}, \cdots, v_m)$ 是 m 阶矩阵，且有 $U_1^H U_1 = I_r$，$U_2^H U_1 = 0$，于是可得

$$U^H AV = U^H [AV_1 \,\vdots\, AV_2] = \begin{bmatrix} U_1^H \\ U_2^H \end{bmatrix} [U_1 \boldsymbol{\Sigma} \,\vdots\, 0] = \begin{bmatrix} U_1^H U_1 \boldsymbol{\Sigma} & 0 \\ U_2^H U_1 \boldsymbol{\Sigma} & 0 \end{bmatrix} = \begin{bmatrix} \boldsymbol{\Sigma} & \mathbf{0} \\ 0 & 0 \end{bmatrix}$$

改写公式(2-30)为

$$A = U \begin{bmatrix} \boldsymbol{\Sigma} & \boldsymbol{0} \\ 0 & 0 \end{bmatrix} V^{\mathrm{H}}$$

所以矩阵 A 可以进行奇异值分解，其分解式为 $A = U \begin{bmatrix} \boldsymbol{\Sigma} & \boldsymbol{0} \\ 0 & 0 \end{bmatrix} V^{\mathrm{H}}$。

2.2 概 率 与 统 计

概率与统计

概率论是用于表示不确定性陈述的数学框架，即它是对事物不确定性的度量。

在人工智能(AI)领域，主要有两个场景中会使用到概率论的相关知识。首先，概率告诉我们 AI 系统应该如何推理，按照这些基本的概率统计规律来设计一些算法，用于计算或者近似自然界中我们感兴趣的某些现象或者行为。其次，可以用概率和统计理论来分析验证 AI 系统行为是否合理。

计算机科学的许多分支处理的对象都是完全确定的实体，但机器学习却大量使用概率论与统计理论作为其基础。这是因为机器学习和数理统计这两门学科实际上关心的是同一个问题，即能从数据中学到什么。其核心都是探讨如何从数据中提取人们需要的信息或规律。人类通过各种现象认识这个世界，其认识过程的特点便是"由现象到本质"。机器学习模仿人脑的神经元运动，旨在处理大量的数据后能对这个现实世界产生一定的"理解"与"认识"。因此，机器学习算法的设计通常依赖于对数据的概率假设。

2.2.1 概率与条件概率

概率也叫"或然率"，它反映随机事件出现的可能性大小。随机事件是指在相同条件下，可能出现也可能不出现的事件。

对于古典试验中的事件 A，它的概率 $P(A)$ 定义为

$$P(A) = \frac{m}{n} \tag{2-33}$$

其中，n 表示该试验中所有可能出现的结果总数目。m 表示事件 A 包含的试验结果数。这种定义概率的方法称为概率的古典定义。雅各布·伯努利(Jacob Bernoulli)已从数学上严格证明：当试验次数逐渐增大时，事件 A 发生的概率会稳定在 $P(A)$ 上。由此可知，数值 $P(A)$ 就是在该条件下刻画事件 A 发生可能性大小的一个数量指标。

柯尔莫哥洛夫(Kormogolov)于 1933 年给出了概率的公理化定义：设 E 是随机试验，S 是它的样本空间。对于 E 的每一事件 A 赋予一个实数，记为 $P(A)$，称为事件 A 的概率。这里 $P(A)$ 是一个集合函数，$P(A)$ 要满足下列条件：

(1) 非负性：对于每一个事件 A，有 $P(A) \geqslant 0$。

(2) 规范性：对于必然事件 Ω，有 $P(\Omega) = 1$。

(3) 可列可加性：设 $A_1, A_2, \cdots$ 是两两互不相容的事件，即对于 $i \neq j$，$A_i \bigcap A_j = \varnothing$，

$(i,j=1,2,\cdots)$，则有 $P(A_1 \bigcup A_2 \bigcup \cdots)=P(A_1)+P(A_2)+\cdots$。

设 A、B 为两个事件，已知 B 发生的条件下，A 发生的概率称为 B 发生时 A 发生的条件概率，记为 $P(A|B)$，读作事件 B 发生的条件下 A 发生的概率。

用韦恩图能更好地理解条件概率，如图 2-3 所示。

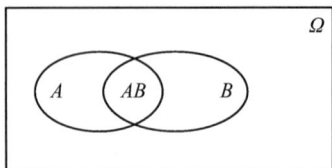

图 2-3　条件概率示意图——韦恩图

将封闭图形的面积理解为相应事件的概率，那么由条件概率的定义，可以仅局限于 B 事件这个范围来考察 A 事件发生的概率，几何直观上，$P(A|B)$ 相当于 B 在 A 内的那部分（即事件 AB）在 B 中所占的比例，即

$$\text{当 } P(B)>0 \text{ 时，} P(A \mid B)=\frac{P(A \bigcap B)}{P(B)} \tag{2-34}$$

而 $P(AB)$ 则与概率 $P(A|B)$ 不同，虽然两者都表示事件 A 和 B 都发生了，但它们有如下区别：

① 在 $P(A|B)$ 中，事件 A、B 发生有时间上的差异，事件 B 先发生，事件 A 后发生；在 $P(AB)$ 中，事件 A、B 同时发生。

② 基本事件空间不同。在 $P(A|B)$ 中，事件 B 成为基本事件空间，即 $P(A|B)=$ $\frac{P(AB)}{P(B)}$；在 $P(AB)$ 中，基本事件空间保持不变，仍为原基本事件空间，即 $P(AB)=\frac{P(AB)}{P(\Omega)}$。

2.2.2　贝叶斯理论

贝叶斯理论的核心思想是"由果溯因"，即知道某事件的结果后，由结果推断该事件由各个原因导致的概率为多少。

贝叶斯公式一般写为

$$P(h \mid D)=\frac{P(D \mid h)P(h)}{P(D)} \tag{2-35}$$

公式（2-35）中，设 h 代表一种假设事件（如能够引起堵车的原因：交通事故、道路限流、早晚高峰等事件），D 代表一种观察结果（如出现堵车这一现象），公式的结果 $P(h|D)$ 称为后验概率，表示在观察到 D 的情况下 h 发生的条件概率，具体来说就是 D（堵车现象）已经发生，想要知道它发生的原因是由 h（交通事故/道路限流/早晚高峰）所引起的概率。等号右边公式分子中的 $P(D|h)$ 表示在 h 事件发生后导致 D 这一结果的概率，$P(h)$ 表示一种先验概率（根据以往经验和分析统计得到的，或依据自身经验得出的一个概率。例如，交管部门一般可以根据经验，知道某一路段交通事故的发生概率），即在还没有观察 D 的情况下，h 事件发生的概率。$P(D|h)/P(D)$ 为似然函数（Likelihood Function），可理解为观测到的样本分布。分母中事件 D 的发生概率 $P(D)$ 一般可表示成 $\sum\limits_{h} P(D|h)$ 的形式

(即堵车的现象是由交通事故、道路限流以及早晚高峰等事件造成的,因此可通过全概率公式来表达 $P(D)$,一般不需要事先知道 $P(D)$ 的信息)。

从宏观上看,如果能掌握一个事件的全部信息,当然可以计算出一个相对客观的概率。但实际中绝大多数决策掌握的信息都是不全的,决策人手中只有有限的信息。在解决这个问题时,贝叶斯理论的底层思想是这样的:既然无法得到全面的信息,那就在信息有限的情况下尽可能作出一个合理的预测。实际的做法是,先估计一个先验概率 $P(h)$(一般可以通过长时间的历史数据进行总结,或取一个被公众认可的数据),然后根据观察到的新信息(似然函数)对先验概率进行修正,进而得到一个相对合理的估计。

2.2.3　信息论基础

信息论是通信工程学科的数学基础,也是随着通信技术的发展而形成并不断完善起来的一门新兴的横断学科。信息论创立的标志是 1948 年 Claude Shannon(香农)发表的论文 "A Mathematical Theory of Communication"。在这篇文章中香农创造性地采用概率论的方法来研究通信中的问题,并且对信息给予了科学的定量描述,第一次提出了信息熵的概念。

信息是事物运动状态或存在方式的不确定性的描述。可运用研究随机事件的数学工具——概率来测度不确定性的大小。在信息论中,消息可用随机事件表示,而发出这些消息的信源则用随机变量来表示。

1928 年,哈特莱(Hartley)首先提出了用对数度量信息的概念。一个消息所含有的信息量用它的可能值的个数的对数来表示。把某个消息 x_i 出现的不确定性的大小,定义为自信息 $I(x_i)$,用这个消息出现的概率的对数的负值来表示,即

$$I(x_i) = -\log p(x_i) \tag{2-36}$$

自信息同时表示这个消息所包含的信息量,也就是最大能够给予收信者的信息量。如果消息能够正确传送,收信者就能够获得这样大小的信息量。

信源所含有的信息量定义为信源发出的所有可能消息的平均不确定性,香农把信源所含有的信息量称为信息熵。自信息的统计平均定义为信息熵 $H(X)$,即

$$H(X) = -\sum_{i=1}^{q} p(x_i)\log p(x_i) \tag{2-37}$$

式中,q 表示信源消息的个数。

信息熵表示信源的平均不确定性的大小,同时表示信源输出的消息所含的平均信息量。因此,虽然信源产生的消息可能会含有不同的信息量,但在收信端,信源的不确定性得到了部分或全部的消除,收信者就得到了信息。信息在数量上等于通信前后"不确定性"的消除量(减少量)。

关于信息的度量有几个重要的概念,分别是自信息、互信息、平均自信息(信息熵)和平均互信息,具体介绍如下。

1)自信息

自信息是指一个事件(消息)本身所包含的信息量,是由事件的不确定性决定的,如"抛掷一枚硬币的结果是正面"这个消息所包含的信息量。

随机事件的自信息 $I(x_i)$ 是该事件发生概率 $p(x_i)$ 的函数,并且应该满足以下公理化

条件。

（1）$I(x_i)$ 是 $p(x_i)$ 的严格递减函数。当 $p(x_1) < p(x_2)$ 时，$I(x_i) > I(x_2)$；概率越小，事件发生的不确定性越大，事件发生以后所包含的自信息量越大。

（2）极限情况下当 $p(x_i) = 0$ 时，$I(x_i) \to \infty$；当 $p(x_i) = 1$ 时，$I(x_i) = 0$。

（3）从直观概念上讲，由两个相对独立的不同的消息所提供的信息量应等于它们分别提供的信息量之和。

可以证明：公式（2-36）满足以上公理化条件，其图像如图 2-4 所示。

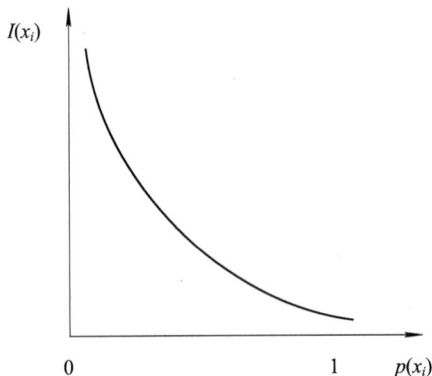

图 2-4　自信息示意图

从图 2-4 中可以看出公式（2-36）正是满足上述公理性条件的函数形式。其中，$I(x_i)$ 代表两种含义：第一种是事件发生以前，等于事件发生的不确定性的大小；第二种是事件发生以后，表示事件所含有或所能提供的信息量。

自信息 $I(x_i)$ 的单位与所用对数的底有关。常取对数的底为 2，信息量的单位为比特（bit，binary unit）。当 $p(x_i) = 1/2$ 时，$I(x_i) = 1$ bit，即概率等于 1/2 的事件具有 1 bit 的自信息。若取自然对数（对数以 e 为底），自信息的单位为奈特（nat，natural unit）。1 nat = lb e bit = 1.443 bit。工程上使时用以 10 为底较方便。若以 10 为对数底，则自信息的单位为哈特莱（Hartley），1 Hartley = lb 10 bit = 3.322 bit。如果取以 r 为底的对数（$r > 1$），则 $I(x_i) = -\log_r p(x_i)$，此时，自信息为 r 进制单位，$1r$ 进制单位 = lbr。

2）互信息

G 互信息是指一个事件 y_j 所给出关于另一个事件 x_i 的信息量，如今天下雨所给出关于明天下雨的信息量，用 $I(x_i; y_j)$ 表示，即

$$I(x_i; y_j) \stackrel{\text{def}}{=} I(x_i) - I(x_i \mid y_j) = \log \frac{p(x_i \mid y_j)}{p(x_i)} \tag{2-38}$$

互信息 $I(x_i; y_j)$ 是已知事件 y_j 后所消除的关于事件 x_i 的不确定性，它等于事件 x_i 本身的不确定性 $I(x_i)$ 减去已知事件 y_j 后对 x_i 仍然存在的不确定性 $I(x_i \mid y_j)$。互信息的引出，使信息得到了定量的表示，是信息论发展的一个重要里程碑。

3）平均自信息（信息熵）

平均自信息是指事件集（用随机变量表示）所包含的平均信息量，它表示信源的平均不确定性。

自信息量是信源发出某一具体消息所含有的信息量，发出的消息不同所含有的信息量

不同，因此自信息量不能用来表征整个信源的不确定度。此处定义平均自信息量来表征整个信源的不确定度。平均自信息量又称为信息熵、信源熵，简称熵。

因为信源具有不确定性，所以将信源用随机变量来表示，用随机变量的概率分布来描述信源的不确定性。通常把一个随机变量的所有可能的取值和这些取值对应的概率称为它的概率空间。

随机变量 X 的每一个可能取值的自信息 $I(x_i)$ 的统计平均值，被定义为随机变量 X 的平均自信息量 $H(X)$，其定义如公式(2-37)所示，单位与信息量一致，根据所取的对数底不同，可以是 bit、nat、Hartley 或者是 r 进制单位/符号，通常以 bit 为单位。

一般情况下，信息熵并不等于收信者平均获得的信息量，收信者不能全部消除信源的平均不确定性，获得的信息量将小于信息熵。

4）平均互信息

平均互信息是指一个事件集所给出关于另一个事件集的平均信息量，如今天的天气所给出的关于明天的天气的信息量。

2.3* 多元微积分

多元微积分

微积分是现代数学的基础，线性代数、矩阵论、概率论、信息论、最优化方法等数学课程都需要用到微积分的知识。单就机器学习和深度学习来说，更多用到的是微分。积分基本上只在概率论中使用，概率密度函数、分布函数等概念和计算都要借助于积分来定义或计算。

几乎所有的机器学习算法在训练或者预测时都是求解最优化问题，因此需要依赖于微积分来求解函数的极值，而模型中某些函数的选取，也有数学性质上的考量。对于机器学习而言，微积分的主要作用是：求解函数的极值与分析函数的性质。本书将做简要介绍。

2.3.1 导数与偏导数

导数与微分是数学分析的基本概念之一，导数与微分都是建立在函数极限的基础之上的，导数的概念在于刻画瞬时变化率，微分的概念在于刻画瞬时改变量。

设函数 $y=f(x)$ 在 x_0 的某邻域内有定义，若极限 $\lim\limits_{x \to x_0} \dfrac{f(x)-f(x_0)}{x-x_0}$ 存在，则称函数 f 在点 x_0 处可导，并称该极限为 f 在点 x_0 处的导数，记作 $f'(x_0)$ 或 $\dfrac{\mathrm{d}y}{\mathrm{d}x}\Big|_{x=x_0}$。

令 $\Delta x = x - x_0$，$\Delta y = f(x_0 + \Delta x) - f(x_0)$，则上述定义又可表示为

$$f'(x_0) = \frac{\mathrm{d}y}{\mathrm{d}x}\bigg|_{x=x_0} = \lim_{\Delta x \to 0}\frac{\Delta y}{\Delta x} = \lim_{\Delta x \to 0}\frac{f(x_0 + \Delta x) - f(x_0)}{\Delta x} \qquad (2-39)$$

即为函数在一点处，当自变量改变量趋于零时，函数值的改变量与自变量的改变量之比的极限。

若 $f(x)$ 在点 x_0 可导，那么曲线 $y=f(x)$ 在点 $(x_0,f(x_0))$ 存在切线，并且切线斜率为 $f'(x_0)$。但必须指出，若曲线 $y=f(x)$ 在点 $(x_0,f(x_0))$ 存在切线，并不能说明 $f(x)$ 在点 x_0 可导，如 $y=x^3$ 在 $x=0$ 点存在切线但该点并不可导。

对于二元函数 $z=f(x,y)$，如果只有自变量 x 变化，而自变量 y 固定，这时它就是 x 的一元函数，该函数对 x 的导数，就称为二元函数 $z=f(x,y)$ 对于 x 的偏导数。

设函数 $z=f(x,y)$ 在点 (x_0,y_0) 的某一邻域内有定义，当 y 固定在 y_0 而 x 在 x_0 处有增量 Δx 时，相应的函数有增量 $f(x_0+\Delta x,y_0)-f(x_0,y_0)$，如果极限 $\lim\limits_{\Delta x \to 0}\dfrac{f(x_0+\Delta x,y_0)-f(x_0,y_0)}{\Delta x}$ 存在，则称此极限为函数 $z=f(x,y)$ 在点 (x_0,y_0) 处对 x 的偏导数，记作 $\dfrac{\partial z}{\partial x}\Big|_{\substack{x=x_0\\y=y_0}}$，$\dfrac{\partial f}{\partial x}\Big|_{\substack{x=x_0\\y=y_0}}$，$z_x\Big|_{\substack{x=x_0\\y=y_0}}$，或 $f_x(x_0,y_0)$。类似地，函数 $z=f(x,y)$ 在点 (x_0,y_0) 处对 y 的偏导数定义为 $\lim\limits_{\Delta y \to 0}\dfrac{f(x_0,y_0+\Delta y)-f(x_0,y_0)}{\Delta y}$，记作 $\dfrac{\partial z}{\partial y}\Big|_{\substack{x=x_0\\y=y_0}}$，$\dfrac{\partial f}{\partial y}\Big|_{\substack{x=x_0\\y=y_0}}$，$z_y\Big|_{\substack{x=x_0\\y=y_0}}$，或 $f_y(x_0,y_0)$。求 $\dfrac{\partial f}{\partial x}$ 时，只需把 y 暂时看作常量而对 x 求导数；求 $\dfrac{\partial f}{\partial y}$ 时，只需把 x 暂时看作常量而对 y 求导数。

偏导数的概念还可推广到二元以上的函数。例如，三元函数 $u=f(x,y,z)$ 在点 (x,y,z) 处对 x 的偏导数定义为 $f_x(x,y,z)=\lim\limits_{\Delta x \to 0}\dfrac{f(x+\Delta x,y,z)-f(x,y,z)}{\Delta x}$，其中 (x,y,z) 是函数 $u=f(x,y,z)$ 的定义域的内点（以点 A 为中心，以任意小且大于 0 的 r 作为半径，构建区域 Ar。如果属于 Ar 的所有点都属于区域 D，则点 A 是区域 D 的内点）。它们的求法也仍旧是一元函数的微分法问题。

需要指出，对于多元函数来说，即使各偏导数在某点都存在，也不能保证函数在该点连续。

2.3.2 梯度和海森矩阵

偏导数反映的是多元函数沿坐标轴方向的变化率。对于二元函数 $z=f(x,y)$，有

$$\begin{cases} f_x(x_0,y_0)=\lim\limits_{\Delta x \to 0}\dfrac{f(x_0+\Delta x,y_0)-f(x_0,y_0)}{\Delta x} \\ f_y(x_0,y_0)=\lim\limits_{\Delta y \to 0}\dfrac{f(x_0+\Delta x,y_0)-f(x_0,y_0)}{\Delta y} \end{cases} \tag{2-40}$$

在几何上，它们分别表示平面曲线公式[（2-41）、公式（2-42）]在点 (x_0,y_0) 处的切线的斜率：

$$\begin{cases} z=f(x,y) \\ y=y_0 \end{cases} \tag{2-41}$$

$$\begin{cases} z=f(x,y) \\ x=x_0 \end{cases} \tag{2-42}$$

接下来需考虑二元函数 $z=f(x,y)$ 在点 (x_0,y_0) 处沿某指定方向的变化率。若函数 $z=f(x,y)$ 在点 $P(x_0,y_0)$ 处沿方向 u（方向角为 α、β）存在极限：

$$\lim_{h\to 0}\frac{\Delta_u z}{h}=\lim_{h\to 0}\frac{f(x_0+\Delta x,y_0+\Delta y)-f(x_0,y_0)}{h}=D_u f(x_0,y_0) \qquad (2-43)$$

其中，$h=\sqrt{(\Delta x)^2+(\Delta y)^2}$，$\Delta x=h\cos\alpha$，$\Delta y=h\cos\beta$，则称 $D_u f(x_0,y_0)$ 为函数在点 P 处沿方向 u 的方向导数。方向导数的几何意义如图 2-5 所示。

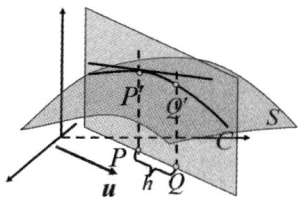

图 2-5　方向导数的几何示意图

由图 2-5 可知，方向导数 $D_u f(x_0,y_0)$ 的几何意义表示曲线 C 在 $P(x_0,y_0)$ 点处的切线的斜率。特别需指出的是：当 u 与 x 轴同向（方向角为 $\alpha=0,\beta=\dfrac{\pi}{2}$）时，$D_u f(x_0,y_0)=\dfrac{\partial f}{\partial x}$；当 u 与 x 轴反向（方向角为 $\alpha=\pi,\beta=\dfrac{\pi}{2}$）时，$D_u f(x_0,y_0)=-\dfrac{\partial f}{\partial x}$。

若函数 $z=f(x,y)$ 在点 $P(x_0,y_0)$ 处可微，那么函数在该点沿任意方向向量 u 的方向导数都存在，且有

$$D_u f(x_0,y_0)=\frac{\partial f}{\partial x}\cos\alpha+\frac{\partial f}{\partial y}\cos\beta \qquad (2-44)$$

式中，$\cos\alpha$、$\cos\beta$ 为向量 u 的方向余弦。由式（2-44）可得

$$\begin{aligned}
D_u f(x_0,y_0)&=\frac{\partial f}{\partial x}\cos\alpha+\frac{\partial f}{\partial y}\cos\beta\\
&=\left(\frac{\partial f}{\partial x},\frac{\partial f}{\partial y}\right)(\cos\alpha,\cos\beta)^{\mathrm{T}}\\
&=\left(\frac{\partial f}{\partial x},\frac{\partial f}{\partial y}\right)e_u \qquad (2-45)
\end{aligned}$$

$G=\nabla f(x,y)=\left(\dfrac{\partial f}{\partial x},\dfrac{\partial f}{\partial y}\right)$ 称为函数 $z=f(P)$ 在点 P 处的梯度（Gradient），记作 $\mathrm{grad}\,f$，即

$$G=\mathrm{grad}\,f=\nabla f(x,y)=\frac{\partial f}{\partial x}i+\frac{\partial f}{\partial y}j \qquad (2-46)$$

函数的方向导数为梯度在该方向上的投影。

沿梯度方向，方向导数达到最大值 $|\nabla f(x_0,y_0)|$，梯度方向是函数值上升最快的方向（最速上升方向），负梯度方向是函数值下降最快的方向（最速下降方向）。

设 n 元函数 $f(x)$ 在点 x 处对于自变量各分量的二阶偏导数 $\dfrac{\partial^2 f(x)}{\partial x_i\partial x_j}(i,j=1,2,\cdots,n)$ 连续，则 $f(x)$ 在点 x 处的海森矩阵为

$$
\boldsymbol{H} = \begin{bmatrix} \dfrac{\partial^2 f}{\partial x_1^2} & \dfrac{\partial^2 f}{\partial x_1 \partial x_2} & \cdots & \dfrac{\partial^2 f}{\partial x_1 \partial x_n} \\[2mm] \dfrac{\partial^2 f}{\partial x_2 \partial x_1} & \dfrac{\partial^2 f}{\partial x_2^2} & \cdots & \dfrac{\partial^2 f}{\partial x_2 \partial x_n} \\ \vdots & \vdots & & \vdots \\ \dfrac{\partial^2 f}{\partial x_n \partial x_1} & \dfrac{\partial^2 f}{\partial x_n \partial x_2} & \cdots & \dfrac{\partial^2 f}{\partial x_n^2} \end{bmatrix} = \nabla^2 f(x) \tag{2-47}
$$

2.3.3 最速下降法

最速下降法又称为梯度法，是 1847 年由著名数学家 Cauchy 提出的，它是解析法中最古老的一种，其他解析方法或是它的变形，或是受它的启发而得到的，因此它是最优化方法的基础。作为一种基本的算法，该算法在最优化方法中占有重要地位。本小节将较为详细地介绍其基本原理。

无约束问题的最优解要满足以下 4 个定理。

定理 1 设 $f: \mathbf{R}^n \to \mathbf{R}^1$ 在点 $\bar{x} \in \mathbf{R}^n$ 处可微。若存在 $\boldsymbol{p} \in \mathbf{R}^n$，使 $\nabla f(\bar{x})^{\mathrm{T}} \boldsymbol{p} < 0$，则向量 $\boldsymbol{p}$ 是 f 在点 $\bar{x}$ 处的下降方向。

定理 2 设 $f: \mathbf{R}^n \to \mathbf{R}^1$ 在点 $x^* \in \mathbf{R}^n$ 处可微。若 x^* 是无约束问题的局部最优解，则 $\nabla f(x^*) = 0$。

使 $\nabla f(x) = 0$ 的点 x 为函数 f 的驻点或平稳点。函数 f 的一个驻点可以是极小点，也可以是极大点，甚至也可能既不是极小点也不是极大点，此时称它为函数 f 的鞍点。以上定理说明，x^* 是无约束问题的局部最优解的必要条件是：x^* 是其目标函数 f 的驻点。

现给出无约束问题局部最优解的充分条件。

定理 3 设 $f: \mathbf{R}^n \to \mathbf{R}^1$ 在点 $x^* \in \mathbf{R}^n$ 处的 Hesse 矩阵 $\nabla^2 f(x^*)$ 存在。若 $\nabla f(x^*) = 0$，并且 $\nabla^2 f(x^*)$ 正定，则 x^* 是无约束问题的严格局部最优解。

一般而言，无约束问题的目标函数的驻点不一定是无约束问题的最优解。但对于其目标函数是凸函数的无约束凸规划，定理 4 证明了它的目标函数的驻点就是它的整体最优解。

定理 4 设 $f: \mathbf{R}^n \to \mathbf{R}^1$，$x^* \in \mathbf{R}^n$，$f$ 是 $\mathbf{R}^n$ 上的可微凸函数。若有 $\nabla f(x^*) = 0$，则 x^* 是无约束问题的整体最优解。

设无约束问题中的目标函数 $f: \mathbf{R}^n \to \mathbf{R}^1$ 一阶连续可微。

最速下降法的基本思想：从当前点 x^k 出发，取函数 $f(x)$ 在点 x^k 处下降最快的方向作为我们的搜索方向 p^k。由 $f(x)$ 的泰勒展开式可知

$$
f(x^k) - f(x^k + tp^k) = -t \nabla f(x^k)^{\mathrm{T}} p^k + o(\| tp^k \|)
$$

略去 t 的高阶无穷小项不计，可见取 $p^k = -\nabla f(x^k)$ 时，函数值下降得最多，因此可以构造出最速下降法的迭代步骤。

无约束问题中最速下降法的计算步骤如下：

(1) 选取初始点 x^0，给定终止误差 $\varepsilon > 0$，令 $k = 0$。

(2) 计算 $\nabla f(x^k)$，若 $\| \nabla f(x^k) \| \leqslant \varepsilon$，停止迭代，输出 x^k，否则进行第(3)步。

（3）取 $p^k = -\nabla f(x^k)$。

（4）进行一维搜索，求 t_k，使得 $f(x^k + t_k p^k) = \min\limits_{t \geqslant 0} f(x^k + t p^k)$。令 $x^{k+1} = x^k + t_k p^k$，$k := k+1$，转第（2）步。

由以上计算步骤可知，最速下降法迭代终止时，求得的是目标函数驻点的一个近似点。

确定最优步长 t_k 的方法主要有以下两种：

（1）一维寻优法。

此时的 $f(x^k - t\,\nabla f(x^k))$ 已成为步长 t 的一元函数，故可用任何一种一维寻优法求出 t_k，即 $f(x^{k+1}) = f(x^k - t_k\,\nabla f(x^k)) = \min\limits_{t} f(x^k - t\,\nabla f(x^k))$。

（2）微分法。

因为 $tf(x^k - t\,\nabla f(x^k)) = \phi(t)$，所以，一些简单情况下，可令 $\phi'(t) = 0$，以解出近似最优步长 t_k 的值。

2.3.4　随机梯度下降法

本节以线性回归模型（Linear Regression Model）为背景来介绍关于随机梯度下降法的基本原理。

线性回归的目的是预测连续变量的值，如股票走势、气候预报。从某种程度上说，回归模型就是在做函数拟合。而线性回归就是针对线性模型进行拟合，是回归模型当中最简单的一种。形式化描述回归模型：对于给定的包含 N 个训练样本的样本集 $\{x(i)\}$，假设它对应的目标值为 $\{y(i), i = 1, 2, \cdots, N\}$，目标是给定一个新样本 x 预测其值 y，注意与分类问题不同的是，$\{y(i)\}$ 属于连续变量。最简单的线性回归模型表示为

$$y(\boldsymbol{x}, \boldsymbol{w}) = w_0 + w_1 x_1 + \cdots + w_D x_D \tag{2-48}$$

式中，$\boldsymbol{x} = \{x_1, x_2, \cdots, x_D\}$ 为训练样本，D 为样本特征数，$\boldsymbol{w} = \{w_0, w_2, \cdots, w_D\}$ 为参数或者权重。线性回归模型的关键就是求出 $\boldsymbol{w}$。由此，公式（2-48）可表示为

$$y(\boldsymbol{x}, \boldsymbol{w}) = w_0 + \sum_{j=1}^{D} w_j x_j \tag{2-49}$$

为了求出模型参数（一旦求出 $\boldsymbol{w}$，模型就被确定），先定义出损失函数（loss function），优化损失函数的过程便是模型求解的过程。

定义线性回归模型的损失函数为

$$E_D(w) = \frac{1}{2} \sum_{i=1}^{N} \{ y^{(i)} - \boldsymbol{w}^{\mathrm{T}} \boldsymbol{x}^{(i)} \}^2 \tag{2-50}$$

式中，$y^{(i)}$ 为第 i 个样本的真实值，$\boldsymbol{w}^{\mathrm{T}} \boldsymbol{x}^{(i)}$ 为第 i 个样本特征值组合预测函数，$1 \leqslant i \leqslant N$。优化损失函数有很多方法，随机梯度下降算法（stochastic gradient descent）是较为常见的一种，其算法步骤如下：

（1）定义随机起始参数 $\boldsymbol{w}$。

（2）按照梯度反方向更新参数 $\boldsymbol{w}$，直到损失函数收敛。

参数更新公式表示为

$$\boldsymbol{w}^{\tau+1} = \boldsymbol{w}^{\tau} - \eta\,\nabla E_D \tag{2-51}$$

其中，w^τ 表示第 τ 次参数，η 表示学习速率（Learning Rate）。∇ 表示对损失函数求方向导数。然后对式（2-50）求导，有

$$w^{\tau+1} = w^\tau + \eta \sum \langle y^{(i)} - (w^\tau)^\mathrm{T} x^{(i)} \tag{2-52}$$

每次碰到一个样本，就对 w 进行更新，不断迭代 w，使得损失函数收敛。

　　总结来说，随机梯度下降就是最小化每条样本的损失函数，虽然不是每次迭代得到的损失函数都向着全局最优方向，但是大的、整体的方向是向全局最优解的，最终的结果往往是在全局最优解附近。

　　批量梯度下降就是最小化所有训练样本的损失函数，使得最终求解的是全局的最优解，即求解的参数使得风险函数最小。

技能实训

　　线性代数是一门被广泛运用于各工程技术领域的学科。用线性代数的相关概念和结论，可以极大地简化数据挖掘中相关公式的推导和表述。线性代数将复杂的问题简单化，让我们能够对问题进行高效的数学运算。

　　概率论是研究随机现象数量规律的数学分支。随机现象是相对于决定性现象而言的，在一定条件下必然发生某一结果的现象称为决定性现象。

　　本章重点是在学习线性代数、概率论等基础数学知识的基础上，用 Python 工具对向量和矩阵这样的数据结构进行数据保存，以便进行加、减、乘、除运算；同时，用 Python 实现概率论中的相关定理。

实训一　利用 Python 实现线性代数相关方法

一、实训目的

（1）熟悉线性代数基础知识。

（2）用 Python 实现线性代数中向量、矩阵等数据结构间的加、减、乘、除运算。

二、实训内容

（1）导入 Numpy 和 SciPy 库。

（2）调用 reshape 方法。

（3）实现向量、矩阵的转置。

（4）实现矩阵乘法。

利用 Python 实现
线性代数相关方法

三、实训设备

　　本实训所需设备为安装有 Windows 操作系统的计算机，并在模块 1 中已安装好 Anaconda 或 PyCharm 开发环境，且已安装 Numpy 和 SciPy 库。

四、实训步骤

本实训主要是 Numpy 里有关向量空间的使用方法。

步骤 1：导入相应库。

代码如下：

```
import numpy as np
import scipy as sp
```

步骤 2：使用 reshape 方法改变向量维度。

（1）在数学中并没有 reshape 运算，但是在 Numpy 运算库中，reshape 是一个非常常用的运算，用来改变一个向量的维度数和每个维度的大小。例如，一个 10×10 的图片在保存时直接保存为一个包含 100 个元素的序列，在读取后就可以使用 reshape 将其从 1×100 变换为 10×10。

（2）生成一个包含整数 0～11 的向量，代码如下：

```
x = np. arange(12)
print(x)
```

运行结果如下：

```
[ 0  1  2  3  4  5  6  7  8  9  10  11]
```

（3）查看数组大小，代码如下：

```
x. shape
```

运行结果如下：

```
(12,)
```

（4）将 x 转换成二维矩阵，其中矩阵的第一个维度为 1，代码如下：

```
x = x. reshape(1,12)
print(x)
```

运行结果如下：

```
[[ 0, 1, 2, 3, 4, 5, 6, 7, 8, 9,10,11]]
```

（5）查看数组大小，代码如下：

```
x. shape
```

运行结果如下：

```
(1, 12)
```

（6）将 x 转换为 3×4 的矩阵，代码如下：

```
x = x. reshape(3,4)
print(x)
```

运行结果如下：

```
[[ 0, 1, 2, 3],
 [ 4, 5, 6, 7],
 [ 8, 9,10,11]]
```

步骤 3：转置实现。

（1）向量和矩阵的转置是交换行列顺序，而三维及以上张量的转置就需要指定转换的维度。生成 3×4 的矩阵，代码如下：

```
A = np. arange(12). reshape(3,4)
print(A)
```

运行结果如下：

```
[[ 0,  1,  2,  3],
 [ 4,  5,  6,  7],
 [ 8,  9, 10, 11]]
```

（2）转置 3×4 的矩阵，代码如下：

```
A. T
```

运行结果如下：

```
array([[ 0,  4,  8],
       [ 1,  5,  9],
       [ 2,  6, 10],
       [ 3,  7, 11]])
```

步骤 4：矩阵乘法实现。

（1）矩阵乘法：记两个矩阵分别为 **A** 和 **B**，两个矩阵能够相乘的条件为第一个矩阵的列数等于第二个矩阵的行数，代码如下：

```
A = np. arange(6). reshape(3,2)
B = np. arange(6). reshape(2,3)
print(A)
```

运行结果如下：

```
[[0 1]
 [2 3]
 [4 5]]
```

（2）输出矩阵，代码如下：

```
print(B)
```

运行结果如下：

```
[[0, 1, 2],
 [3, 4, 5]]
```

（3）矩阵相乘，代码如下：

```
np. matmul(A,B)
```

运行结果如下：

```
array([[ 3,  4,  5],
       [ 9, 14, 19],
       [15, 24, 33]])
```

实训二　利用 Python 实现概率论相关方法

一、实训目的

（1）熟悉概率论基础知识。

（2）用 Python 实现概率论中的相关定理。

二、实训内容

本实训主要利用 Python 实现概率与统计相关的方法，主要用到的框架是 Numpy 和 SciPy 框架。

（1）导入 Numpy 和 SciPy 库。

（2）调用 mean 方法计算均值。

利用 Python 实现
概率论相关方法

三、实训设备

本实训所需设备为安装有 Windows 操作系统的计算机，并在模块 1 中已安装好 Anaconda 或 PyCharm 开发环境，且已安装 Numpy 和 SciPy 库。

四、实训步骤

本实训主要是用 Numpy 方法实现概率论。

步骤 1：导入相应库。

代码如下：

```
import numpy as np
import scipy as sp
```

步骤 2：调用 mean 方法。

（1）均值实现，准备数据。

代码如下：

```
ll = [[1,2,3,4,5,6],[3,4,5,6,7,8]]
np.mean(ll)          #全部元素求均值
np.mean(ll,0)        #按列求均值，0 代表列向量
```

运行结果如下：

```
4.5
array([2.,3.,4.,5.,6.,7.])
```

（2）按行求均值。

代码如下：

```
np.mean(ll,1)        #按行求均值，1 表示行向量
```

运行结果如下：

```
array([3.5,5.5])
```

模块小结

本模块主要向读者介绍了机器学习相关的一些数据基础知识，包括线性代数的概念、概率论与数理统计知识、多元微积分等内容。基于线性代数中的向量空间和矩阵，可快速了解矩阵求导、分解等计算方法，便于后续进行矩阵求解。贝叶斯理论的学习，有助于理解后续的朴素贝叶斯分类算法。信息论基础知识便于理解后续的决策树算法。梯度概念、最速下降法、随机梯度下降法对后续学习逻辑回归模型有较大的帮助。

技能实训部分介绍了如何利用 Python 实现线性代数、概率论的相关实践操作。

重点知识树

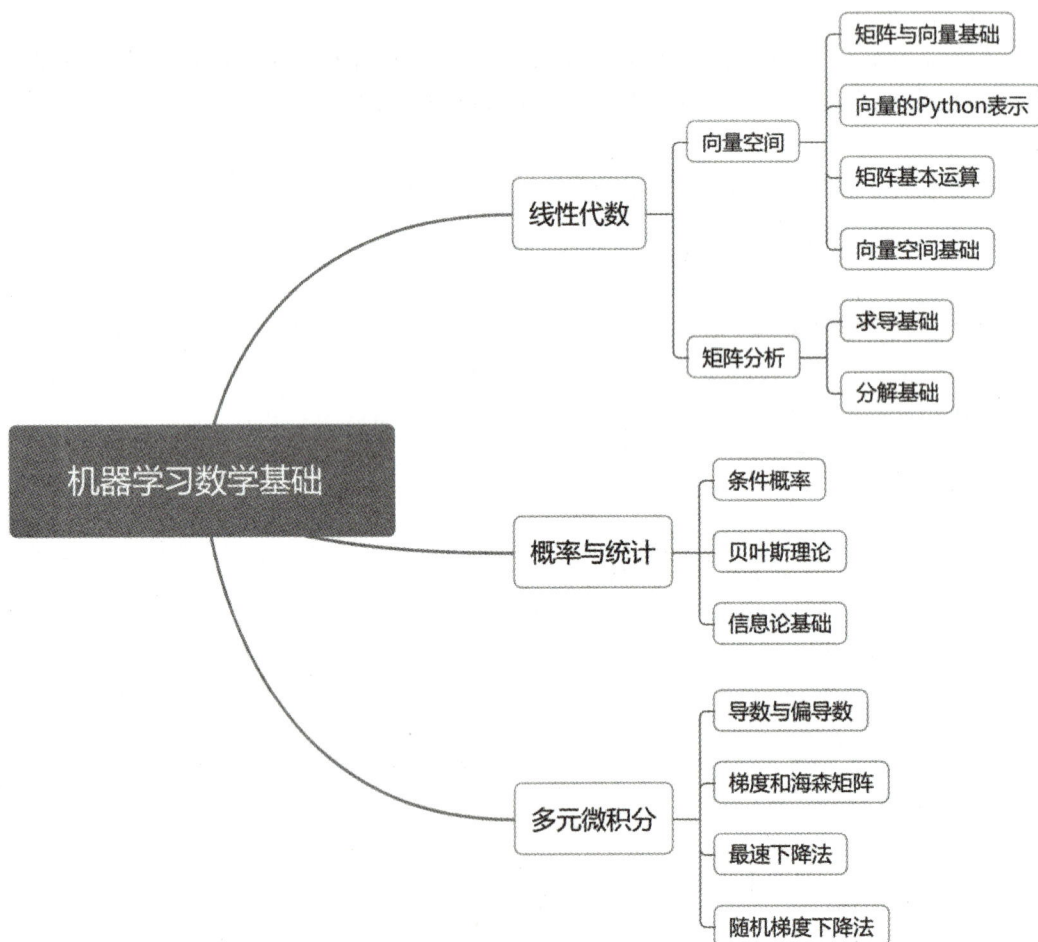

知识巩固

1.（单选）三个矩阵 A、B、C 的行列数分别是 3 行 2 列、2 行 3 列、3 行 3 列，下述选项有意义的是（　　）。

A. AC　　　　　　B. BC　　　　　　C. $A+B$　　　　　　D. $AB-BC$

2.（判断）如果一个事件发生的概率是 3/10，那么在 10 次试验中这个事件肯定会发生 3 次。（　　）

3.（填空）设 A、B 为随机事件，且 $P(A)=0.5$，$P(B)=0.6$，$P(B|A)=0.8$，则 $P(A+B)$ 为_____。

4.（单选）设 A 是一个 $n(\geqslant 3)$ 阶方阵，下列陈述中正确的是（　　）。

A. 如存在数 λ 和向量 $\boldsymbol{\alpha}$ 使 $A\boldsymbol{\alpha}=\lambda\boldsymbol{\alpha}$，则 $\boldsymbol{\alpha}$ 是 A 的属于特征值 λ 的特征向量

B. 如存在数 λ 和非零向量 $\boldsymbol{\alpha}$，使 $(\lambda E-A)\boldsymbol{\alpha}=0$，则 λ 是 A 的特征值

C. A 的 2 个不同的特征值可以有同一个特征向量

D. 如 λ_1、λ_2、λ_3 是 A 的 3 个互不相同的特征值，$\boldsymbol{\alpha}_1$、$\boldsymbol{\alpha}_2$、$\boldsymbol{\alpha}_3$ 依次是 A 的属于 λ_1、λ_2、λ_3 的特征向量，则 $\boldsymbol{\alpha}_1$、$\boldsymbol{\alpha}_2$、$\boldsymbol{\alpha}_3$ 有可能线性相关

5.（单选）设 A 是正交矩阵，下列结论错误的是（　　）。

A. $|A|^2$ 必为 1　　　　　　　　　　B. $|A|$ 必为 1

C. $A-1=AT$　　　　　　　　　　D. A 的行（列）向量组是正交单位向量组

6.（填空）设向量 $\boldsymbol{\alpha}$、$\boldsymbol{\beta}$ 的长度依次为 2 和 3，则向量 $\boldsymbol{\alpha}+\boldsymbol{\beta}$ 与 $\boldsymbol{\alpha}-\boldsymbol{\beta}$ 的内积 $(\boldsymbol{\alpha}+\boldsymbol{\beta},\boldsymbol{\alpha}-\boldsymbol{\beta})=$_____。

拓展实训

一、实训目的

概率论是研究随机现象数量规律的数学分支。随机现象是相对于决定性现象而言的，在一定条件下必然发生某一结果的现象称为决定性现象。概率论是用来描述不确定性的数学工具，很多数据挖掘中的算法都是通过描述样本的概率相关信息来构建模型的。

二、实训内容

利用 Numpy 和 SciPy 框架实现正态分布。

三、实训设备

本实训所需设备为安装有 Windows 操作系统的计算机，并在模块 1 中已安装好 Anaconda 或 PyCharm 开发环境，且已安装 Numpy 和 SciPy 库。

模块 3

回 归 算 法

学习目标

▶ 知识目标

（1）学习回归算法的概念。
（2）学习回归算法的原理。
（3）学习一元线性回归及多元线性回归方法。
（4）学习代价（损失）函数。
（5）了解梯度下降法及标准方程法。

▶ 技能目标

（1）掌握利用 scikit-learn 实现一元线性回归的方法。
（2）掌握利用 scikit-learn 实现多元线性回归的方法。

▶ 素养目标

（1）通过学习线性回归，培养学生总结规律的能力，以及探索未知领域的勇气与决心。
（2）通过学习代价（损失）函数，培养学生对风险的分析能力以及在生活中面对各类风险时高效选取最佳方案的决断力。

英国生物学家、进化论的奠基人——查尔斯·罗伯特·达尔文的表弟弗朗西斯·高尔顿是一名生理学家,在 1995 年的时候,他研究了 1078 对父子的身高,发现他们大致满足一条公式:$y = 0.8567 + 0.516x$。公式中的 x 为父亲的身高,y 为儿子的身高。很明显,该公式是一个二元一次方程,在平面上其实就是一条直线。通过这条公式,可能会得出高个的父亲总会有高个的儿子,矮个的父亲会有矮个的儿子的结论。但高尔顿进一步观察后发现,并非所有的情况都是这样的。特别高的父亲的儿子会比他父亲矮一些,特别矮的父亲的儿子会比他父亲高一些,这保证父子的身高不会一直不断地朝一个方向发展。这个现象其实就是回归(Regression),即趋势不会一直持续下去,而是会回到某个均值。

生活中有很多典型的回归案例,如根据历史气象记录预测之后的温度,根据股市历史行情预测未来的股价走势等。这些例子中反复使用了"历史"和"预测"两个概念,因为回归问题的本质就是根据历史数据来预测未来。区别于分类,回归的预测结果必须是连续值,如气温、股价等。其中,"连续"是一种严格的数学概念。

回归问题是一类预测连续值的问题,而能满足这样要求的数学算法称作回归算法,典型的回归算法有线性回归算法、局部加权回归算法以及 K 最近邻算法等,本模块从基础的线性回归算法切入,介绍回归算法的总体框架,进而引入在神经网络迭代优化参数中经常使用的梯度下降算法与标准方程法,以方便了解机器学习中模型参数的具体调整过程。在此基础上,简要介绍多元线性回归算法与非线性回归算法的概念,学习更复杂的回归过程。

3.1　线　性　回　归

假设数据分布如图 3-1 所示,现在想要找到拟合这些点的一条线,从而对未来走势进行预测,应该怎样做呢?

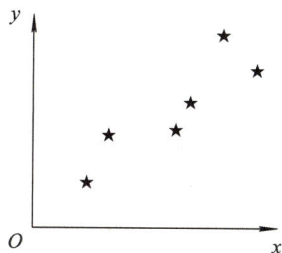

图 3-1　数据散点图

对于还没接触回归算法的大多数读者来说，直觉上会写出如下公式：

$$h(x) = a_0 + a_1 x \tag{3-1}$$

其中，a_0 表示截距，a_1 表示斜率。得到该公式后便将此问题转换成计算 a_0 和 a_1 的值。

这两个参数直接控制直线进行"旋转"和"平移"的动作。具体来说，通过调整斜率 a_1，可以改变直线的角度；通过调整截距 a_0，可以改变直线的高度。如图 3-2 所示，先模拟两条线，左图是 $h_1(x)$，右图是 $h_2(x)$，用 $h_1(x)$ 和 $h_2(x)$ 来拟合那些点，可以看到，明显图 3-2 中右图拟合得更好，即右图的线更接近实际点的分布趋势。

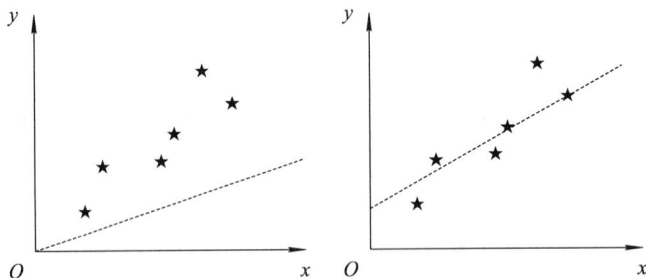

图 3-2　一元二次函数模拟对数据的拟合效果

观察图 3-2 可以发现，各实际点距离左图拟合值的垂直距离之和远大于右图。假设回归问题每个数据点的原始坐标为 (x, y)，回归分析求得的最理想的拟合曲线需要满足：所有实际数据点的 y 值与对应的曲线预测值之间差值绝对值的和最小。

回归用于预测输入变量 x 和输出变量 y 之间的关系，此类模型正是表示从 x 到 y 之间映射的函数。在统计学中，线性回归（Linear Regression）是利用称为线性回归方程的最小平方函数对一个或多个 x 和 y 之间关系进行建模的一种回归分析，这种函数是一个或多个被称为回归系数的模型参数的线性组合。只有一个自变量的情况称为一元线性回归，大于一个自变量的情况称为多元线性回归。

3.1.1　一元线性回归

一元线性回归是线性回归算法的基础，也称简单线性回归。其主体思想是根据仅有的一个自变量 x 去建立它和因变量 y 之间的关联关系，从而建立 x 变量与 y 变量之间的线性回归方程来预测发展。

一元线性回归

线性回归算法中，算法参数需要不断调整，达到最优解。调整的目的是使得线性方程尽可能拟合数据集中的点，但这里还缺失中间一步，怎样调整权值才能最终达到拟合数据的目标？这便是机器学习最核心的概念：不断在错误中学习并优化算法参数。这个不断优化算法参数的过程就是机器学习中的"学习"。不仅线性回归算法是这样"学习"的，后面要介绍的很多机器学习算法，包括深度学习也都是这样学习的。

"在错误中学习"具体来说需要经过以下两个步骤：

（1）偏差度量。想要修正模型，需要知道偏差了多少，找到目标和实际的偏差距离。日常中会选择用尺子一类的工具来度量距离，而在机器学习中使用"损失函数"，多款数学工具都可用于度量偏差的距离。

（2）权值调整。调整权值要解决两个细节问题，即权值是要增加还是减少、增加多少或者减少多少。机器学习中可解决该问题的数学工具被称为"优化方法"。偏差度量和权值调整是两个相互驱动的链条，也是机器学习中负责"学习"的部分。

一元线性回归的数学表达式为

$$\hat{y} = a + bx \tag{3-2}$$

式中：$\hat{y}$ 是模型的预测值，机器学习中，所有假设函数都习惯用 $\hat{y}$ 来代表预测结果；a 为截距；b 为相关系数；x 为自变量。

3.1.2　多元线性回归

一元线性回归仅能处理单一的特征 x，现假设有很多可影响的自变量，如房价的预测，不仅与房子面积有关，还与有几个卧室、几个卫生间、朝向、楼层等因素相关。因此，需要建立多变量的线性回归模型来处理房价预测问题，即多元线性回归。

多元线性回归是一元线性回归的推广，指的是多个因变量对多个自变量的回归分析。其中最常用的是只限于一个因变量但有多个自变量的情况，也叫多重回归分析。多元线性回归算法的一般形式为

$$\hat{y} = a + b_1 x_1 + b_2 x_2 + b_3 x_3 + \cdots + b_k x_k \tag{3-3}$$

式中：a 代表截距；$b_1, b_2, b_3, \cdots, b_k$ 为回归系数；$x_1, x_2, x_3, \cdots, x_k$ 为自变量。

3.2　代价（损失）函数

代价函数

如图 3-3 所示，左图中各个数据样本点沿 y 轴到直线的距离更远，右图中各个点到线的距离更近。

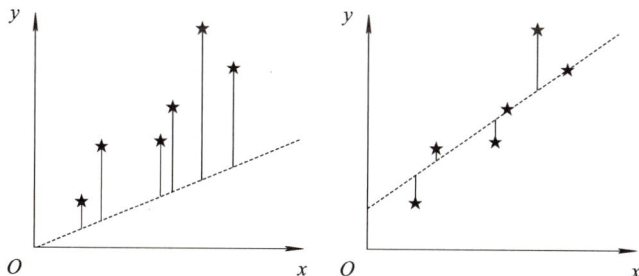

图 3-3　代价函数详解图

业界习惯于用所有点沿 y 轴到直线的误差平均值来表示代价函数，即

$$J = \frac{1}{n} \sum_{i=1}^{n} (\hat{y}_i - y_i)^2 \tag{3-4}$$

其中，$\hat{y}$ 就是直线上的 y 值（预测值），y_i 就是第 i 个点对应的 y 值（实际值），加上平方主要是为了避免负的情况。

　　偏差是预测值和真实值之间的差距，作为度量偏差的工具，代价函数包含两个内容，一个是预测值，另一个是真实值，在机器学习中通常用符号 y 来表示。真实值已经使用了字母 y 来表示，为了区别二者，同时也为了表示二者存在密切关系，选择 $\hat{y}$ 作为预测值的符号，这就是假设函数要给 y 加顶"帽子"的原因。

　　代价函数有助于找出 a 和 b 的最佳值。前面讲到，代价函数就是每个点沿 y 轴到直线的距离的平均值，目标就是最小化这个值，在普遍情况下，代价函数是凸函数，如图 3-4 所示。

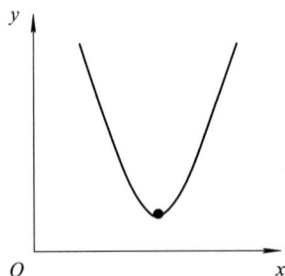

图 3-4　代价函数示意图

　　定义在单一样本上，计算一个样本误差的函数称为损失函数。定义在整个训练集上，计算所有样本误差之和的函数称为代价函数，有时候两者没有很严格区分。从 $\hat{y}=a+bx$ 这条直线开始，到写出代价函数，目标一直没变，就是要找出 a 和 b，让这条直线更贴近数据样本点(让代价函数最小)。

3.3　梯度下降法

梯度下降法

　　梯度下降是为了解决回归方程中参数的最优化问题，是通过不断迭代更新 a 和 b 以降低代价函数值的方法。通过对代价函数求导的方式，求得应该让 a 和 b 增大还是减小。由式(3-4)可得一元线性回归的代价函数为

$$J = \frac{1}{n}\sum_{i=1}^{n}(a + bx_i - y_i)^2 \tag{3-5}$$

对式(3-5)求 a 和 b 的偏导数，得到

$$\frac{\partial J}{\partial a} = \frac{2}{n}\sum_{i=1}^{n}(a + bx_i - y_i) \Rightarrow \frac{\partial J}{\partial a} = \frac{2}{n}\sum_{i=1}^{n}(\hat{y} - y_i) \tag{3-6}$$

$$\frac{\partial J}{\partial b} = \frac{2}{n}\sum_{i=1}^{n}(a + bx_i - y_i) \times x_i \Rightarrow \frac{\partial J}{\partial b} = \frac{2}{n}\sum_{i=1}^{n}(\hat{y} - y_i) \times x_i \tag{3-7}$$

式(3-6)和式(3-7)就是一元线性回归的代价函数的梯度表达式。为了找到代价函数的最小值，即梯度最小的位置，还需要将式(3-6)和式(3-7)变换为

$$a = a - \alpha\frac{2}{n}\sum_{i=1}^{n}(\hat{y} - y_i) \tag{3-8}$$

$$b = b - \alpha \frac{2}{n} \sum_{i=1}^{n} (\hat{y} - y_i) \times x_i \qquad (3-9)$$

式(3-8)和式(3-9)中，α 代表学习率(learning rate)或者步长，它的作用是控制 a 和 b 大小改变的速率。梯度前加一个负号，意味着朝着梯度相反的方向前进，梯度的方向实际就是函数在此点上升最快的方向，而求最优解需要朝着下降最快的方向走，就是负的梯度的方向，所以此处需要加上负号。

举个例子，假设游客现在身处半山腰，目标是下山，代价函数的偏导数就是决策向下还是向上，而学习率 α 就是控制步子要迈多大。步子小(α 小)意味着小步快跑下山，缺点是跑的步数比较多，如图 3-5(a)所示；步子大(α 大)意味着变化比较快，但可能一下步子迈太大，跑到对面半山腰，如图 3-5(b)所示。

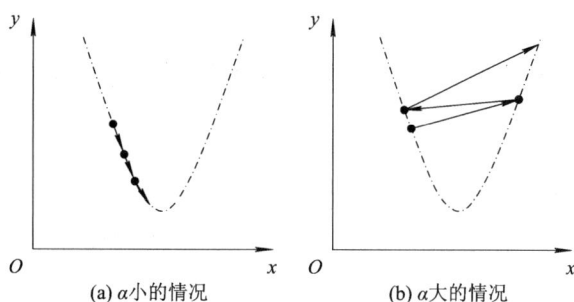

图 3-5 梯度下降详解

通过梯度下降，能够找到一个局部最优解 a 和 b。其关键词是局部，因为现实中的问题可能没上面的例子那么清晰，在小范围内分析时发现这条线最好，但范围扩大到一定程度有可能最优解变成那条线。计算机也会这样，在一定范围内找到的最优解就是局部最优解，翻译成数学语言就是最小化问题(最小化代价函数)，如图 3-6(a)中可以很容易找到全局最低点。而图 3-6(b)中，两个点都已经在各自局部范围内是最小的(局部最低点)，向左、向右都是升高。这种现象和初始位置有关，也和梯度下降的学习率 α 有关。

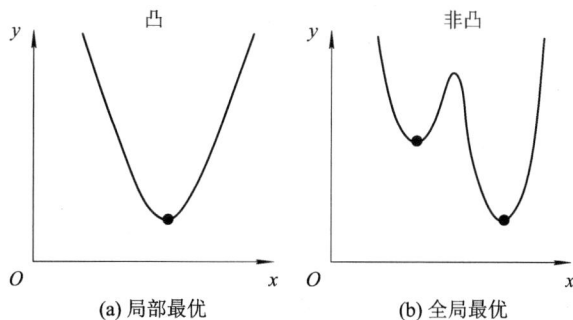

图 3-6 局部最优及全局最优

当选择了一个合适的学习率 α，更新迭代足够多次之后，理论上就会到达某个底部，意味着代价函数是某个范围内最小的。此时 a 和 b 已迭代计算出，就可以拟合出最优的直线。

3.3.1　梯度下降法的数学描述

在详细了解了一元线性回归的梯度下降原理后，下面来了解通用梯度下降法的数学描述。先通过公式(3-10)，了解相关的参数是如何变化的：

$$\theta_1 = \theta_0 - \alpha \nabla J(\theta) \tag{3-10}$$

式中，J 是关于 θ 的一个函数。当前所处的位置为 θ_0 点，要从这个点走到 J 的最小值点，也就是山底。首先确定前进的方向，也就是梯度的反向，然后走一段距离的步长，也就是 α，走完这一段步长，就到达了 θ_1 点。通过学习率 α 来控制每一步走的距离，α 的选择在梯度下降法中往往是很重要的，α 不能太大也不能太小，太小可能导致迟迟走不到最低点，太大会导致错过最低点。梯度前加负号，意思是朝着下降最快的方向走。

在了解了这些基本概念的基础上，下面将以线性回归的一般模型的矩阵表示为基础来介绍梯度下降法的矩阵法解法。

(1) 先决条件：模型假设函数、损失函数，其中 Y 是样本的输出向量，维度为 $m \times 1$。

(2) 算法相关参数初始化：θ 向量、算法终止距离 ε、步长 α，在没有任何先验知识的时候，可以将所有的 θ 初始化为 0，将步长初始化为 1，在调优的时候再优化。

(3) 算法过程具体如下：

① 确定当前位置的损失函数的梯度，对于 θ 向量，其梯度表达式为

$$\frac{\partial}{\partial \theta} J(\theta) = X'(X\theta - Y) \tag{3-11}$$

② 用步长乘以损失函数的梯度，得到当前位置下降的距离，即 $\alpha \dfrac{\partial}{\partial \theta_i} J(\theta_0, \theta_1, \cdots, \theta_n)$ 对应于前面下山例子中的某一步。

③ 确定 θ。确定向量 θ 里面的每个值，若梯度下降的距离都小于 ε，则算法终止，当前向量 θ 即为最终结果，否则进入步骤④。

④ 更新向量 θ，其更新表达式为

$$\theta = \theta - \alpha \frac{\partial}{\partial \theta} J(\theta) = \theta - \alpha X'(X\theta - Y) \tag{3-12}$$

更新完毕后继续转入算法步骤①。

3.3.2　梯度下降法的调优

在使用梯度下降法时，需要进行调优，下面介绍调优需注意的事项。

1. 算法的步长选择

在前面的算法描述中提到参数初始化取步长为 1，但是实际取值取决于数据样本，可以取大一些的值。依步长从大到小，分别运行算法，看看迭代效果。如果损失函数在变小，说明取值有效。若步长太大，会导致迭代过快，甚至有可能错过最优解；若步长太小，则迭代速度慢，可能很长时间算法都不能结束。所以算法的步长需要多次运行后才能得到一个较优的值。

2. 算法参数的初始值选择

初始值不同，获得的最小值也有可能不同，因此梯度下降求得的只是局部最小值。如果损失函数是凸函数，则一定是最优解。由于存在算法结果可能是局部最优解，因此需要多次用不同初始值运行算法，选择损失函数最小的初始值。

总的来说，梯度下降是一种为获得最优解而寻找合适的参数组合的思路，在实际应用过程中可以结合多种优化方法一起使用，达到更好的效果。

3.4 标 准 方 程 法

标准方程法

在使用梯度下降法做回归时，操作者常会使用学习率的概念进行迭代计算，即通过以学习率为步长的迭代来寻找最优解。这是机器学习中常用的"学习"模式，但在数据量大且迭代次数多时，这种做法会消耗较多的计算资源，因此另一种更为简洁的参数求解方法——标准方程（也称为正规方程法）应运而生。

标准方程法采用参数向量化的思想来解决问题，即将一个批量（Batch）中的全部样本转化为向量形式后直接对参数进行求解。以简易的线性回归案例来说明标准方程法的计算原理，设存在一个关于自身身高预测的模型，其中对身高的影响因素有父亲身高、母亲身高以及自身年龄，如表 3-1 所示。

表 3-1 身 高 数 据

身高/cm	父亲身高/cm	母亲身高/cm	自身年龄/岁
144	170	165	12
150	177	170	14
140	165	165	16

这里假设影响因素与身高之间具有某种线性关系，表 3-1 中的数据可转换为

$$y^{(i)} = \sum_j x_j^{(i)} w_j^{(i)} \tag{3-13}$$

其中，上标 i 代表每个独立的样本，i 的值表示一个批量样本的个数（Batch Size），下标 j 代表影响因素。因此，在一个批量数据中，可将所有影响因素表示为特征（Features）矩阵 x，对应的系数矩阵为 w。

$$x = \begin{bmatrix} 1 & 170 & 165 & 12 \\ 1 & 177 & 170 & 14 \\ 1 & 165 & 165 & 16 \end{bmatrix}, \quad y = \begin{bmatrix} 144 \\ 150 \\ 140 \end{bmatrix}, \quad w = \begin{bmatrix} w_0 \\ w_1 \\ w_2 \\ w_3 \end{bmatrix} \tag{3-14}$$

在公式（3-13）与公式（3-14）中，已经考虑了传统线性关系中偏置（Bias）的影响，所以将矩阵 x 中的第一列设置为 1，而矩阵 w 的第一个元素 w_0 即为偏置值。按照公式（3-4）

的规则，此处的代价函数 J 可表示为公式(3-15)的形式。此例共 3 组数据，因此数据批量样本的个数设为 3。

$$J = \frac{1}{2 \times 3} \| \boldsymbol{x} \times \boldsymbol{w} - \boldsymbol{y} \|^2 \qquad (3-15)$$

在迭代算法中，常用代价函数最小化的方式来优化模型，因此会将参数往代价函数对参数的导数的逆方向移动。在标准方程法中，可直接设 J 对 $\boldsymbol{w}$ 的导数为 0 来求解 $\boldsymbol{w}$，即

$$\frac{\partial J}{\partial \boldsymbol{w}} = 0 \qquad (3-16)$$

其含义是将代价函数 J 取极小值。对公式(3-16)进行分解计算，最终可以求得参数矩阵 $\boldsymbol{w}$ 的形式为

$$\boldsymbol{w} = (\boldsymbol{x}^{\mathrm{T}} \boldsymbol{x})^{-1} \boldsymbol{x}^{\mathrm{T}} \boldsymbol{y} \qquad (3-17)$$

由于用标准方程法时，涉及矩阵 $\boldsymbol{x}^{\mathrm{T}} \boldsymbol{x}$ 的逆矩阵的计算。但是 $\boldsymbol{x}^{\mathrm{T}} \boldsymbol{x}$ 的结果有可能不可逆。此时有两种可能的原因：一是所求参数个数大于样本数，解决方案是增加样本数；二是特征值太多，解决方案是删除一些特征值。当使用 Python 的 Numpy 计算时，会返回广义的逆结果。

表 3-2 中将标准方程法与梯度下降法这两种优化模型参数的方法进行了比较，各有优缺点，读者可以根据实际情况和算力条件进行自主选择。

表 3-2　梯度下降法与标准方程法对比

优/缺点	梯度下降法	标准方程法
优点	当特征值非常多的时候也可以正常工作	不需要学习率 不需要迭代 可以得到全局最优解
缺点	需要选择合适的学习率，需要迭代很多个周期，只能得到最优解的近似值	需要计算 $(\boldsymbol{x}^{\mathrm{T}} \boldsymbol{x})^{-1}$ 时间复杂度大约是 $T(n^3)$，n 是特征数量

3.5　非线性回归

非线性回归是指在因变量与一系列自变量之间建立非线性模型。线性与非线性并不是说因变量与自变量间是直线或曲线关系，而是说因变量是否能用自变量的线性组合来表示。如果经过变量转换，两个变量可以用线性关系来表示，那么可以用本章之前介绍的方法进行拟合回归。但经过变量变化后，两个变量关系仍然不能用线性形式来表达，则需要用非线性回归分析方法解决问题。数据处理中常用的一些非线性回归模型如下：

渐进回归模型为

$$\boldsymbol{y} = a + b\mathrm{e}^{-rx} \qquad (3-18)$$

二次曲线回归模型为

$$\boldsymbol{y} = a + b_1\boldsymbol{x} + b_2\boldsymbol{x}^2 \qquad (3-19)$$

双曲线回归模型为

$$\boldsymbol{y} = a + \frac{b}{\boldsymbol{x}} \qquad (3-20)$$

由于许多非线性回归模型是等价的，所以模型的参数不是唯一的，这使得非线性回归模型的拟合和解释相比线性回归模型复杂得多。非线性回归模型作为数据处理中的统计方法之一，在科研、商业方面都有广泛的应用；通过这种方法可以确定许多领域中各个因素（数据）之间的关系，从而可以通过其进行预测、分析数据。

技能实训

实训一 利用 scikit-learn 基于波士顿房价数据集实现线性回归算法

一、实训目的

掌握利用 scikit-learn 包进行一元线性回归的方法。

二、实训内容

（1）基于波士顿房价数据集实现线性回归算法。

（2）实验数据是波士顿房价数据集。该数据集包含美国人口普查局收集的美国马萨诸塞州波士顿住房价格的有关信息，数据集很小，只有 506 个案例。数据集有 14 个属性，和本次实训有关的属性为 RM（每间住宅的平均房间数）。

三、实训设备

本实训所需设备为安装有 Windows 操作系统的计算机，并在模块 1 中已安装好 Anaconda 或 PyCharm 开发环境，且已安装 Numpy、SciPy 和 scikit-learn 库。

四、实训步骤

步骤 1：导入模块。

使用 scikit-learn 导入必要模块，代码如下：

```
from sklearn. datasets import load_boston
from sklearn. model_selection import train_test_split
import numpy as np
boston = load_boston()
x = boston. data[:,5] #RM average number of rooms per dwelling 选取房间数目作为一元线性回归的特征
y = boston. target
```

步骤 2：加载数据。

代码如下：

```
boston = load_boston()
x = boston.data[:,5]  #RM average number of rooms per dwelling 选取房间数目作为一元线性回归的特征
y = boston.target
```

步骤 3：划分数据。

代码如下：

```
x_train, x_test, y_train, y_test = train_test_split(x, y, test_size=0.2,random_state=666666)
```

步骤 4：计算均值、参数。

代码如下：

```
#计算均值
x_mean = np.mean(x_train)
```

```
y_mean = np.mean(y_train)
a_up = 0.0  #看公式除号上面的部分
a_down = 0.0  #看公式除号下面的部分
for x_data, y_data in zip(x_train,y_train):
    a_up += (x_data - x_mean) * (y_data - y_mean)
    a_down += (x_data - x_mean) ** 2
a = a_up / a_down
b = y_mean - a * x_mean
```

步骤 5：使用 scikit-learn 创建模型。

代码如下：

```
from sklearn.linear_model import LinearRegression
lr = LinearRegression()
lr.fit(x_train.reshape(-1,1),y_train)
lr.predict(x_test.reshape(-1,1))[0]
```

这里 fit() 方法学了一元线性回归模型 $f(x)=wx+b$。fit() 的第一个参数为 shape(样本个数，属性个数)的数组或矩阵类型参数，代表输入空间；第二个参数为 shape(样本个数)的数组类型参数，代表输出空间。

实训二　利用 scikit-learn 多元线性回归建立美国加利福尼亚地区的房价预测模型

一、实训目的

掌握 scikit-learn 进行多元线性回归的方法。

二、实训内容

（1）调用 scikit-learn 进行多元线性回归，使用 Keras 中集成的美国加州地区的房价与相关因素（地理位置、人口数、居民收入等）的数据信息，建立多元线性回归模型对该地区的房价进行预测。

（2）数据集介绍。在 scikit-learn 工具库中集成了房价预测问题的数据集 california_housing，可以直接使用。california_housing 数据集中的每条数据都包含 9 个属性：人均收入（MedInc）、房龄（HouseAge）、房间数（AveRooms）、卧室数（AveBedrooms）、小区人口数（Population）、房屋居住人数（AveOccup）、小区经度（Longitude）、小区纬度（Latitude）和房价中位数（Median_house_value）。其中，房价中位数是标签，其余的 8 个属性为特征。

三、实训设备

本实训所需设备为安装有 Windows 操作系统的计算机，并在模块 1 中已安装好 Anaconda 或 PyCharm 开发环境，且已安装 Numpy、SciPy 和 scikit-learn 库。

四、实训步骤

步骤 1：数据探索。

代码如下：

```
# 载入所需要的模块，数据探索
from __future__ import print_function
import numpy as np
import pandas as pd
# # Matplotlib
import matplotlib
import matplotlib. pyplot as plt
```

步骤 2：加载数据。

代码如下：

```
# 加载数据，此实验数据通过 scikit-learn 导入内置数据集 datasets.fetch_california_housing
from sklearn import datasets
housing_data = datasets. fetch_california_housing()
housing = pd. DataFrame(housing_data. data, columns = housing_data. feature_names)
target = pd. Series(housing_data. target)
housing. head()
target. head()
housing. info()
housing. describe()
```

运行结果如图 3-7 所示。

	MedInc	HouseAge	AveRooms	AveBedrms	Population	AveOccup	Latitude	Longitude
count	20640.000000	20640.000000	20640.000000	20640.000000	20640.000000	20640.000000	20640.000000	20640.000000
mean	3.870671	28.639486	5.429000	1.096675	1425.476744	3.070655	35.631861	-119.569704
std	1.899822	12.585558	2.474173	0.473911	1132.462122	10.386050	2.135952	2.003532
min	0.499900	1.000000	0.846154	0.333333	3.000000	0.692308	32.540000	-124.350000
25%	2.563400	18.000000	4.440716	1.006079	787.000000	2.429741	33.930000	-121.800000
50%	3.534800	29.000000	5.229129	1.048780	1166.000000	2.818116	34.260000	-118.490000
75%	4.743250	37.000000	6.052381	1.099526	1725.000000	3.282261	37.710000	-118.010000
max	15.000100	52.000000	141.909091	34.066667	35682.000000	1243.333333	41.950000	-114.310000

图 3-7 数据结果展示图

步骤 3：计算特征之间的相关性。

代码如下：

```
#计算特征之间的相关性
corr_with_target=housing.corrwith(target)
corr_with_target
corr_with_target.sort_values(ascending=True).plot(kind='barh',figsize=(10,7))
#kind='barh',表示一个横轴的柱状图
#分析特征之间的相关系数
corr_matrix=housing.corr()
corr_matrix
corr_matrix['MedInc'].sort_values(ascending=True).plot(kind='barh',figsize=(10,7))
```

步骤 4：数据标准化。

代码如下：

```
from pandas.plotting import scatter_matrix
attribs=['MedInc','AveRooms','Latitude']
scatter_matrix(housing[attribs],figsize=(20,15))
#数据的标准化处理
from scikit-learn.preprocessing import MinMaxScaler
#将数据的特征缩放到(0, 1)或(-1, 1)
minmax_scaler=MinMaxScaler()
minmax_scaler.fit(housing)
scale_housing=minmax_scaler.transform(housing)
scale_housing=pd.DataFrame(scale_housing,columns=housing.columns)
scale_housing.describe()
#使用标准化对数据进行处理，处理后的数据符合标准的正态分布
from sklearn.preprocessing import StandardScaler
std_scaler=StandardScaler()
std_scaler.fit(housing)
std_housing=std_scaler.transform(housing)
```

```
std_housing＝pd. DataFrame(std_housing,columns＝housing. columns)
std_housing. describe()
```

步骤 5：回归分析。

代码如下：

```
from sklearn. linear_model import LinearRegression
LR_reg = LinearRegression()
LR_reg. fit(std_housing,target)
♯使用均方误差查看拟合优劣性
from sklearn. metrics import mean_squared_error
preds＝LR_reg. predict(std_housing)
mse = mean_squared_error(preds,target)
print('Prediction Loss',mse)
plt. figure(figsize＝(10,7))
num＝100
x＝np. arange(1,num＋1)
plt. plot(x,target[:num],label＝'target')
plt. plot(x,preds[:num],label＝'prediction')
plt. legend(loc＝'upper right')
plt. show()
```

实训三　通过广告花费预测产品销售额

一、实训目的

（1）了解线性回归的概念。

（2）掌握编写线性回归代码的方法。

二、实训内容

（1）对企业广告在不同媒介（报纸、电视、广播）上的投放数量以及最终的产品销量数据进行分析。

（2）使用 scikit-learn 包建立针对产品销售额的预测模型。

三、实训设备

本实训所需设备为安装有 Windows 操作系统的计算机，并在模块 1 中已安装好 Anaconda 或 PyCharm 开发环境，且已安装 scikit-learn 库。数据集已在课程配套的 data 文件夹内。

四、实训步骤

步骤 1：数据准备。

代码如下：

```
#! /usr/bin/python
# - * - coding:utf-8 - * -
import csv
import Numpy as np
import Matplotlib. pyplot as plt
import Matplotlib as mpl
import pandas as pd
fromsklearn. model_selection import train_test_split
fromsklearn. linear_model import LinearRegression
```

如果画图时要显示中文，则需要加入以下 3 行代码：

```
# 设置字符集，防止中文乱码
# mpl. rcParams["font. sans-serif"] = [u'simHei']          # Win 自带的字体，无须下载
plt. rcParams['font. sans-serif'] = ['Arial Unicode MS']    # Mac 自带的字体
mpl. rcParams["axes. unicode_minus"] = False
```

步骤 2：导入数据。

数据集结构：TV（电视广告花费）、Radio（音频广告花费）、Newspaper（报纸广告花费）、Sales（产品销售额）。此处数据已在课程包内，可直接下载，使用课程配套的 data 文件夹 ch3 中的 Advertising. csv 文件，代码如下：

```
# TV、Radio、Newspaper、Sales
data = pd. read_csv('. /data/Advertising. csv', index_col=0)
print(data. head(5))    # 显示前 5 条
x = data[['TV', 'Radio', 'Newspaper']]
y = data['Sales']
```

运行结果如下：

	TV	Radio	Newspaper	Sales
1	230.1	37.8	69.2	22.1
2	44.5	39.3	45.1	10.4
3	17.2	45.9	69.3	9.3
4	151.5	41.3	58.5	18.5
5	180.8	10.8	58.4	12.9

步骤 3：查看数据分布。

代码如下：

```
# 基于数据绘制对应类别图
plt. figure(facecolor='w')
plt. plot(data['TV'], y, 'ro', label='TV')
plt. plot(data['Radio'], y, 'g^', label='Radio')
plt. plot(data['Newspaper'], y, 'mv', label='Newspaer')
plt. legend(loc='lower right')
plt. xlabel(u'广告花费', fontsize=16)
```

```
plt. ylabel(u′销售额′，fontsize＝16)
plt. title(u′广告花费与销售额对比数据′，fontsize＝20)
plt. grid()
plt. show()
```

运行结果如图 3-8 所示。

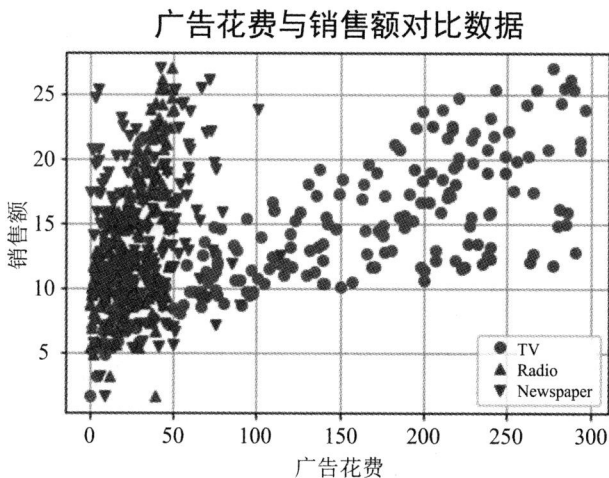

广告花费与销售额对比数据

图 3-8　广告花费与销售额对比数据分布图

步骤 4：绘制散点图。

如果用直线去拟合 3 种数据，拟合 Radio 和 Newspaper 的直线斜率会比较大，也就是权重比较大，即只要 Radio、Newspaper 增加一点花费，销售额就会有明显提升，代码如下：

```
#绘制
plt. figure(facecolor＝′w′,figsize＝(9,10))
plt. subplot(311)
plt. plot(data[′TV′],y,′ro′)
plt. title(′TV′)
plt. grid()
plt. subplot(312)
plt. plot(data[′Radio′],y,′g-′)
plt. title(′Radio′)
plt. grid()
plt. subplot(313)
plt. plot(data[′Newspaper′],y,′b＊′)
plt. title(′Newspaper′)
plt. grid()
plt. tight_layout()
plt. show()
```

运行结果如图 3-9 所示。

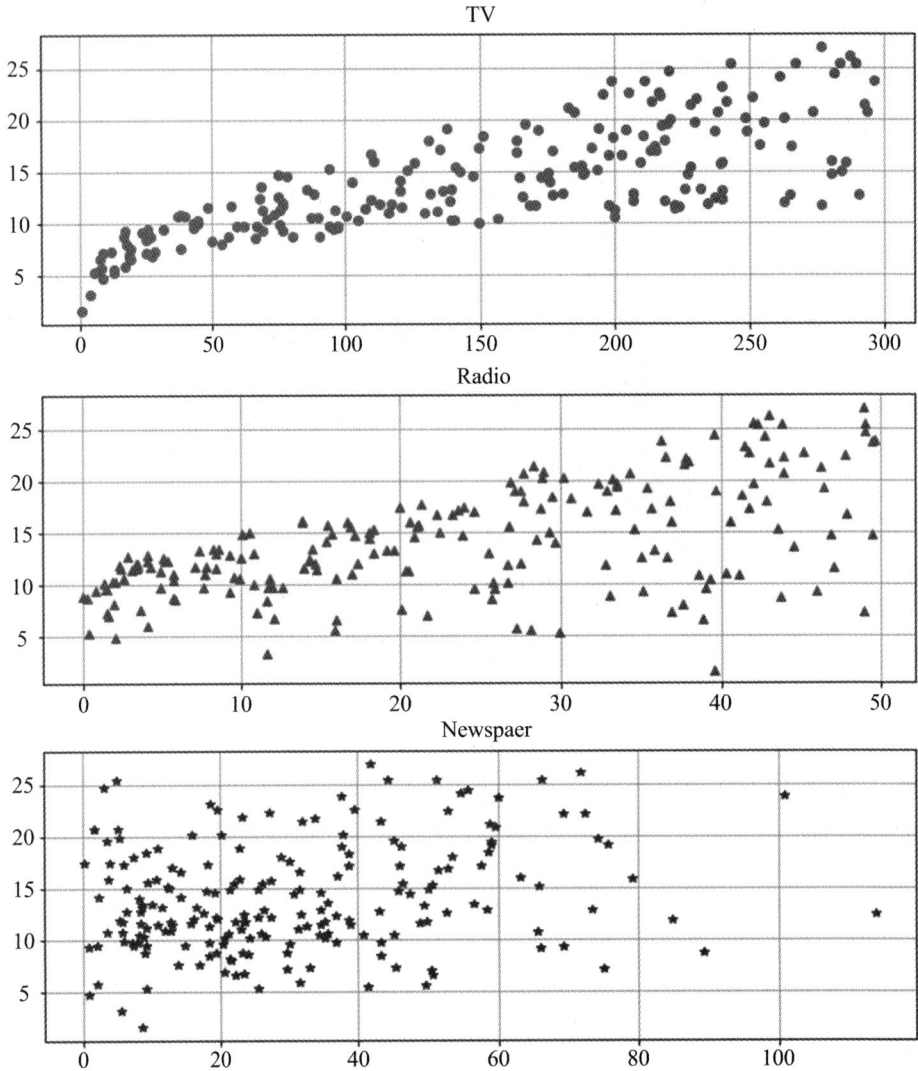

TV

Radio

Newspaer

图 3-9 广告花费与销售额的数据散点图

可以看出，TV、Radio 的广告花费和销售额呈现较明显的线性关系。

步骤 5：分割数据集，训练模型。

代码如下：

```
＃分割数据集
x_train, x_test, y_train, y_test = train_test_split(x, y, random_state=1)
＃ print(x_train, y_train)
＃选择/建立模型
linreg = LinearRegression()
＃训练模型
model = linreg.fit(x_train, y_train)
```

```
print("linereg 的 theta = ",linreg. coef_)
print()
print("linreg 的截距项 = ",linreg. intercept_)
```

步骤 6：验证模型。

代码如下：

```
♯验证模型
    y_hat = linreg. predict(np. array(x_test))
    mse = np. average((y_hat — np. array(y_test)) ＊＊ 2)
    rmse = np. sqrt(mse)
    print("MSE = " , mse)
print()
print(mse, rmse)
```

步骤 7：绘图对比。

代码如下：

```
t = np. arange(len(x_test))
plt. plot(t, y_test, ′r—′, linewidth＝2, label＝′Test′)
    plt. plot(t, y_hat, ′g—′, linewidth＝2, label＝′Predict′)
    plt. title("对于多媒体广告花费与销售数据的线性回归", fontsize＝16)
    plt. legend(loc＝′upper right′)
t = np. arange(len(x_test))
    plt. grid()
    plt. show()
```

运行结果如图 3－10 所示。

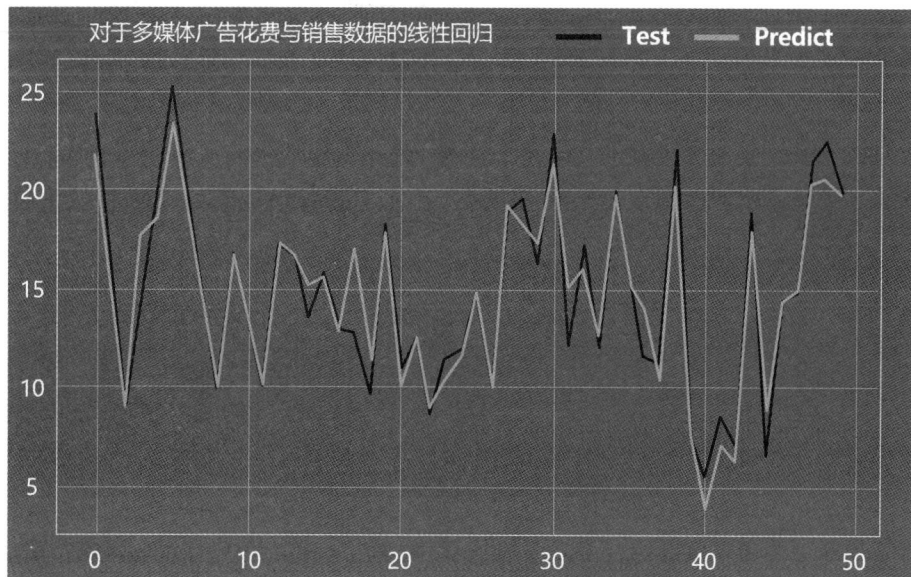

图 3－10　对于多媒体与广告的销售数据的线性回归图

模块小结

本模块首先学习了线性回归的概念。线性是指两个变量之间的关系是一次函数关系（图像是直线）。非线性是指两个变量之间的关系不是一次函数关系（图像不是直线）。回归是指人们在测量事物的时候因为客观条件所限，求得的是测量值，而不是事物真实的值，为了能够得到真实值，进行无限次的测量，最后通过这些测量数据计算得到真实值。

实训中介绍了使用 scikit-learn 包实现线性回归的案例，包括房价的预测、广告与销量数据预测。

重点知识树

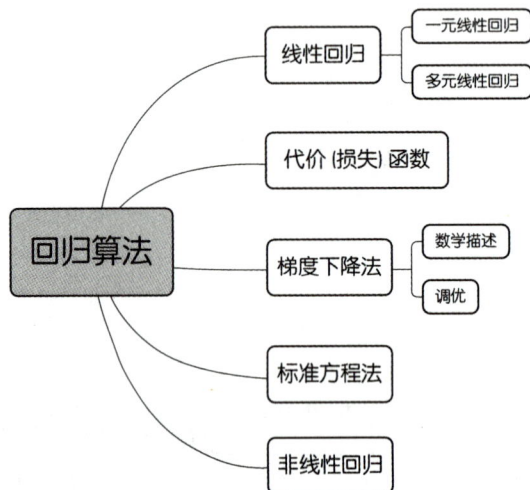

知识巩固

1. （填空）_____是梯度下降法的必备参数。

2. （简答）简述梯度下降法与标准方程法的关系。

3. （单选）常用来预测连续独立变量的是（　　　）。

A. 线性回归　　　　　　　　　B. 逻辑回归

C. 线性回归和逻辑回归都行　　　D. 以上说法都不对

4. （单选）关于一个线性回归模型的训练，有下面两句话，其中说法正确的是（　　　）。

① 如果数据量较少，则容易发生过拟合。

② 如果假设空间较小，则容易发生过拟合。

A．①和②都错误　　　　　　　B．①正确，②错误

C．①错误，②正确　　　　　　D．①和②都正确

5．（判断）回归是指对数值型连续随机变量进行预测和建模的监督学习算法。回归往往会通过计算来确定模型的精确性。（　　　）

6．（填空）损失函数也叫_____或_____。

拓展实训

一、实训目的
基于波士顿房价数据集利用不同损失函数求解误差。

二、实训内容
基于 scikit-learn 包中的波士顿房价数据集，利用标准方程法及梯度下降方法求解误差。该实训与本章实训一略有不同，可参考本章实训一的实训代码。

三、实训设备
本实训所需设备为安装有 Windows 操作系统的计算机，并在模块 1 中已安装好 Anaconda 或 PyCharm 开发环境，且已安装 scikit-learn 库。

模块 4

朴素贝叶斯分类算法

学习目标

知识目标

（1）学习贝叶斯分类算法的相关概念。

（2）学习朴素贝叶斯分类算法、高斯朴素贝叶斯分类算法及多项式朴素贝叶斯分类算法的原理。

技能目标

（1）掌握高斯朴素贝叶斯分类算法的 Python 实现方法。

（2）掌握多项式朴素贝叶斯分类算法的 Python 实现方法。

素养目标

（1）通过学习贝叶斯分类算法，培养学生寻找解决问题的多种途径的能力。

（2）通过学习朴素贝叶斯分类算法，培养学生客观认识事物、减少主观猜测的习惯。

（3）通过学习高斯朴素贝叶斯分类算法，培养学生的逻辑能力。

（4）通过学习多项式朴素贝叶斯分类算法，培养学生归纳总结的能力。

情境引入

贝叶斯分类算法是一类分类算法的总称，这类算法均以贝叶斯定理为基础。贝叶斯分类算法的核心思想可以总结概括为"先验概率＋数据＝后验概率"，其含义是后验概率可以通过先验概率和数据综合得到。先验概率是通过对数据进行统计，或者根据数据所在领域的历史经验得出的一个概率值，这个历史经验需要量化或者模型化。朴素贝叶斯分类算法是贝叶斯分类算法中最简单也是最常见的一种分类算法。朴素贝叶斯这个名称来源于贝叶斯定理和一个朴素的假设：所有的特征都相互条件独立于其他给定的响应变量。

生活中有很多常见的分类问题，每个人每天也都在执行很多分类操作。例如，根据内容判断一封邮件是否为广告邮件，根据气温情况判断自己今天是否需要增减衣物，根据文本关键词判断文本属于哪类主题等。贝叶斯分类算法在这些场景中都有广泛的应用，且应用效果良好。

知识准备

被预测变量是离散的称为分类，连续的称为回归。分类有基于规则的分类和非规则的分类。贝叶斯分类是非规则分类，它通过训练集（已分类的样例集）训练而归纳出分类器，并利用分类器对未分类的样本进行分类。贝叶斯分类算法中代表性的分类算法有朴素贝叶斯分类算法、高斯朴素贝叶斯分类算法、多项式朴素贝叶斯分类算法等。

4.1 贝叶斯分类算法

贝叶斯定理

贝叶斯分类算法是各种分类算法中分类错误概率最小或者在预先给定代价的情况下平均风险最小的分类算法。它的设计理念基于一种最基本的统计分类方法，即贝叶斯定理。

4.1.1 贝叶斯定理

贝叶斯定理由英国统计学家贝叶斯于 18 世纪提出。它是使用相关条件的先验知识来计算一个事件概率的公式，其表达式如下：

$$P(A \mid B) = \frac{P(B \mid A)P(A)}{P(B)} \tag{4-1}$$

式中：$P(A|B)$ 表示事件 A 在事件 B 已经发生的条件下发生的概率；$P(A)$ 和 $P(B)$ 分别表示事件 A 发生的概率和事件 B 发生的概率；$P(B|A)$ 表示事件 B 在事件 A 已经发生的

条件下发生的概率。

4.1.2　贝叶斯定理的一个简单例子

先验概率和后验概率是如何用于预测的呢？这里举一个例子，看发型猜女同学。假设班上一共有 10 位女同学，其中一位叫安吉利(A)，中学时女生身高都差不多，且穿的都是校服，只依靠背影猜中谁是安吉利的概率是 10％，这就是先验概率，记作 $P(A)$。通过观察，发现安吉利同学特别喜欢扎马尾(M)，不过扎马尾并不是她的"专利"，这个年龄段的女同学都喜爱扎马尾，因此不是所有扎马尾的女同学都是安吉利。

通过统计，班上女同学一共有 3 种发型，扎马尾的概率大概为 30％，记作 $P(M)$。然而安吉利同学非常喜欢扎马尾，她扎马尾的概率高达 70％，记作 $P(M|A)$。这里用到了模块 2 中的条件概率。$P(M|A)$ 的意思是，在女同学是安吉利的前提条件下发型是马尾的概率，在贝叶斯定理中称之为似然度(Likelihood)。有了这 3 个统计数据，往后见到扎马尾的女同学是安吉利的概率大约为两成多。扎马尾的女同学是安吉利的概率也是一种条件概率，记作 $P(A|M)$，这就是后验概率。根据贝叶斯定理，可得

$$P(M) \times P(A \mid M) = P(A) \times P(M \mid A)$$

从而得到

$$P(A \mid M) = \frac{P(A)P(M \mid A)}{P(M)} = \frac{10\% \times 70\%}{30\%} = 23.3\%$$

从计算结果可知，看到扎马尾的女同学是安吉利的可能性是 23.3％。先验概率是已经知道的，通过经验或实验要得到的是似然度，知道似然度再加上先验概率，就能知道后验概率了。

4.1.3　贝叶斯分类算法的原理

从数学角度来说，分类问题可做如下定义：

已知集合 $C = \{y_1, y_2, \cdots, y_n\}$ 和集合 $I = \{x_1, x_2, \cdots, x_m\}$，确定映射规则 $y = f(x)$，使得任意 $x_i \in I$ 有且仅有一个 $y_j \in C$ 使得 $y_j = f(x_i)$ 成立。其中：C 称为类别集合，集合中的每一个元素表示一个类别；I 称为项集合，集合中的每一个元素是一个待分类项；f 称为分类器。分类问题的任务就是构造分类器 f。

分类问题往往采用经验性方法来构造映射规则。一般情况下，分类问题缺少足够的信息，无法构造出完全正确的映射规则，只能通过对经验数据的学习来实现一定概率意义上正确的分类，因此所训练出的分类器并不一定能将每个待分类项准确映射到其类别。分类器的性能与分类器构造方法、待分类数据的特性、训练样本数量等诸多因素有关。

例如，过滤垃圾邮件是一个典型的分类过程。需要对邮件中的文本进行理解和判断，准确率与文本中部分特殊单词的出现频次(即待分类数据的特性)、训练样本数量等有密切关系。

贝叶斯分类算法分为以下 3 个阶段：

(1) 准备阶段。这个阶段的任务是为贝叶斯分类做必要的准备，主要是根据具体情况

确定特征，并对每个特征进行适当划分，由人工对部分待分类项进行分类，形成样本训练集。这一阶段的输入是所有待分类数据，输出是特征和训练样本。这一阶段是贝叶斯分类中唯一需要人工完成的阶段，其质量对整个过程有重要影响，分类器的质量很大程度上由特征、特征划分方式及训练样本质量决定。

（2）分类器训练阶段。这个阶段的任务是生成分类器，主要工作是计算每个类别在训练样本中的出现频率及特征划分对每个类别的条件概率估计结果。输入是特征和训练样本，输出是分类器。这一阶段是机械性执行阶段，可以根据前面得到的公式编写程序自动完成计算。

（3）应用阶段。这个阶段的任务是使用分类器。分类器的输入是待分类的数据，输出是待分类数据的类别。这一阶段也是机械性执行阶段，由程序自动完成。

4.2　朴素贝叶斯分类算法简述

朴素贝叶斯
分类算法

朴素贝叶斯分类算法是一种基于独立假设的，应用贝叶斯定理的简单概率分类算法。朴素贝叶斯分类算法可用于以下多个场景：

（1）文本分类。作为文本分类的概率学习方法，当涉及文本文档的分类时，朴素贝叶斯分类算法是已知的最成功的算法之一。

（2）垃圾邮件过滤。很多现代电子邮件服务都用朴素贝叶斯分类算法实现垃圾邮件过滤。例如，DSPAM、SpamBayes、SpamAssassin、Bogofilter 和 ASSP 等服务器端电子邮件过滤器中都使用了朴素贝叶斯分类算法。

（3）情感分析。朴素贝叶斯分类算法可分析微博及其评论的语气，判断其是负面的、正面的还是中立的。

（4）推荐系统。将朴素贝叶斯分类算法与协同过滤相结合可构建出混合推荐系统，有助于提升运营效率。

4.2.1　朴素贝叶斯分类算法的原理

在实际应用中，假设 y 是某个类，x 是特征，则相应的贝叶斯公式为

$$P(y \mid x_1, x_2, \cdots, x_n) = \frac{P(y)P(x_1, x_2, \cdots, x_n \mid y)}{P(x_1, x_2, \cdots, x_n)} \tag{4-2}$$

从公式（4-2）中可以发现 x 的特征越多，面临的数据采集缺失和不全的困难就会越突出，要统计这些特征同时出现的概率就越麻烦。为此，朴素贝叶斯做了一个"朴素"的假设，即特征与特征之间是相互独立、互不影响的。

简单来说，利用贝叶斯公式求解联合概率 $P(XY)$ 时，需要计算条件概率 $P(X|Y)$。在计算 $P(X|Y)$ 时，朴素贝叶斯分类基于条件独立假设，即当 Y 确定时，X 的各个分量取值之间相互独立，用公式表示为

$$P(X = x_1, X = x_2, \cdots, X = x_j \mid Y = y_k) = P(X = x_1 \mid Y = y_k)P(X = x_2 \mid Y = y_k)$$
$$\cdots P(X_j = x_j \mid Y = y_k)$$

朴素贝叶斯分类算法是一种简单的分类算法，其基本思想是对于给出的待分类项，求出在此项出现的条件下各个类别出现的概率，最终将该项分到概率最大的类别中。

朴素贝叶斯分类算法的正式定义如下：

(1) 设 $x=\{a_1,a_2,\cdots,a_m\}$ 为一个待分类项，而 $a_j(j=1,2,\cdots,m)$ 为 x 的一个特征。

(2) 类别集合 $C=\{y_1,y_2,\cdots,y_n\}$。

(3) 计算 $P(y_1|x),P(y_2|x),\cdots,P(y_n|x)$。

(4) 如果 $P(y_k|x)=\max\{P(y_1|x),P(y_2|x),\cdots,P(y_n|x)\}$，则 $x\in y_k$。

朴素贝叶斯分类算法的关键就是计算第(3)步中的各个条件概率。计算步骤如下：

① 找到一个已知分类的待分类项集合，这个集合称为样本训练集。

② 统计得到不同类别下各个特征的条件概率估计，即

$$P(a_1\mid y_1),P(a_2\mid y_1),\cdots,P(a_m\mid y_1)$$
$$P(a_1\mid y_2),P(a_2\mid y_2),\cdots,P(a_m\mid y_2)$$
$$\vdots$$
$$P(a_1\mid y_n),P(a_2\mid y_n),\cdots,P(a_m\mid y_n)$$

③ 如果各个特征是条件独立的，则根据贝叶斯定理有

$$P(y_i\mid x)=\frac{P(x\mid y_i)P(y_i)}{P(x)} \tag{4-3}$$

因为分母对于所有类别来说为常数，所以只要将分子最大化即可。又因为各特征是条件独立的，所以有

$$P(x\mid y_i)P(y_i)=P(a_1\mid y_i)P(a_2\mid y_i)\cdots P(a_m\mid y_i)P(y_i)$$
$$=P(y_i)\prod_{j=1}^{m}P(a_j\mid y_i) \tag{4-4}$$

$$P(y_i\mid x)=\frac{P(y_i)\prod_{j=1}^{m}P(a_j\mid y_i)}{P(x)} \tag{4-5}$$

式中，$P(a_j|y_i)$ 为 y_i 已经发生的条件下 a_j 发生的概率，其中 $1\leqslant i\leqslant n$，$1\leqslant j\leqslant m$。

4.2.2　朴素贝叶斯分类算法的参数估计

朴素贝叶斯分类算法的参数估计方法有最大似然估计和贝叶斯估计两种。本小节将通过一些生活中的例子具体讲解最大似然估计方法。

假设你看到了一个留着长发的背影，你会根据日常经验——女生长头发的可能性有 95%，男生长头发的可能性有 5%，作出大致判断：这是一个女生的背影。这种按照可能性最大来进行猜测的过程就使用到了最大似然估计的思想。

假设一个袋子中只装有白球和黑球，并假定袋中白球的比例是 p，则黑球的比例是 $1-p$。每抽一个球出来，在记录完颜色之后，把抽出的球放回袋中并摇匀。因此，每次抽出来的球的颜色这一事件是相互独立的并且服从同一分布（即期望和方差相同）。事实上，p 是有很多种分布。如果在 100 次抽取的过程中，出现了 70 次是白球，那么，我们肯定不

会认为白球：黑球＝5：5，而是倾向于认为白球：黑球＝7：3。

抽一次球出来，并记录颜色，称为一次抽样。而上面的 100 次抽样中，70 次是白球、30 次是黑球的概率记为 $P(x_i|M)$，每次抽出来的球是白色的概率记为 p。如果第一次抽样的结果记为 x_1，第二次抽样的结果记为 x_2，那么样本结果为 $(x_1, x_2, \cdots, x_{100})$。于是有

$$
\begin{aligned}
L(p; x_1, x_2, \cdots, x_{100}) &= P(x_1, x_2, \cdots, x_i \mid M) \\
&= P(x_1 \mid M) P(x_2 \mid M) \cdots P(x_{100} \mid M) \\
&= p^{70}(1-p)^{30}
\end{aligned}
\tag{4-6}
$$

当 $p=0$ 或者 1 时，$P(x_i|M)=0$，因此在 $p \in (0,1)$ 中，$P(x_i|M)$ 会有一个极大值（或极小值）。而最大似然估计就是令样本出现的概率最大，进而估计整体的模型参数。这里只需要利用公式（4-6）对 p 求导，并令其等于 0，便可得到 $p=0.7$，即白球：黑球＝7：3。

最大似然估计适用于"模型已知，参数未定"的情况。即已知某个随机样本满足某种概率分布，但是其中具体的参数不清楚，参数估计就是通过若干次试验，观察其结果，利用结果推出参数的大概值。已知某个参数能使这个样本出现的概率最大，这个参数即为估计的真实值。估计的模型参数要使得产生这个给定样本的可能性最大。该方法通常可简要归纳为以下几个步骤：

（1）写出似然函数；

（2）对似然函数取对数；

（3）求导数；

（4）解似然方程。

4.2.3　朴素贝叶斯分类算法的优缺点

每件事情都有两面性，朴素贝叶斯分类算法也是如此，它有明显的优缺点。

1）优点

（1）它是一个相对容易理解和构建的算法。

（2）该算法比许多其他分类算法能够更快地预测类。

（3）对于小数据集，该算法可以较容易地训练数据。

2）缺点

（1）如果给定没有出现过的类和特征，则该类别的条件概率估计将为 0。该问题被称为"零条件概率问题"，因为它会擦除其他概率中的所有信息。利用样本校正技术（如拉普拉斯校正）可以解决这个问题。

（2）该算法假设特征与特征之间是相互独立、互不影响的，然而在现实生活中几乎找不到这样的数据集。

4.3　高斯朴素贝叶斯分类算法

高斯朴素贝叶斯（Gaussian Naive Bayes）分类算法假设所有特征都具有高斯分布（正态/钟形曲线），因此更适用于处理具有连续数值的数据，如温度、高度等。该算法常用于

性别分类，即通过测量获取人的身高、体重、脚的尺寸等具有连续数值的数据，判定一个人是男性还是女性。

高斯分布中，68％的数据在均值的一个标准差范围内，96％的数据在均值的两个标准差范围内。非正态分布的数据在高斯朴素贝叶斯分类器中使用精度较低，可以使用分布不同的朴素贝叶斯分类器。

假定各个特征 x_i 在各个类别 y 下是服从正态分布的，高斯朴素贝叶斯分类算法内部使用正态分布的概率密度函数来计算概率：

$$P(x_i \mid y) = \frac{1}{\sqrt{2\pi\sigma_y^2}} \exp\left(-\frac{(x_i - \mu_y)^2}{2\sigma_y^2}\right) \qquad (4-7)$$

式中：μ_y 表示类别为 y 的样本中特征 x_i 的均值；σ_y 表示类别为 y 的样本中特征 x_i 的标准差。

4.4 多项式朴素贝叶斯分类算法

多项式朴素贝叶斯分类算法主要适用于离散特征的概率计算，scikit-learn 中的多项式朴素贝叶斯分类算法不接受负值输入。若处理连续型变量，要选择高斯朴素贝叶斯分类算法。多项式朴素贝叶斯分类算法多用于文档分类，它可以计算出一篇文档为某些类别的概率，最大概率的类别就是该文档的类别。例如，判断一则新闻属于体育类别还是财经类别，只需判断 P(体育|新闻)和 P(财经|新闻)的大小。而组成一则新闻的是一个个词组，因此需要先提取出该则新闻中的关键词词组，再分别计算 P(体育|词1，词2，词3，…)和 P(财经|词1，词2，词3，…)。

多项式朴素贝叶斯分类算法是除高斯朴素贝叶斯分类算法外，应用最为广泛的贝叶斯分类算法，它基于原始的贝叶斯定理，假设概率分布服从一个简单的多项式分布。多项式分布来源于统计学中的多项式实验，这种实验可以具体解释为：实验包括 n 次重复实验，每项实验都有不同的可能结果。在任何给定的实验中，特定结果发生的概率是不变的。

例如，用一个特征矩阵表示投掷硬币的结果，得到正面的概率为 $P(X = 正面|Y) = 0.5$，反面的概率为 $P(X = 反面|Y) = 0.5$。只有这两种可能，并且两种结果互不干涉，两个随机事件的概率之和为1。这就是二项分布。

适合于多项式朴素贝叶斯分类算法的特征矩阵如表 4-1 所示。

表 4-1 适合于多项式朴素贝叶斯分类算法的特征矩阵

测试编号	X_1：出现正面	X_2：出现反面
1	0	1
2	1	0
3	1	0

假设 X_i 表示投掷骰子的结果，则 i 就可以在[1,2,3,4,5,6]中取值。6 种结果互相干

涉，且只要样本量足够大，概率都为 1/6。这就是一个多项式分布。多项式分布的特征矩阵如表 4-2 所示。

表 4-2　多项式分布的特征矩阵

测试编号	出现 1	出现 2	出现 3	出现 4	出现 5	出现 6
1	1	0	0	0	0	0
2	0	1	0	0	0	0
3	0	0	1	0	0	0
⋮	⋮	⋮	⋮	⋮	⋮	⋮
m	0	0	0	0	0	1

由表 4-2 可知：

（1）多项式分布适用于离散型变量，在其原理假设中，$P(x_i|Y)$ 的概率是离散的，并且不同 x_i 下的 $P(x_i|Y)$ 相互独立，互不影响。虽然 scikit-learn 中的多项式分布也可以处理连续型变量，但现实中，如果要处理连续型变量，应使用高斯朴素贝叶斯分类算法。

（2）多项式实验中的实验结果很具体，涉及的特征往往是次数、频率、计数、出现与否等这样的概念，而这些概念对应的是离散的正整数，因此 scikit-learn 中的多项式朴素贝叶斯分类算法不接受负值输入。

由于多项式朴素贝叶斯分类算法具有上述特性，因此其特征矩阵经常是稀疏矩阵（不一定总是稀疏矩阵），并且它经常被用于文本分类。TF-IDF 向量技术和单词计数向量技术都可与多项式朴素贝叶斯分类算法配合使用。它们是常见的文本特征提取方法，可以通过 scikit-learn 来实现。

技能实训

本模块介绍了朴素贝叶斯分类算法，下面尝试用 Python 实现分类操作。

实训一　高斯朴素贝叶斯分类算法的 Python 实现——鸢尾花分类

一、实训目的

（1）理解高斯朴素贝叶斯分类算法的原理。

（2）掌握高斯朴素贝叶斯分类算法。

二、实训内容

（1）实现高斯朴素贝叶斯分类算法。

（2）了解 Iris 数据集。

Iris 数据集以鸢尾花的特征作为数据来源，常用在分类操作中。该数据集由 Iris Setosa（山鸢尾）、Iris Versicolour（杂色鸢尾）以及 Iris Virginica（维吉尼亚鸢尾）3 种不同类型的鸢尾花数据组成，每种类别各 50 条样本记录，共计 150 条。其中一个种类与另外两个种类是线性可分离的，后两个种类是非线性可分离的。该数据集中的数据包含鸢尾花的以下 4 项属性：

- Sepal. Length（花萼的长），单位是 cm；
- Sepal. Width（花萼的宽），单位是 cm；
- Petal. Length（花瓣的长），单位是 cm；
- Petal. Width（花瓣的宽），单位是 cm。

（3）针对 Iris 数据集，应用 scikit-learn 的高斯朴素贝叶斯分类算法进行类别预测。

注：Iris 数据集为 scikit-learn 自带数据集，可通过"from sklearn. datasets import load_iris"导入。

三、实训设备

本实训所需设备为安装有 Windows 操作系统的计算机，并在模块 1 中已安装好 Anaconda 或 PyCharm 开发环境，且已安装 Numpy 和 andas 库。

四、实训步骤

步骤 1：导入包。

代码如下：

```
import numpy as np
import pandas as pd
from sklearn. datasets import load_iris
from sklearn. model_selection import train_test_split
from collections import Counter
import math
```

步骤 2：读取数据。

代码如下：

```
# 导入数据，创建匹配的英文类别
def create_data():
    iris = load_iris()
    df = pd. DataFrame(iris. data, columns=iris. feature_names)
    df['label'] = iris. target
    df. columns = [
        'sepal length', 'sepal width', 'petal length', 'petal width', 'label'
    ]
    data = np. array(df. iloc[:100, :])
    # print(data)
    return data[:, :-1], data[:, -1]
```

步骤 3：切分测试集和训练集。

代码如下：

```
#切分测试集和训练集
X, y = create_data()
X_train, X_test, y_train, y_test = train_test_split(X, y, test_size=0.3)
X_test[0], y_test[0]
```

步骤 4：定义朴素贝叶斯函数。

代码如下：

```
#定义朴素贝叶斯函数
class NaiveBayes：
    def __init__(self)：
        self.model = None
    #数学期望
    @staticmethod
    def mean(X)：
        return sum(X) / float(len(X))
    #标准差(方差)
    def stdev(self, X)：
        avg = self.mean(X)
        return math.sqrt(sum([pow(x - avg, 2) for x in X]) / float(len(X)))
    #概率密度函数
    def gaussian_probability(self, x, mean, stdev)：
        exponent = math.exp(-(math.pow(x - mean, 2) /(2 * math.pow(stdev, 2))))
        return(1 / (math.sqrt(2 * math.pi) * stdev)) * exponent
    #处理 X_train
    def summarize(self, train_data)：
        summaries = [(self.mean(i), self.stdev(i)) for i in zip(* train_data)]
        return summaries
    #分类别求出数学期望和标准差
    def fit(self, X, y)：
        labels = list(set(y))
        data = {label: [] for label in labels}
        for f, label in zip(X, y)：
            data[label].append(f)
        self.model = {
            label: self.summarize(value)
            for label, value in data.items()
        }
        return 'gaussianNB train done!'
    #计算概率
    def calculate_probabilities(self, input_data)：
```

```
# summaries:{0.0:[(5.0, 0.37),(3.42, 0.40)], 1.0:[(5.8, 0.449),(2.7, 0.27)]}
# input_data:[1.1, 2.2]
probabilities = {}
for label, value in self.model.items():
    probabilities[label] = 1
    for i in range(len(value)):
        mean, stdev = value[i]
        probabilities[label] *= self.gaussian_probability(
            input_data[i], mean, stdev)
return probabilities
# 类别
def predict(self, X_test):
    # {0.0: 2.9680340789325763e-27, 1.0: 3.5749783019849535e-26}
    label = sorted(
        self.calculate_probabilities(X_test).items(),
        key=lambda x: x[-1])[-1][0]
    return label
def score(self, X_test, y_test):
    right = 0
    for X, y in zip(X_test, y_test):
        label = self.predict(X)
        if label == y:
            right += 1
    return right / float(len(X_test))
```

步骤 5：构建模型。

代码如下：

```
# 构建模型
model = NaiveBayes()
model.fit(X_train, y_train)
```

步骤 6：输出结果。

代码如下：

```
# 输出结果
print(model.predict([4.4, 3.2, 1.3, 0.2]))
model.score(X_test, y_test)
```

实训二　多项式朴素贝叶斯分类算法的 Python 实现——新闻分类

一、实训目的

(1) 理解多项式朴素贝叶斯分类算法的原理。

（2）掌握多项式朴素贝叶斯分类算法。

二、实训内容

（1）实现多项式朴素贝叶斯分类算法。

（2）了解 scikit-learn 自带的数据集 fetch_20newsgroups。

fetch_20newsgroups 数据集是用于文本分类、文本挖掘和信息检索研究的国际标准数据集之一。该数据集收集了大约 20 000 个新闻组文档，均匀分为 20 个不同主题的新闻组集合。一些新闻组的主题特别相似（如 comp.sys.ibm.pc.hardware 和 comp.sys.mac.hardware），还有一些却完全不相关（如 misc.forsale 和 soc.religion.christian）。fetch_20newsgroups 数据集有三个版本。第一个版本是原始的没有修改过的版本。第二个版本按时间顺序分为训练（60%）和测试（40%）两部分数据集，不包含重复文档和新闻组名（新闻组、路径、隶属于、日期）。第三个版本不包含重复文档，只有来源和主题。

在 scikit-learn 中，fetch_20newsgroups 数据集有两种装载方式：第一种是 sklearn.datasets.fetch_20newsgroups，返回一个可以被文本特征提取器（如 sklearn.feature_extraction.text.CountVectorizer）自定义参数提取特征的原始文本序列；第二种是 sklearn.datasets.fetch_20newsgroups_vectorized，返回一个已提取特征的文本序列，即不需要使用特征提取器。

（3）用多项式朴素贝叶斯分类算法实现新闻分类。

三、实训设备

本实训所需设备为安装有 Windows 操作系统的计算机，并在模块 1 中已安装好 Anaconda 或 PyCharm 开发环境，且已安装 scikit-learn 库。

四、实训步骤

步骤 1：导入数据。

代码如下：

```
# 导入 20 类新闻数据
from sklearn.datasets import fetch_20newsgroups
news = fetch_20newsgroups(subset='all')
```

步骤 2：查看数据类别。

代码如下：

```
# 查看数据类别
type(news)
```

运行结果如下：

```
sklearn.utils.Bunch
```

本质上，sklearn.utils.Bunch 的数据类型是 dict，有以下属性：

① DESCR：数据描述。

② target_names：标签名，可自定义，默认为文件夹名。

③ filenames：文件名。

④ target：文件分类，如文件有两类，则对应为 0 或 1。

⑤ data：数据数组。

步骤 3：切分训练集与测试集。

代码如下：

```
from sklearn. model_selection import train_test_split
#切分训练集与测试集
x_train, x_test, y_train, y_test = train_test_split(news. data,news. target,test_size=0. 25)
```

步骤 4：特征提取。

代码如下：

```
from sklearn. feature_extraction. text import TfidfVectorizer
#对数据集进行特征提取
tf = TfidfVectorizer()
x_train = tf. fit_transform(x_train)
x_test = tf. transform(x_test)
print(tf. get_feature_names())
```

步骤 5：多项式朴素贝叶斯预测。

代码如下：

```
#调包，模型训练，并输出预测结果
from sklearn. naive_bayes import MultinomialNB
mlt = MultinomialNB(alpha=1. 0)
mlt. fit(x_train,y_train)
y_predict = mlt. predict(x_test)
print(x_train. toarray())    #默认为 sparse 形式，转化为 array 形式
print("预测的文章类别为：",y_predict)
```

步骤 6：计算准确率。

代码如下：

```
#计算准确率
print("准确率为：",mlt. score(x_test,y_test))
```

模块小结

　　本模块首先介绍了贝叶斯分类算法的原理，朴素贝叶斯分类算法的原理、参数估计及优缺点，接着介绍了高斯朴素贝叶斯分类算法处理连续变量的方法以及概率密度函数的计算，最后介绍了多项式朴素贝叶斯分类算法。

　　在技能实训部分，介绍了基于鸢尾花数据的分类问题，有助于读者熟悉高斯朴素贝叶斯分类算法及其使用方法，从而有效处理数据的各个特征并熟练运用 scikit-learn 库中的高斯朴素贝叶斯分类算法解决实际数据分类问题。新闻数据分类实训要求读者针对文本数据（fetch_20newsgroups）预先进行文本特征挖掘，再结合多项式朴素贝叶斯分类算法解决文本分类问题，进一步帮助读者熟悉特征挖掘和朴素贝叶斯分类算法的应用。

重点知识树

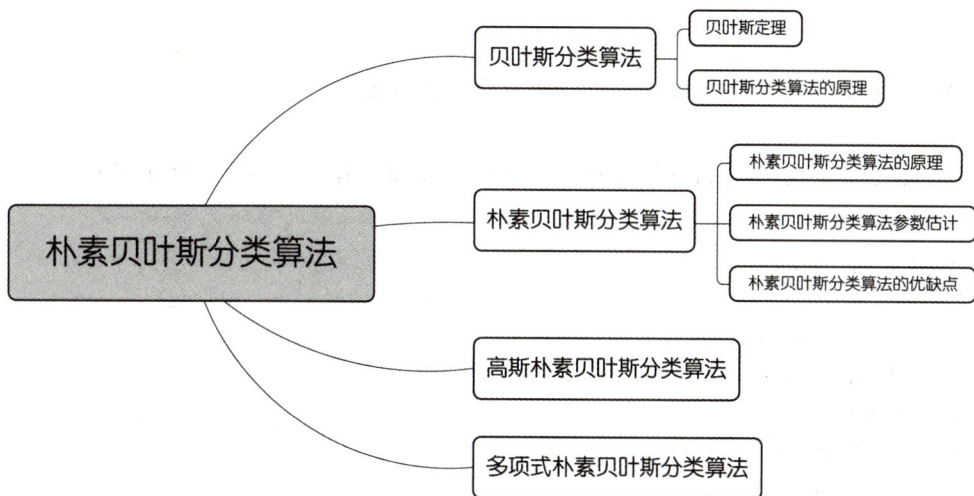

知识巩固

1. （多选）朴素贝叶斯分类算法的优点有（　　　）。

A. 它是一个相对容易理解和构建的算法

B. 该算法比许多其他分类算法能够更快地预测类

C. 对于小数据集，该算法可以较容易地训练数据

D. 如果给定没有出现过的类和特征，则该类别的条件概率估计将为 0。该问题被称为"零条件概率问题"，因为它会擦除其他概率中的所有信息。利用样本校正技术（如"拉普拉斯校正"）可以解决这个问题

2. （填空）$P(A|B)$ 指的是事件_____在另一事件_____已经发生的条件下发生的概率。

3. （计算）两个一模一样的碗，一号碗中有 30 颗水果糖和 10 颗巧克力糖，二号碗中有水果糖和巧克力糖各 20 颗。现在随机选择一个碗，从中摸出一颗糖，发现是水果糖。试计算这颗水果糖来自一号碗的概率。

4. （判断）朴素贝叶斯（分类器）是一种生成模型，它会基于训练样本对每个可能的类别建模。（　　　）

5. （判断）朴素贝叶斯分类算法适合高维数据。（　　　）

拓展实训

一、实训目的

熟悉 scikit-learn 库中高斯朴素贝叶斯分类算法的使用。

二、实训内容

（1）基于如下代码，结合高斯朴素贝叶斯分类算法，补全代码中的空缺部分。

提供的代码：

```
import numpy as np
X = np. array([[-1, -1], [-2, -1], [-3, -2], [1, 1], [2, 1], [3, 2]])
Y = np. array([1, 1, 1, 2, 2, 2])
from sklearn. naive_bayes import GaussianNB
#需要补全代码处
print "==Predict result by predict=="
print(clf. predict([[-0.8, -1]]))
print "==Predict result by predict_proba=="
print(clf. predict_proba([[-0.8, -1]]))
print "==Predict result by predict_log_proba=="
print(clf. predict_log_proba([[-0.8, -1]]))
```

（2）运行完整的代码，并输出准确率。

三、实训设备

本实训所需设备为安装有 Windows 操作系统的计算机，并在模块 1 中已安装好 Anaconda 或 PyCharm 开发环境，且已安装 scikit-learn 库。

模块 5

决策树分类算法

学习目标

知识目标

(1) 学习决策树分类算法的基础知识。

(2) 学习如何给决策树剪枝等相关知识。

(3) 学习 ID3、C4.5 及 CART 树等相关知识。

(4) 了解剪枝的原理。

技能目标

(1) 掌握构建决策树的基本方法。

(2) 掌握使用 Python 进行决策树应用的方法。

素养目标

(1) 通过学习决策树分类算法的基础知识，培养学生独立思考问题的能力。

(2) 通过学习常用决策树分类算法，培养学生抽丝剥茧对问题进行定量分析的能力。

(3) 通过学习决策树剪枝知识，培养学生在分析问题时抓住主要矛盾、舍弃次要矛盾的能力。

情境引入

本书前面介绍过回归算法。回归算法分类效率高，处理线性特征快，但在特征空间很大时性能较差，而且处理大量特征能力弱。基于回归算法的特点，其适用的场景较少，本模块介绍的决策树分类算法可弥补回归算法的不足。

图 5-1 是一棵结构简单的决策树（Decision Tree），用于预测贷款用户是否具有偿还贷款的能力，树中的每一个非叶子节点都是一个判断条件，叶子节点表示一种分类结果。已知贷款相关的 3 个用户属性是：是否拥有房产，是否结婚，平均月收入水平。例如，用户甲没有房产，没有结婚，月收入 5000 元。通过决策树的根节点判断，用户甲符合右边分支（拥有房产为"否"）；再判断是否结婚，用户甲符合左边分支（是否结婚为"否"）；然后判断月收入是否大于 4000 元，用户甲符合左边分支（月收入大于 4000 元），该用户落在"可以偿还"的叶子节点上。因此，预测用户甲具备偿还贷款的能力。

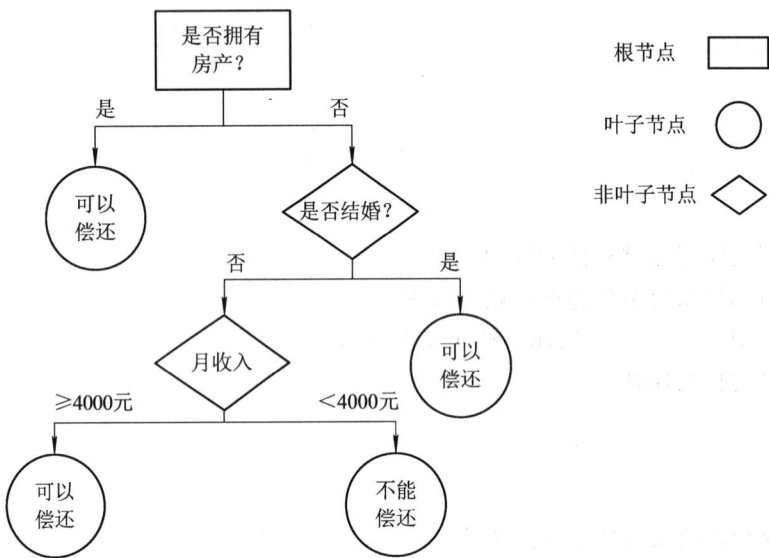

图 5-1　预测贷款用户是否具备还款能力的决策树

知识准备

本模块学习决策树分类算法，了解决策树分类算法的原理和常用的决策树分类算法，并将理论知识应用于实际问题解决中。

5.1　决策树分类算法的基本概念

基于图 5-1，决策树中每一个非叶子节点(具备分叉的节点)表示一个特征的分类，每个分支代表这个特征在某值域上的输出，每个叶子节点存放一个类别。使用决策树分类算法进行决策的过程就是从根节点(最上方的"是否拥有房产"节点)开始，测试待分类项中相应的特征，并按照其值选择输出分支，直到生成叶子节点(最终没有分叉的节点，表示最后的结果)，最后将叶子节点存放的类别作为决策结果。根据以上例子，可以非常直观地得到一个实例的类别判断。决策树分类算法的判定过程相当于树中从根节点到某一个叶子节点的遍历，每一步的遍历由数据各个特征的具体特征决定。每一个子节点的产生，是由于在当前层选择了不同的特征作为分裂因素形成的。

总结一下，决策树分类算法有 3 个关键点：第一，决策树由节点和有向边组成；第二，节点有中间节点和叶子节点两种类型；第三，中间节点表示特征，叶子节点表示类别。

决策树分类算法是基于树结构进行决策，具有树结构的一般属性，其相关概念如下。

- 根节点(Root Node)：表示整个样本的集合，并且在该节点可以进一步划分出两个或多个子集。
- 拆分(Splitting)：表示可以将一个节点拆分成为多个子集的过程。
- 决策节点(Decision Node)：当一个子节点被进一步拆分成多个子节点时，这个子节点就叫作决策节点。
- 叶子节点(Leaf/Terminal Node)：无法再进行拆分的节点称为叶子节点。
- 剪枝(Pruning)：移除决策树中子节点的过程称为剪枝，正好与拆分过程相反。
- 分支/子树(Branch/Sub-Tree)：分支或子树是一棵决策树的某一部分。
- 父节点和子节点(Parent and Child Node)：一个节点拆分为多个子节点，这个节点就称为父节点，拆分后的节点称为子节点。

在构建决策树时可能会遇到两个问题："树"怎么长？"树"长到什么时候停止？

决策树分类算法主要基于"分而治之"的思想，一是自根至叶的递归过程，二是在每个中间节点寻找划分属性。当前节点包含的样本属于同一类别时，无须划分，决策树便会停止生长。当前属性集为空，或是所有样本在所有属性上取值相同、无法划分时决策树也会停止生长。

5.1.1　以信息论为基础的分类原理

在生活当中，我们会碰到很多需要做决策的地方，如选择吃饭地点、数码产品、旅游地区等。在这些选择中，人们大都选择信赖大部分人的选择结果。其实决策树分类算法也一样，当大部分的样本都是同一类的时候，决策已定。

我们可以把大众的选择抽象化，引入一个概念——纯度。大众选择意味着纯度高，转换为计算机语言即熵越低，纯度越高。熵是用来度量包含的"信息量"的，物理学上，熵是

"混乱"程度的量度。当系统的有序状态一致时，数据越集中的地方熵值越小，数据越分散的地方熵值越大，这是从信息的完整性上进行的描述。当数据量一致时，系统越有序，熵值越低；系统越混乱或者分散，熵值越高，这是从信息的有序性上进行的描述。

同理，如果样本的属性都是一样的，就会让人觉得该数据样本包含的信息很单一，没有差异化；相反，若样本的属性都不一样，那么数据包含的信息量就很大。

5.1.2　决策树度量标准

决策树分类算法中描述节点不纯度的函数为信息熵。

如果有人告诉你"未来能看见太阳"，则此信息毫无价值，因为它是必然事件。如果有人告诉你"明天能看见太阳"，这个信息的意义也不大，因为大多数日子都能看见太阳，你自己也很可能猜对。如果有人告诉你"明天会下雨"，这个消息的信息量就比较大，因为下雨的概率一般较小。而如果有人告诉你"明天会有地震"，这个消息的信息量就非常大，因为地震是稀有事件，发生概率很低。

由此可见，一个随机事件的发生，其信息量似乎与它的发生概率成反比。为此，若随机事件"$y=k$"的发生概率为 p_k，初步假设该事件发生的信息量为 $1/p_k$。当 $p_k=1$（必然事件）时，此事件的信息量为 0。将事件发生的信息量取对数，即 $\mathrm{lb}(1/p_k)=-\mathrm{lb}\,p_k$，将 y 的每个可能取值的信息量，以相应概率 p_k 为权重，加权求和即可求得期望信息量，即决策树度量标准中使用的信息熵，其公式为

$$H=\mathrm{Entropy}(p_1,p_2,\cdots,p_K)=-\sum_{k=1}^{K}p_k\mathrm{lb}\,p_k \quad (p_k\geqslant 0) \qquad (5-1)$$

其中，$\mathrm{lb}(\,\cdot\,)$ 表示以 2 为底的对数，H 的单位为 bit。

基于信息熵公式（5-1）构建二叉树举个例子，假设有 32 个球队，准确的信息量为 $H=-(p_1\times\mathrm{lb}\,p_1+p_2\times\mathrm{lb}\,p_2+\cdots+p_{32}\times\mathrm{lb}\,p_{32})$，其中 $p_1,p_2,\cdots,p_{32}$ 分别是这 32 支球队夺冠的概率。当每支球队夺冠概率相等且都是 1/32 时：$H=-[32\times 1/32\times\mathrm{lb}(1/32)]=5$。即每个事件概率相同时，熵最大，这件事的不确定性最高。

决策树分类算法中描述节点不纯度的另一个函数为基尼系数（Gini Index）。基尼系数是指从概率分布 $(p_1,p_2,\cdots,p_K)$ 中随机抽取两个观测值，则这两个观测值的类别不一致的概率：

$$\mathrm{Gini}(p_1,p_2,\cdots,p_K)=\sum_{k=1}^{K}p_k(1-p_k)=\sum_{k=1}^{K}p_k-\sum_{k=1}^{K}p_k^2=1-\sum_{k=1}^{K}p_k^2 \qquad (5-2)$$

其中，$\sum_{k=1}^{K}p_k^2$ 可视为随机抽取的两个观测值的类别一致的概率。

5.1.3　决策树的具体用法

5.1.2 节详细介绍了两种表示数据纯度的函数。下面通过特征选择和剪枝操作，介绍如何基于已有的样本数据建立决策树。

特征选择是指选择合适的特征作为判断节点，以帮助快速分类，减少决策树的深度。决策树的目标就是把数据集按对应的类标签进行分类。最理想的情况是通过特征的选择将不同类别的数据集贴上对应的类标签。特征选择的目标是使分类后的数据集纯度尽可能

高。如何衡量一个数据集纯度,这里就需要引入数据纯度函数。

常见的数据样本具备多种特征。决策树分类算法的思想是先从一个特征入手,虽然不能通过一次分类达到最理想的效果,但通过这次分类,问题规模变小,同时分类后的子集相比原来的样本集更加易于分类,此种做法就是特征选择。之后再针对上一次分类后的样本子集,重复这个过程。在理想的情况下,经过多层的决策分类,将得到完全纯净的子集,也就是每一个子集中的样本都属于同一个分类。

例如图 5-2 中,平面中 6 个点,无法通过其 x 坐标或者 y 坐标直接将两类点分开。这里采用决策树算法,先依据 y 坐标将 6 个点划分为两个子类,a 线上面的两个点是同一个分类,但是 a 线之下的 4 个点不纯。可以对这 4 个点进行再次分类,这次以 x 坐标分类(见图中的 b 线),通过两层分类,实现了对样本点的完全分类。决策树的伪代码实现如下:

```
if y > a:
    output dot
else:
    if x < b:
        output dot
    else:
        output cross
```

由这个分类的过程形成一个树形的判断模型,树的每一个非叶子节点都是一个特征分割点,叶子节点是最终的决策分类,如图 5-3 所示。

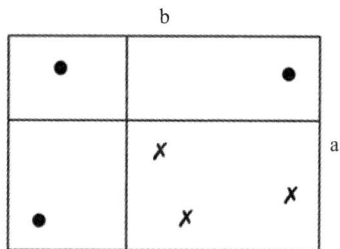

图 5-2　案例图

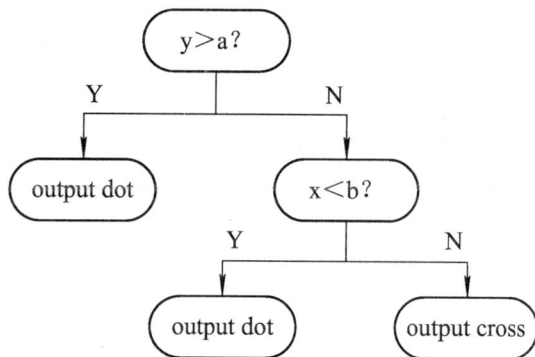

图 5-3　伪代码程序图

将新样本输入决策树进行决策,就是将样本在决策树上自顶向下,依据决策树的节点规则进行遍历,最终落入的叶子节点就是该样本所属的分类。

5.1.4　决策树分类算法的优缺点

决策树分类算法的优点如下:

(1)决策树构成了一个简单的决策过程,使决策者可以按顺序有步骤地进行决策。

(2)决策树有直观的图形,便于决策者进行科学的分析、周密的思考。

(3)将决策树图形画出后,可集体讨论和共同分析,有利于进行集体决策。

(4)决策树分类算法能很好地处理比较复杂的问题,特别是对多级决策问题尤其方便，甚至在决策过程中，通过画决策树逐级思考，可以走一步看一步，"三思而行"。

决策树分类算法的缺点如下：

（1）在分析的过程中有些参数没有包括在树中，显得不全面。

（2）如果分级太多或出现的分枝太多，则绘制不方便。

5.2 常用的决策树分类算法

本节基于不同的度量标准，讨论对应的决策树分类算法。

5.2.1 ID3 决策树分类算法

1970 年，昆兰（Quinlan）提出了用信息论中的熵来度量决策树的决策选择过程，昆兰把这个算法命名为 ID3（Iterative Dichotomizer 3）。

ID3 算法用信息增益大小来判断当前节点应该用什么特征来构建决策树，用计算出的信息增益最大的特征来建立决策树的当前节点。

假设我们想要利用 ID3 算法来依据天气决策是否应打网球。此处需要自行获取数据，即数据样本。实验共需要收集 14 天的天气数据，数据的标签结果基于"我们是否应该打网球"场景，答案可以为"是"或"不是"，收集到的数据见表 5-1。

表 5-1 天 气 数 据

天数	天况	温度	湿度	风况	我们是否应该打网球
第一天	晴	热	大	弱	否
第二天	晴	热	大	强	否
第三天	多云	热	大	弱	是
第四天	雨	中	大	弱	是
第五天	雨	冷	正常	弱	是
第六天	雨	冷	正常	强	否
第七天	多云	冷	正常	强	是
第八天	晴	中	大	弱	否
第九天	晴	冷	正常	弱	是
第十天	雨	中	正常	弱	是
第十一天	晴	中	正常	强	是
第十二天	多云	中	大	强	是
第十三天	多云	热	正常	弱	是
第十四天	雨	中	大	强	否

天气属性有天况、温度、湿度和风况四类，具体如下：

天况 = {"晴","多云","雨"}

温度 = {"热","中","冷"}

湿度 = {"大","正常"}

风况 = {"弱","强"}

此时需找到决策树中的根节点属性，为此需要计算数据集的最高信息增益，具体计算步骤如下：

首先，需要计算整个数据集的熵：

当前共 14 个数据标签结果，9 个"是"，5 个"否"，整个数据集的熵 Entropy(S)为

$$\text{Entropy(S)} = -\left(\frac{9}{14} \times \text{lb}\,\frac{9}{14} + \frac{5}{14} \times \text{lb}\,\frac{5}{14}\right) = 0.940$$

计算基于每个属性的熵，天况属性包含 3 个不同的属性值，即天况 = {"晴","多云","雨"}，相应的属性值的熵计算如下：

- 天况属性值"多云"的熵，4 个记录，4 个"是"：

$$-\left(\frac{4}{4} \times \text{lb}\,\frac{4}{4}\right) = 0$$

- 天况属性值"雨"的熵，5 个记录，3 个"是"：

$$-\left(\frac{3}{5} \times \text{lb}\,\frac{3}{5} + \frac{2}{5} \times \text{lb}\,\frac{2}{5}\right) \approx 0.97$$

- 天况属性值"晴"的熵，5 个记录，2 个"是"：

$$-\left(\frac{2}{5} \times \text{lb}\,\frac{2}{5} + \frac{3}{5} \times \text{lb}\,\frac{3}{5}\right) \approx 0.97$$

由此，可算得基于天况属性预期的新熵为

$$\frac{4}{14} \times 0 + \frac{5}{14} \times 0.97 + \frac{5}{14} \times 0.97 \approx 0.69$$

基于温度属性的属性值可计算相应的熵如表 5-2 所示。可算得基于温度属性预期的新熵为

$$\frac{4}{14} \times 0.81 + \frac{4}{14} \times 1 + \frac{6}{14} \times 0.92 \approx 0.91$$

表 5-2　温度属性属性值的熵

温　度	"是"的记录	温度属性属性值的熵
冷	4 个记录，3 个"是"	0.81
热	4 个记录，2 个"是"	1
中	6 个记录，4 个"是"	0.92

基于湿度属性的属性值可计算相应的熵,如表 5-3 所示。可算得基于湿度属性预期的新熵为

$$\frac{7}{14} \times 0.59 + \frac{7}{14} \times 0.86 \approx 0.72$$

表 5-3 湿度属性属性值的熵

湿　度	"是"的记录	湿度属性属性值的熵
正常	7 个记录，6 个"是"	0.59
大	7 个记录，2 个"是"	0.86

基于风况属性的属性值可计算相应的熵,如表 5-4 所示。可算得基于风况属性预期的新熵为

$$\frac{8}{14} \times 0.81 + \frac{5}{14} \times 0.97 \approx 0.87$$

表 5-4 风况属性属性值的熵

风　况	"是"的记录	风况属性属性值的熵
弱	8 个记录，6 个"是"	0.81
强	5 个记录，3 个"是"	0.97

基于表 5-2、表 5-3 及表 5-4,可计算各属性的信息增益如表 5-5 所示。

表 5-5 各属性的信息增益计算结果

属　性	信 息 增 益
天况	0.94 － 0.69 ＝ 0.25
温度	0.94 － 0.91 ＝ 0.03
湿度	0.94 － 0.72 ＝ 0.22
风况	0.94 － 0.87 ＝ 0.07

基于上述熵的计算,天况属性的信息增益最高,因此以天况作为根节点。

由于天况有 3 个可能的值,因此根节点有 3 个分支("晴","多云","雨")。接下来在"晴"分支进行选择。由于在根部使用了天况,只需考虑剩下 3 个属性——温度、湿度和风况,即当天况属性值为"晴"时,可分别计算出温度、湿度和风况的信息增益,具体如下:

信息增益("晴",湿度) ＝ 0.970
信息增益("晴",温度) ＝ 0.570
信息增益("晴",风况) ＝ 0.019

经过计算得到湿度信息增益最大,因此它被用作决策节点。这个过程一直持续到所有数据都被完美分类或者属性已用完,输出如图 5-4 所示。

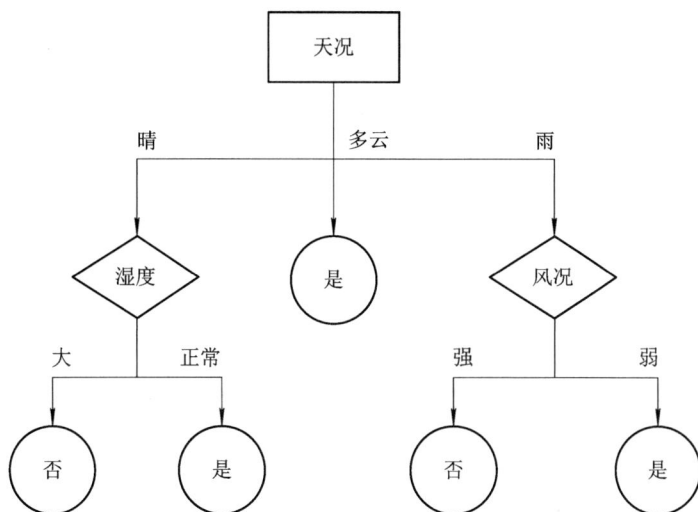

图 5-4　构造的决策树阶段性图

下面介绍具体的算法过程。

输入为：训练集 D，特征集 A。输出为决策树 T。

（1）初始化信息增益的阈值 ε。

（2）若 D 中所有实例属于同一个类 C，则 T 为单节点树，并将类 C 作为该节点的类标记，返回 T。

（3）若 A 为空集，则 T 为单节点树，并将 D 中实例数最大的类 C 作为该节点的类标记，返回 T；否则计算 A 中各特征对 D 的信息增益，选择信息增益最大的特征 A_k。

（4）如果 A_k 的信息增益小于阈值 ε，则置 T 为单节点树，并将 D 中实例数最大的类 C 作为该节点的类标记，返回 T；否则对 A_k 的每一个可能值 a_i，依 $A_k = a_i$ 将 D 分割为若干非空子集 D_i，将属性 A_k 作为一个节点，其每个属性值 a_i 作为一个分支，分别构建子节点，由节点及其子节点构成树 T，返回 T。

（5）对第 i 个子节点，以 D_i 为训练集，以 $A - \{A_k\}$ 为特征集，递归调用步骤（2）～（4），得到子树 T_i，返回 T_i。

ID3 算法虽然提出了新思路，但还是有很多值得改进的地方：

（1）ID3 没有考虑连续特征，如长度、密度都是连续值，无法运用 ID3，这大大限制了 ID3 的用途。

（2）ID3 采用信息增益大的特征优先建立决策树的节点。在相同条件下，取值比较多的特征比取值少的特征信息增益大。如一个变量有 2 个值，各为 1/2，另一个变量为 3 个值，各为 1/3，其实都是完全不确定的变量，但是取 3 个值的比取 2 个值的信息增益大。

（3）ID3 算法对于缺失值的情况没有考虑。

（4）ID3 算法没有考虑过拟合的问题。

ID3 算法的作者昆兰基于上述不足，对 ID3 算法做了改进，提出了改进算法 C4.5 算法。

5.2.2　C4.5 决策树分类算法

C4.5 决策树分类算法是基于 ID3 的改进算法，它从以下 4 点改进了 ID3 算法。

1. 采用信息增益率

ID3 在计算的时候，倾向于选择取值多的属性。为了避免这个问题，C4.5 采用信息增益率的方式来选择属性。信息增益率＝信息增益÷属性熵。当属性有很多值时，相当于被划分成了许多份，虽然信息增益变大了，但是对于 C4.5 来说，属性熵也会变大，所以整体的信息增益率并不大。

2. 采用悲观剪枝

ID3 构造决策树时，容易产生过拟合的情况。在 C4.5 中，会在决策树构造之后采用悲观剪枝，这样可以提升决策树的泛化能力。

悲观剪枝是后剪枝技术中的一种，通过递归估算每个中间节点的分类错误率，比较剪枝前后这个节点的分类错误率来决定是否对其进行剪枝。这种剪枝方法不再需要一个单独的测试集。

3. 离散化处理连续属性

C4.5 可以处理连续属性，对连续的属性进行离散化的处理。例如，对影响"是否打网球"这一决策的"湿度"属性，不按照"高""中"划分，而是按照湿度值进行计算，那么湿度取什么值都有可能。C4.5 选择具有最高信息增益的类别所对应的阈值。

4. 处理缺失值

针对数据集不完整的情况，C4.5 也可以进行处理。

如果我们得到的是如表 5-6 所示的数据，那么数据处理的思路如下：

表 5-6　影响"是否打网球"这一决策的属性案例

ID	天气	温度	湿度	刮风	是否打网球
1	晴天	—	中	否	否
2	晴天	高	中	是	否
3	阴天	高	高	否	是
4	小雨	高	高	否	是
5	小雨	低	高	否	否
6	晴天	中	中	是	是
7	晴天	中	高	是	否

不考虑缺失的数值，可以得到温度 $D=\{2-,3+,4-,5-,6+,7-\}$。温度＝高：$D_1=\{2-,3+,4+\}$；温度＝中：$D_2=\{6+,7-\}$；温度＝低：$D_3=\{5-\}$。这里"＋"代表打网球，"－"代表不打网球。如 ID＝2 时，决策是不打网球，可以记录为 2－。

将属性选择为温度信息增益：$Gain(D',温度)=Entropy(D')-0.792=1.0-0.792=0.208$；属性熵＝1.459，信息增益率 $Gain\_ratio(D',温度)=0.208/1.459=0.1426$。$D'$ 的样本个数为 6，而 D 的样本个数为 7，所以所占权重比例为 6/7，$Gain(D',温度)$ 所占权重

比例为 6/7，因此，Gain_ratio$(D$，温度$)=6/7\times0.1426=0.122$。这样，即使在温度属性的数值有缺失的情况下，依然可以计算信息增益，并对属性进行选择。

C4.5 决策树分类算法的优缺点分别如下：

（1）优点：C4.5 是 ID3 的改进，解决了 ID3 偏向于子类多的特征、无法处理连续型变量以及无法处理缺失值的问题，准确率较高。

（2）缺点：时间耗费大。

5.2.3 CART 分类算法

CART(Classification And Regression Tree)即分类与回归树。ID3 和 C4.5 算法可以生成二叉树或多叉树，而 CART 分类算法只支持二叉树。同时 CART 决策树比较特殊，既可以作分类树，又可以作回归树。

分类树可以处理离散数据，也就是数据种类有限的数据，它输出的是样本的类别，而回归树可以对连续型的数值进行预测，它输出的是一个数值。

决策树的核心就是寻找纯净的划分，因此引入了纯度的概念。在属性选择上，通过统计"不纯度"来做判断，ID3 是基于信息增益做判断，C4.5 在 ID3 的基础上做了改进，提出了信息增益率的概念。实际上 CART 分类算法与 C4.5 分类算法类似，只是属性选择的指标采用的是基尼系数。基尼系数本身反映了样本的不确定度。当基尼系数越小时，说明样本之间的差异性小，不确定程度低。分类的过程本身是一个不确定度降低的过程，即纯度的提升过程。所以 CART 分类算法在构造分类树的时候，会选择基尼系数最小的属性作为属性的划分。有关基尼系数的介绍见本章 5.1.2 节。

下面结合图 5-5 所示的案例来介绍 CART 分类算法。首先计算两个集合的基尼系数。

集合 1(D_1)：6 个人都去打网球。

集合 2(D_2)：3 个人去打网球，3 个人不去打网球。

集合 1 的基尼系数计算：所有人都去打网球，计算得 Gini$(p)=0$。

集合 2 的基尼系数计算：有一半人去打网球，而另一半不去打网球，计算得 Gini$(p)=0.5$。

通过两个基尼系数可以看出，集合 1 的基尼系数最小，证明样本最稳定，而集合 2 的样本不稳定性更大。

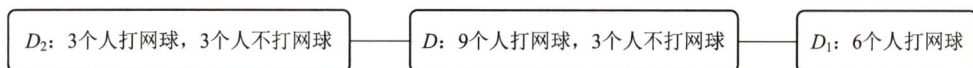

$$D_2: 3个人打网球，3个人不打网球 \quad\longrightarrow\quad D: 9个人打网球，3个人不打网球 \quad\longrightarrow\quad D_1: 6个人打网球$$

图 5-5 打网球案例图

节点 D 的基尼系数等于子节点 D_1 和 D_2 的归一化基尼系数之和，用公式表示为

$$\text{Gini}(D,A)=\frac{D_1}{D}\text{Gini}(D_1)+\frac{D_2}{D}\text{Gini}(D_2) \tag{5-3}$$

归一化基尼系数代表的是每个子节点的基尼系数乘以该节点占整体父亲节点 D 的比例。基于集合 D_1 和集合 D_2 的基尼系数，得到 Gini$(D_1)=0$，Gini$(D_2)=0.5$。

因此，在属性 A 的划分下，节点 D 的基尼系数为

$$\text{Gini}(D,A)=\frac{6}{12}\text{Gini}(D_1)+\frac{6}{12}\text{Gini}(D_2)=0.25 \tag{5-4}$$

节点 D 被属性 A 划分后的基尼系数越大，样本集合的不确定性越大，也就是不纯度越高。

CART 分类算法既可以做分类又可以做回归。但 CART 分类算法做特征分类决策的时候是由某一个特征决定的，而真实情况应该是由一组特征决定的，这样决策得到的决策树更加准确。

1. CART 分类树

CART 分类树实际上是基于基尼系数来做属性划分的。在 Python 的 scikit-learn 中，如果要创建 CART 分类树，可以直接使用 DecisionTreeClassifier 这个类。创建这个类的时候，默认情况下 criterion 这个参数等于 Gini，也就是按照基尼系数来选择属性划分，默认采用的是 CART 分类树。

2. CART 回归树

CART 回归树划分数据集的过程和分类树的过程是一样的，只是回归树得到的预测结果是连续值，但评判"不纯度"的指标不同。在 CART 分类树中是以基尼系数作为标准，在 CART 回归树中，要根据样本的混乱程度，即样本的离散程度来评价"不纯度"。

样本的离散程度具体的计算方法是先计算所有样本的均值，然后计算每个样本值到均值的差值。假设 x 为样本的个体，均值为 μ。为了统计样本的离散程度，可以取差值的绝对值或者方差。其中差值的绝对值为样本值减去样本均值的绝对值，即 $|x-\mu|$；方差为每个样本值减去样本均值的平方和除以样本个数，即 $s=\dfrac{1}{n}\sum (x-\mu)^2$。

因此，这两种节点划分的标准，分别对应着两种目标函数最优化的标准，即用最小绝对偏差(LAD)或者最小二乘偏差(LSD)。这两种方式都可以找到节点划分的方法，通常使用最小二乘偏差的情况更常见一些。

5.3　决策树剪枝

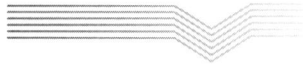

决策树剪枝

决策树构造出来之后，可能还需要进行剪枝。剪枝就是给决策树"瘦身"，这一步的目标是使决策树在使用过程中不需要太多的判断，同样可以得到不错的结果。剪枝就是指将决策树的某些中间节点下面的节点都删掉，留下来的中间决策节点作为叶子节点。剪枝的目的是防止过拟合现象的发生。

如果一个假设在训练数据上能够获得比其他假设更好的拟合，但是在测试集上，却不能很好地拟合数据，则此时认为这个假设出现了过拟合现象。

如果一个假设在训练数据上不能获得更好的拟合，并且在测试集上，也不能很好地拟合数据，则此时认为这个假设出现了欠拟合的现象。

决策树是充分考虑了所有的数据点而生成的复杂树，它在学习的过程中为了尽可能正确地分类训练样本，不停地对节点进行划分，因此这会导致整棵树的分支过多，造成决策树很庞大。决策树过于庞大，有可能出现过拟合的情况，决策树越复杂，过拟合的程度会越高。

为了避免过拟合，需要对决策树进行剪枝。

如果决策树选择的属性过多，构造出来的决策树一定能够"完美"地把训练集中的样本分类，但是这样就会把训练集中一些数据的特点当成所有数据的特点，但这个特点不一定是全部数据的特点，这就使得这个决策树在真实的数据分类中出现错误，也就是模型的"泛化能力"差。

泛化能力是指分类器通过训练集抽象出来的分类能力，即举一反三的能力。如果太依赖于训练集的数据，那么得到的决策树容错率就会比较低，泛化能力差。因为训练集只是全部数据的抽样，并不能体现全部数据的特点。

一般情况下，有两种剪枝策略——预剪枝和后剪枝。

（1）预剪枝（Pre-pruning）：在构造决策树的过程中，先对每个节点在划分前进行估计，如果当前节点的划分不能带来决策树模型泛化性能的提升，则不对当前节点进行划分，并且将当前节点标记为叶子节点。

预剪枝通过提前停止树的构建而对树剪枝，一旦停止，该节点就作为叶子节点了。

停止决策树生长最简单的方法有以下 4 种：

① 定义一个高度，当决策树达到该高度时就停止决策树的生长。

② 达到某个节点的实例具有相同的特征向量，即使这些实例不属于同一类，也可以停止决策树的生长。这个方法对于处理数据冲突问题比较有效。

③ 定义一个阈值，当达到某个节点的实例个数小于阈值时就可以停止决策树的生长。

④ 定义一个阈值，通过计算每次扩张对系统性能造成的增益，比较增益值与该阈值的大小，以此来决定是否停止决策树的生长。

预剪枝可总结为边构造边剪枝。

（2）后剪枝（Post-pruning）：先把整棵决策树构造完毕，然后自底向上对非叶子节点进行考察，若将该节点对应的子树换为叶子节点能够带来泛化性能的提升，则把该子树替换为叶子节点。

后剪枝可总结为构造完再剪枝。

技能实训

实训一　利用 scikit-learn 的决策树编写一个广告屏蔽程序

一、实训目的

（1）掌握构建决策树分类算法的方法。

（2）学会利用决策树解决生活中的相关问题。

二、实训内容

（1）尝试利用 scikit-learn 实现广告屏蔽。

（2）使用广告屏蔽程序预测网页上的图片是广告还是正常内容，对被确认是广告的图片通过调整 CSS 进行隐藏。

（3）用互联网广告数据集（Internet Advertisements Data Set）来实现分类器，数据集里包含了 3279 张图片。不过里面各类型的比例并不协调，其中 459 幅为广告图片，2820 幅为正常内容。决策树学习算法可以从比例并不协调的数据集中生成一个不平衡的决策树（Biased Tree）。在决定是否值得通过过抽样（Over-sampling）和欠抽样（Under-sampling）的方法平衡训练集之前，可用不相关的数据集对模型进行评估。

（4）用网格搜索来确定决策树模型最大最优评价效果（F1 score）的超参数，然后把决策树用在测试集进行效果评估。

三、实训设备

本实训所需设备为安装有 Windows 操作系统的计算机，并在模块 1 中已安装好 Anaconda 或 PyCharm 开发环境，且已安装 scikit-learn 和 Pandas 库。

四、实训步骤

步骤 1：读取数据文件。

代码如下：

```
import pandas as pd
from sklearn. tree import DecisionTreeClassifier
from sklearn. cross_validation import train_test_split
from sklearn. metrics import classification_report
from sklearn. pipeline import Pipeline
from sklearn. grid_search import GridSearchCV
import zipfile
#压缩节省空间
z = zipfile. ZipFile('mlslpic/ad. zip')    #数据集从本书配套材料里获取
df = pd. read_csv(z. open(z. namelist()[0]), header=None, low_memory=False)
explanatory_variable_columns = set(df. columns. values)
response_variable_column = df[len(df. columns. values)-1]
#最后一列表示目标
explanatory_variable_columns. remove(len(df. columns. values)-1)
y = [1 if e == 'ad. ' else 0 for e in response_variable_column]
X = df. loc[:, list(explanatory_variable_columns)]
```

步骤 2：切分数据。

把广告图片类型设为阳性，正文图片类型设为阴性。超过 1/4 的图片其宽度或高度的值不完整，可用空格和问号（?）的组合来表示，用正则表达式将这些值替换为 -1，方便计算。用交叉检验对训练集和测试集进行分割。代码如下：

```
X. replace(to_replace=' * \?', value=-1, regex=True, inplace=True)
X_train, X_test, y_train, y_test = train_test_split(X, y)
```

步骤 3：创建树。

上面已创建了 pipeline 和 DecisionTreeClassifier 类的实例，将 criterion 参数设置成 entropy，这样表示使用信息增益启发式算法建立决策树。

代码如下：

```
pipeline = Pipeline([
('clf', DecisionTreeClassifier(criterion='entropy'))
])
```

步骤 4：确定网格搜索的参数范围。

将 GridSearchCV 的搜索目标 scoring 设置为 f1。

代码如下：

```
parameters = {
    'clf__max_depth':(150, 155, 160),
    'clf__min_samples_split':(1, 2, 3),
    'clf__min_samples_leaf':(1, 2, 3)
}
```

步骤 5：输出最佳效果和最优参数。

代码如下：

```
grid_search = GridSearchCV(pipeline, parameters, n_jobs=-1, verbose=1, scoring='f1')
grid_search.fit(X_train, y_train)
print('最佳效果：%0.3f' % grid_search.best_score_)
print('最优参数：')
best_parameters = grid_search.best_estimator_.get_params()
for param_name in sorted(parameters.keys()):
    print('\t%s: %r' % (param_name, best_parameters[param_name]))
predictions = grid_search.predict(X_test)
print(classification_report(y_test, predictions))
```

运行结果如下：

```
[Parallel(n_jobs=-1)]: Done    1 jobs      | elapsed:    20.3s
[Parallel(n_jobs=-1)]: Done   50 jobs      | elapsed:    41.5s
[Parallel(n_jobs=-1)]: Done   75 out of  81 | elapsed:    51.4s remaining:    4.0s
[Parallel(n_jobs=-1)]: Done   81 out of  81 | elapsed:    53.1s finished
Fitting 3 folds for each of 27 candidates, totalling 81 fits
```

最佳效果：0.899

最优参数：

clf__max_depth: 160

clf__min_samples_leaf: 1

clf__min_samples_split: 3

	precision	recall	f1-score	support
0	0.97	0.98	0.98	709
1	0.88	0.83	0.86	111
avg / total	0.96	0.96	0.96	820

结果显示，这个分类器发现了测试集中 90% 的广告，真实的广告中有 88% 被分类器发现了，各位读者通过实验运行的数据结果可能会有不同。可以看出分类器的效果尚可。

实训二　利用 CART 分类算法创建分类树

一、实训目的

掌握构建决策树算法的方法。

二、实训内容

(1) 基于鸢尾花数据集及 CART 构建分类树。

(2) Iris 数据集是机器学习任务中常用的分类实验数据集，由 Fisher 在 1936 年收集整理，具体介绍见模块 4 的实训一。

三、实训设备

本实训所需设备为安装有 Windows 操作系统的计算机，并在模块 1 中已安装好 Anaconda 或 PyCharm 开发环境，且已安装 scikit-learn 库。

四、实训步骤

步骤 1：导入数据。

代码如下：

```
# encoding=utf-8
from sklearn. model_selection import train_test_split
from sklearn. metrics import accuracy_score
from sklearn. tree import DecisionTreeClassifier
from sklearn. datasets import load_iris
#导入数据
iris=load_iris()
```

步骤 2：把数据划分为测试集及训练集。

代码如下：

```
#获取特征集和分类标识
features = iris. data
labels = iris. target
#随机抽取 33% 的数据作为测试集，其余为训练集
train_features, test_features, train_labels, test_labels = train_test_split(features, labels,
test_size=0.33, random_state=0)
```

步骤 3：创建 CART 分类树。

代码如下：

```
#创建 CART 分类树
clf = DecisionTreeClassifier(criterion='gini')
#拟合构造 CART 分类树
clf = clf. fit(train_features, train_labels)
#用 CART 分类树做预测
test_predict = clf. predict(test_features)
```

```
# 预测结果与测试集结果作比对
score = accuracy_score(test_labels, test_predict)
print("CART 分类树准确率 %.4lf" % score)
```

运行结果如下:

```
CART 分类树准确率 0.9600
```

如果绘制决策树,可以使用工具,如 graphviz。

对于 CART 回归树的可视化,可以先在计算机上安装 graphviz,然后运行 pip install graphviz,这是安装 Python 的库,需要依赖前面安装的 graphviz。

步骤 4:绘制 CART 树。

代码如下:

```
from sklearn.tree import export_graphviz
import graphviz
# 参数是回归树模型名称,不输出文件
dot_data = export_graphviz(dtr, out_file=None)
graph = graphviz.Source(dot_data)
# render 方法会在同级目录下生成 Boston PDF 文件,内容就是回归树
graph.render('Boston')
```

实训三　实现 CART 回归树

一、实训目的

掌握构建回归树算法的方法。

二、实训内容

(1) 利用 scikit-learn 构建回归树。

(2) 利用 CART 回归树预测波士顿房价。

(3) 该数据集包含美国人口普查局收集的美国马萨诸塞州波士顿住房价格的有关信息,数据集很小,只有 506 个案例,数据集有 14 个属性。

三、实训设备

本实训所需设备为安装有 Windows 操作系统的计算机,并在模块 1 中已安装好 Anaconda 或 PyCharm 开发环境,且已安装 scikit-learn 库。

四、实验步骤

步骤 1:准备数据。

代码如下:

```
# encoding=utf-8
fromsklearn.metrics import mean_squared_error
fromsklearn.model_selection import train_test_split
fromsklearn.datasets import load_boston
```

```
fromsklearn. metrics import r2_score,mean_absolute_error,mean_squared_error
fromsklearn. tree import DecisionTreeRegressor
#准备数据
boston＝load_boston()
```

步骤 2：检索数据。

代码如下：

```
#检索数据
print(boston. feature_names)
#获取特征集和房价
features ＝ boston. data
prices ＝ boston. target
```

步骤 3：划分训练集及测试集。

代码如下：

```
#随机抽取 33％的数据作为测试集，其余为训练集
train_features, test_features, train_price, test_price ＝ train_test_split(features, prices, test_size＝0. 33)
```

步骤 4：创建 CART 回归树。

代码如下：

```
#创建 CART 回归树
dtr＝DecisionTreeRegressor()
#拟合构造 CART 回归树
dtr. fit(train_features, train_price)
#预测测试集中的房价
predict_price ＝ dtr. predict(test_features)
```

步骤 5：评估结果。

代码如下：

```
#测试集的评估结果
print('回归树二乘偏差均值：', mean_squared_error(test_price, predict_price))
print('回归树绝对值偏差均值：', mean_absolute_error(test_price, predict_price))
```

模块小结

　　本模块首先介绍了决策树分类算法相关基本原理，接着展开介绍了常用的 3 种决策树分类算法 ID3、C4.5 及 CART，并介绍了构建决策树的流程。在掌握了这些基础知识之后，利用 scikit-learn 的决策树编写了广告屏蔽程序，并利用 CART 分类算法构建了分类树和回归树，通过实训，加强了对决策树分类算法的理解。

重点知识树

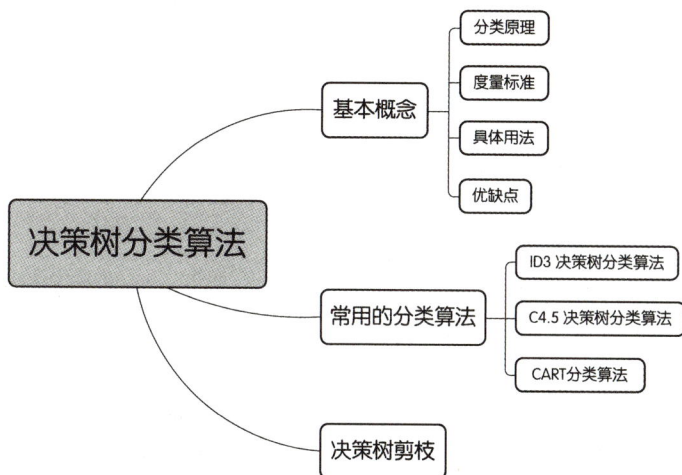

知识巩固

1. （单选）决策树的划分方式有（　　）。

A. 信息增益　　　　　　　　　B. 信息增益率

C. 基尼系数　　　　　　　　　D. 梯度下降

2. （填空）避免决策树过拟合的方法有_____和_____。

3. （简答）简述 C4.5 决策树分类算法的优缺点。

4. （单选）不可以直接用来对文本分类的是（　　）。

A. K-means　　　　　　　　　B. 决策树

C. 支持向量机　　　　　　　　D. KNN

5. （单选）决策树的父节点和子节点的熵的大小关系是（　　）。

A. 决策树的父节点更大　　　　B. 子节点的熵更大

C. 两者相等　　　　　　　　　D. 根据具体情况而定

6. （单选）如果在大型数据集上训练决策树，为了花费更少的时间来训练这个模型，
（　　）的做法是正确的。

A. 增加树的深度　　　　　　　B. 增加学习率

C. 减小树的深度　　　　　　　D. 减少树的数量

7. （单选）对于信息增益，决策树分裂节点，下面说法正确的是（　　）。

① 纯度高的节点需要更多的信息去区分

② 信息增益可以用"1 比特–熵"获得

③ 如果选择一个属性具有许多归类值，那么这个信息增益是有偏差的

A. ①　　　　　　　　　　　　　B. ②

C. ②和③　　　　　　　　　　　D. 以上所有

拓展实训

一、实训目的

以红酒数据集为例做决策树的可视化。

二、实训内容

（1）利用 CART 构建分类树。

（2）数据集介绍：红酒数据集一共有 1599 个样本，12 个特征：其中 11 个为红酒的理化性质，quality 为红酒的品质（10 分制）。

12 个特征字段，具体信息如下：

No	属性	数据类型	字段描述
1	fixed acidity	Numeric	非挥发性酸
2	volatile acidity	Numeric	挥发性酸
3	citric acid	Numeric	柠檬酸
4	residual sugar	Numeric	残糖
5	chlorides	Numeric	氯化物
6	free sulfur dioxide	Numeric	游离二氧化硫
7	total sulfur dioxide	Numeric	总二氧化硫
8	density	Numeric	密度
9	pH	Numeric	酸碱度
10	sulphates	Numeric	硫酸盐
11	alcohol	Numeric	酒精
12	quality (score between 0 and 10)	Numeric	葡萄酒质量（1～10 之间）

三、实训设备

本实训所需设备为安装有 Windows 操作系统的计算机，并在模块 1 中已安装好 Anaconda 或 PyCharm 开发环境，且已安装 scikit-learn 库。

模块 6

逻 辑 回 归

学习目标

知识目标

（1）学习逻辑回归的基础知识。
（2）对比线性回归与逻辑回归。
（3）掌握逻辑回归优化方法。

技能目标

（1）具备构建逻辑回归的基本能力。
（2）掌握使用 Python 进行逻辑回归的应用方法。

素养目标

（1）通过学习逻辑回归概述知识，提升学生对事物的辨识能力，使学生认识到事物的标签并非绝对，而是对一系列现象进行概率统计后的结果。
（2）通过学习逻辑回归原理，培养学生精益求精的做事风格。
（3）通过学习多项逻辑回归知识，培养学生不断挑战、追求卓越的精神。

　　线性回归的使用场景是回归，而本模块所讲解的逻辑回归（Logistic Regression）则用作分类。我们可以将回归理解为关系的找寻。回归分析是通过规定因变量和自变量，建立回归模型，根据实测数据来求解模型的各个参数，最终确定变量之间的因果关系。评价回归模型好坏的依据是看回归模型是否能够很好地拟合实测数据，如果能够很好地拟合，则说明回归模型可以根据自变量作进一步预测。典型的回归问题有广告费用与产品销售额的关系预测等。

　　回归和分类是两个相关联的概念。

　　回归是一种通过建立模型，使用已知变量预测未知结果的方法，其实施过程可理解为通过大量样本建立合理回归模型。例如，生物学家高尔顿在研究父母和孩子身高的遗传关系时，发现了一个直线方程：$y = 3.78 + 0.516x$。利用这个方程，可很好地拟合被调查父母的平均身高 x 和子女的平均身高 y 之间的关系。这个方程代表父母的平均身高每增加 1 个单位，其子女的平均身高只增加 0.516 个单位，由此可得到子女的平均身高的预测值。

　　分类是根据样本的特征，将样本划分到已有的类别中。本模块所讲的逻辑回归就是分类问题。通过对比线性回归与逻辑回归，可发现：线性回归解决的是回归问题，变量连续，因变量和自变量之间符合线性关系，变量关系表达直观；逻辑回归解决的是分类问题，变量离散，因变量和自变量之间不符合线性关系，变量关系无法直观表达。

6.1　逻辑回归概述

逻辑回归概述

　　与线性回归一样，逻辑回归的目的也是找到每个输入变量的权重系数；不同的是，逻辑回归的输出预测结果是通过逻辑函数的非线性函数变换而来的。

　　逻辑回归是一种分类分析，它是二分类问题的首选方法，有正向类和负向类，即 $y \in \{0, 1\}$，其中 0 代表负向类，1 代表正向类。当面对一个结果 y 只有两种可能取值的分类问题，如 y 只能为 0 或 1 时，若出现 $y > 1$ 或 $y < 0$ 的情况，就无法对结果进行归纳。它的本质是假设数据服从某个分布，然后使用最大似然估计法进行参数估计。逻辑回归因其实现简单、可并行化、可解释性强而深受工业界喜爱。

　　模块 3 中线性回归模型产生的预测值 $z = \boldsymbol{w}^{\mathrm{T}} \boldsymbol{x} + b$ 是一个任意实值，因此需将实值 z 转换为 0~1 的值。最理想的转换方法是使用单位阶跃函数（Unit-step Function）。假设有一个已经计算出来的实值 z 为 0.75，根据这个数可以判断最终预测值 y 的类别：

$$y = \begin{cases} 0, & z < 0 \\ 0.5, & z = 0 \\ 1, & z > 0 \end{cases} \qquad (6-1)$$

式 $(6-1)$ 表明：分类的阈值被设为 0，当 $z > 0$ 时，属于正向类；当 $z < 0$ 时，属于负向类；如果 $z = 0$，则可人为划分其类别（即人为规定其为正向类或负向类）。因为这里 $0.75 > 0$，所以输出值为 1。当然，阈值并不是固定的，可以设置为任意合理的数值。图 $6-1$ 为单位阶跃函数示意图，从图中可以看到，单位阶跃函数不连续，因此直接使用的效果并不好。因此，找到能在一定程度上近似单位阶跃函数的"替代函数"就显得尤为重要。

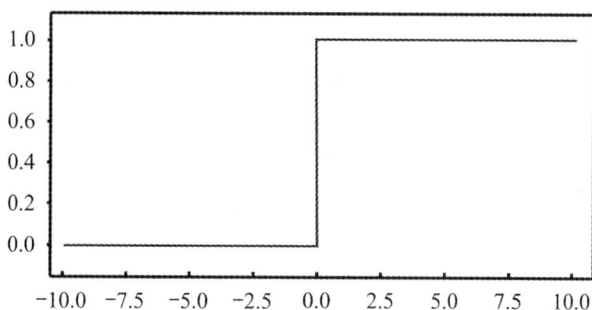

图 6-1　单位阶跃函数示意图

逻辑函数是由统计学家皮埃尔于 19 世纪发明的，它有很多名字，如在神经网络算法中称它为 Sigmoid 核函数，也有人称它为 Logistic 曲线，它是一个很好的 S 形曲线，如图 $6-2$ 所示。逻辑函数能很好地替代单位阶跃函数，其公式为

$$y = \frac{1}{1 + e^{-z}} \qquad (6-2)$$

逻辑函数会把任何值转换至 $0 \sim 1$ 区间内。将任何一个阈值应用于逻辑函数的输出，即可得到 $0 \sim 1$ 区间内的小数值（如将阈值设置为 0.5，如果函数值小于 0.5，则输出值为 0；如果函数值大于 0.5，则输出值为 1），并预测类别的值。

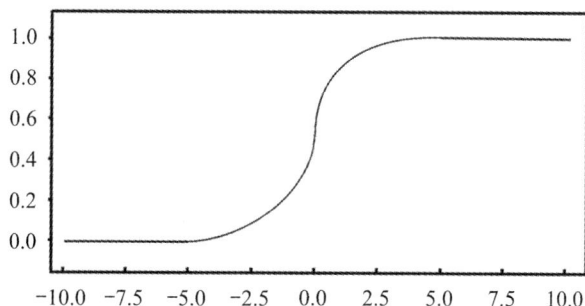

图 6-2　逻辑函数示意图

逻辑回归的预测结果也可以用于给定数据实例属于类 0 或类 1 的概率，这对于需要为

预测结果提供更多理论依据的问题非常有用。逻辑回归与线性回归类似，当删除与输出变量无关且相似（相关）度很高的属性后，逻辑回归的效果更好。逻辑回归模型学习速度快，对二分类问题十分有效。

逻辑回归是当前业界比较常用的机器学习方法，它与多元线性回归同属一个家族，即广义线性回归模型。

6.2　逻辑回归原理

逻辑回归原理

逻辑回归常用于处理二分类问题，用来表示某件事情发生的可能性。其常见应用包括分析银行信用卡欺诈可能性（是欺诈消费/不是欺诈消费）、下雨的可能性（下雨/不下雨）、购买一件商品的可能性（买/不买）、广告被点击的可能性（点击/不点击）等。

逻辑回归的本质是假设数据服从某个分布（如 Logistic 分布），使用最大似然估计进行参数估计。Logistic 分布是一种连续型的概率分布，其分布函数和密度函数分别为

$$F(x) = P(X \leqslant x) = \frac{1}{1 + e^{-(x-\mu)/\gamma}} \tag{6-3a}$$

$$f(x) = F'(X \leqslant x) = \frac{e^{-(x-\mu)/\gamma}}{\gamma(1 + e^{-(x-\mu)/\gamma})^2} \tag{6-3b}$$

其中，μ 表示位置参数，$\gamma > 0$ 为形状参数。图 6-3 是公式（6-3）的图像特征。

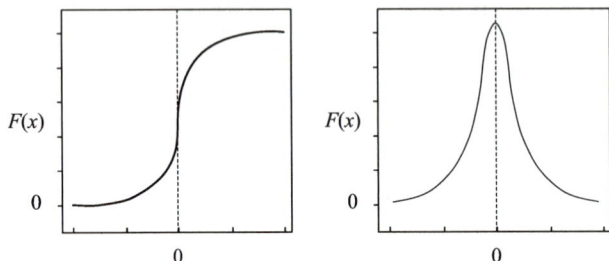

图 6-3　公式（6-3）的图像特征

Logistic 分布是由其位置和尺度参数定义的连续分布，其形状与正态分布的形状相似，但是 Logistic 分布的尾部更长。可以使用 Logistic 分布来建模，模型具有比正态分布更长的尾部和更高波峰的数据分布。在深度学习中常用到的 Sigmoid 核函数就是 Logistic 分布函数在 $\mu = 0$，$\gamma = 1$ 时的特殊形式。

6.2.1　逻辑回归模型

逻辑回归主要用于分类问题，这里以二分类问题为例介绍逻辑回归模型。对于所给数据集，假设存在一条直线可以将数据完成线性分类，决策边界为 $w_1 x_1 + w_2 x_2 + b = 0$，假设某个样本点为 $h_w(\boldsymbol{x}) = w_1 x_1 + w_2 x_2 + b > 0$，那么可以判断它的类别为 1，这个过程由感

知机实现(感知机是一个专门解决线性可分问题的线性分类器)。逻辑回归相对于感知机还需要加一层,它要找到分类概率 $P(y=1)$ 与输入向量 $\boldsymbol{x}$ 的直接关系,然后通过比较概率值来判断类别。

对于二分类问题,给定数据集 $D=(x_1,y_1),(x_2,y_2),\cdots,(x_N,y_N),x_i\subseteq\mathbf{R}^n,y_i\in0,1$,$i=1,2,\cdots,N$。考虑到 $\boldsymbol{w}^{\mathrm{T}}\boldsymbol{x}+b$ 的取值是连续的,因此 $\boldsymbol{w}^{\mathrm{T}}\boldsymbol{x}+b$ 的取值不能拟合离散变量,可以用来拟合条件概率 $P(y=1|\boldsymbol{x})$,因为概率的取值也是连续的。但对于 $\boldsymbol{w}\neq\boldsymbol{0}$(若等于零向量,则没有求解价值),$\boldsymbol{w}^{\mathrm{T}}\boldsymbol{x}+b$ 取值为 $\mathbf{R}^n$,不符合概率取值 $0\sim1$,因此考虑采用广义线性模型。

对逻辑函数 $y=\dfrac{1}{1+\mathrm{e}^{-z}}$ 求导,可得 $\ln\dfrac{y}{1-y}=\boldsymbol{w}^{\mathrm{T}}\boldsymbol{x}+b$。如果我们将 y 视为 $\boldsymbol{x}$ 为正例的概率,则 $1-y$ 是 $\boldsymbol{x}$ 为反例的概率。两者的比值称为对数概率(odds),指该事件发生与不发生的概率比值。若事件发生的概率为 p,则对数概率 $\ln(\mathrm{odds})=\ln\dfrac{y}{1-y}$。

将 y 视为类后验概率估计,基于对数概率函数及逻辑函数求导得

$$\boldsymbol{w}^{\mathrm{T}}\boldsymbol{x}+b=\ln\frac{P(y=1\mid\boldsymbol{x})}{1-P(y=1\mid\boldsymbol{x})} \tag{6-4}$$

其中,$P(y=1|\boldsymbol{x})=\dfrac{1}{1+\mathrm{e}^{-(\boldsymbol{w}^{\mathrm{T}}\boldsymbol{x}+b)}}$。由公式(6-4)得出,输出 $y=1$ 的对数概率是由输入 $\boldsymbol{x}$ 的线性函数表示的模型,这就是逻辑回归模型。当 $\boldsymbol{w}^{\mathrm{T}}\boldsymbol{x}+b$ 的值越接近正无穷时,$P(y=1|\boldsymbol{x})$ 的概率值也就越接近 1。因此,逻辑回归的思路为:拟合决策边界(不局限于线性,可以是多项式),再建立这个边界与分类的概率联系,从而得到二分类情况下的概率。

通过上述推导可以看出,逻辑回归实际上是使用线性回归模型的预测值逼近分类任务真实标记的对数概率,其优点如下:

(1)直接对分类的概率建模,无须实现假设数据分布,从而避免了假设分布不准确带来的问题。

(2)不仅可预测类别,还能得到该预测的概率,对一些利用概率辅助决策的任务很有用。

(3)对数概率函数是任意阶可导的凸函数,许多数值优化算法都可以求出最优解。

6.2.2 逻辑回归学习策略

逻辑回归模型的数学形式确定后,下一步就是求解模型中的参数。在统计学中,常常使用最大似然估计法来求解,即寻找一组参数,使得在这组参数下数据的似然度(概率)最大。基于概率论可得

$$\begin{cases}P(y=1\mid\boldsymbol{x})=p(\boldsymbol{x})\\P(y=0\mid\boldsymbol{x})=1-p(\boldsymbol{x})\end{cases} \tag{6-5}$$

似然函数为

$$L(\boldsymbol{w})=\prod\left[p(x_i)^{y_i}\right]\left[1-p(x_i)^{1-y_i}\right] \tag{6-6}$$

为方便求解,对等式两边同取对数,写成对数似然函数:

$$L(\boldsymbol{w}) = \sum \left[y_i \ln p(x_i) + (1-y_i)\ln(1-p(x_i)) \right]$$
$$= \sum \left[y_i \ln \frac{p(x_i)}{1-p(x_i)} + \ln(1-p(x_i)) \right] \qquad (6-7)$$

机器学习中的损失函数主要用于衡量模型预测错误的程度。如果取整个数据集上的平均对数似然损失，则可得

$$J(\boldsymbol{w}) = -\frac{1}{N}\ln L(\boldsymbol{w}) \qquad (6-8)$$

即在逻辑回归模型中，最大化似然函数和最小化损失函数实际上是等价的。

逻辑回归的主要目标是找到一个方向，采用使得参数朝这个方向移动之后损失函数的值能够减小这一策略，学习到逻辑回归模型的参数。

6.2.3　逻辑回归优化算法

求解逻辑回归的方法非常多，本小节主要介绍两种求解方法，即梯度下降法和牛顿法。

逻辑回归的损失函数为

$$J(\boldsymbol{w}) = -\frac{1}{n}\sum_{i=1}^{n}\left[y_i \ln p(x_i) + (1-y_i)\ln(1-p(x_i)) \right] \qquad (6-9)$$

梯度下降法的基本思路是：通过 $J(\boldsymbol{w})$ 对 $\boldsymbol{w}$ 的一阶导数来寻找下降方向，并且以迭代的方式来更新参数。牛顿法的基本思路是：在现有极小点估计值的附近对 $f(\boldsymbol{x})$ 做二阶泰勒展开，进而找到极小点的下一个估计值（这个方法需要目标函数是二阶连续可微的）。

除求解逻辑回归外，为保证模型拟合效果好，还需要避免出现过拟合现象。正则化方法可避免过拟合。正则化是一个通用的思想，所有会产生过拟合现象的算法都可以使用正则化来避免过拟合。在经验风险最小化（也就是训练误差最小化）的基础上，尽可能采用简单的模型，这样可以有效提高泛化预测精度。如果模型过于复杂，变量值稍有变动，就会引起预测精度问题。正则化方法降低了特征的权重，使得模型更为简单。

正则化一般会采用 L1 范式或者 L2 范式，其形式分别为 $\phi(\boldsymbol{w}) = \|\boldsymbol{x}\|_1$ 和 $\phi(\boldsymbol{w}) = \|\boldsymbol{x}\|_2$。L1 正则化采用线性回归，相当于为模型添加了这样一个先验知识：$\boldsymbol{w}$ 服从零均值拉普拉斯分布。拉普拉斯分布公式为

$$f(\boldsymbol{w} \mid \boldsymbol{\mu},b) = \frac{1}{2b}\exp\left(-\frac{|\boldsymbol{w}-\boldsymbol{\mu}|}{b}\right) \qquad (6-10)$$

由于引入了先验知识，故似然函数为

$$L(w_j) = P(y \mid w_j,x_i)P(w_j) = \prod_{i=1}^{N} p(x_i)^{y_i}(1-p(x_i))^{1-y_i}\prod_{j=1}^{d}\frac{1}{2b}\exp\left(-\frac{|w_j|}{b}\right) \quad (6-11)$$

取对数后再取相反数，得到目标函数：

$$-\ln L(w_j) = -\sum_i \left[y_i \ln p(x_i) + (1-y_i)\ln(1-p(x_i)) \right] + \frac{1}{2b^2}\sum_j |w_j|$$
$$= L'(w_j) + \lambda \sum_j |w_j| \qquad (6-12)$$

相当于在原始损失函数 $L'(w_j)$ 的后面加上了 L1 正则化项。因此，L1 正则化的本质是为模型增加了"模型参数服从零均值拉普拉斯分布"这一先验知识。

L2 正则化采用 Ridge 回归,相当于为模型添加了一个先验知识:w 服从零均值正态分布。正态分布公式为

$$f(\boldsymbol{w} \mid \mu, \sigma) = \frac{1}{\sqrt{2\pi}\sigma}\exp\left(-\frac{(\boldsymbol{w}-\mu)^2}{2\sigma^2}\right) \tag{6-13}$$

由于引入了先验知识,故似然函数可写成

$$L(w_i) = P(y_i \mid w_i, x_i)P(w_i) = \prod_{i=1}^{N} p(x_i)^{y_i}(1-p(x_i))^{1-y_i} \prod_{j=1}^{d} \frac{1}{\sqrt{2\pi}\sigma}\exp\left(-\frac{w_j^2}{2\sigma^2}\right) \tag{6-14}$$

取对数后再取相反数,得到目标函数:

$$-\ln L(\boldsymbol{w}) = -\sum_i \left[y_i\ln p(x_i) + (1-y_i)\ln(1-p(x_i))\right] + \frac{1}{2\sigma^2}\boldsymbol{w}^{\mathrm{T}}\boldsymbol{w}$$
$$= L'(\boldsymbol{w}) + \lambda \boldsymbol{w}^{\mathrm{T}}\boldsymbol{w} \tag{6-15}$$

相当于原始的损失函数 $L'(\boldsymbol{w})$ 后面加上了 L2 正则化项。因此,L2 正则化的本质是为模型增加了"模型参数服从零均值正态分布"这一先验知识。

从上面的分析中可以看到,L1 正则化增加了所有权重参数 w_j 的绝对值之和,逼迫更多的权重参数 w_j 接近零,L1 变得更稀疏(L2 的导数也趋于零,但趋于零的速度不如 L1)。稀疏规则能实现特征的自动选择。一般来说,大部分特征 x_i 都是与最终的输出 y_i 没有关系或者不提供任何信息的。在最小化目标函数的时候考虑 x_i 这些额外的特征,虽然可以获得更小的训练误差,但在预测新的样本时,这些无用的特征权重会被考虑,从而干扰了对正确 y_i 的预测。L1 正则化的引入就是为了完成特征自动选择,它会学习去掉无用的特征,把这些特征对应的权重置为 0。

L2 正则化中增加了所有权重参数 w_j 的平方之和,逼迫所有权重参数尽可能趋于零但不为零(L2 的导数趋于零)。因为在未加入 L2 正则化发生过拟合时,拟合函数需要顾忌每一个点,最终形成的拟合函数波动很大,在某些很小的区间里,函数值的变化很剧烈,这意味着某些 w_j 值非常大。L2 正则化的加入则惩罚了权重变大的趋势。

综上所述,加入正则化项,在最小化经验误差的情况下,可以得到更简单(趋向于 0)的解。在经验风险最小化(也就是训练误差最小化)的基础上,尽可能采用简单的模型,以此提高泛化预测精度。因此,加入正则化项是使结构风险最小化的一种方式。

6.3 多项逻辑回归

当 y 只有两个选项时,可使用二元逻辑回归;当 y 有 3 个或更多个选项时,应使用多项逻辑回归。

二元及多项逻辑回归,都是研究 x 对 y 的影响,其区别在于因变量 y 上。逻辑回归时,因变量 y 是看成定类数据的,如果 y 为二元(即选项只有两个),则使用二元逻辑回归;如果 y 是多个类别且类别之间无法进行程度或者大小对比,则使用多项逻辑回归;如果 y 是多个类别,且类别之间可以对比程度或大小(也称为定量数据,或者有序定类数据),则使用有序逻辑回归。

多项逻辑回归的难点在于因变量为类别数据，研究 x 对 y 的影响时，不能说越如何越如何，如不能说越在意手机外观越愿意购买 A 手机，而只能说相对 B 手机来说，对于手机外观越在意，越愿意购买 A 手机。这就是类别数据的特点，一定是相对某某而言的。这就导致了多项逻辑回归分析时，文字分析的难度加大。

解决多分类问题时，可把 Sigmoid 核函数换成 Softmax 核函数，以适用于多分类场景。Softmax 回归是逻辑回归在多分类的推广，相应的模型也可以称为多项逻辑回归（Multinomial Logistic Regression）。Softmax 函数为

$$P(y = i \mid \boldsymbol{x}, \boldsymbol{\theta}_i) = \frac{e^{\boldsymbol{\theta}_i^{\mathrm{T}} x}}{\sum_i^K e^{\boldsymbol{\theta}_i^{\mathrm{T}} x}} \tag{6-16}$$

当 K 为 2 时，Softmax 的多分类则与 Sigmoid 的二分类一致。逻辑回归本质上是一个线性模型，但这并不意味着只有线性可分的数据能通过逻辑回归求解。实践中，以下两种方式有助于实现逻辑回归：

（1）使用特殊核函数或进行特征变换，将数据从低维空间转换到高维空间，可增加数据在高维空间中线性可分的可能性。

（2）扩展逻辑回归算法，提出因子分解计算法。

在工业界，通常不直接将连续特征（如年龄特征）作为逻辑回归模型的输入，而是通过独热编码（One-hot Encoding）将连续特征离散化为一系列 0、1 数值型特征后交给逻辑回归。

独热编码会使数据变得稀疏。对于每个特征，如果它有 m 个可能取值，那么经过独热编码后，该特征将转化为 m 个二元特征，并且这些特征互斥，每次只有一个特征会被激活，从而使数据变得稀疏。独热编码带来的另一个问题是特征空间变大。以淘宝上的商品类目为例，将商品类目进行独热编码后，样本空间由一个分类数据变为了百万维的数值特征，导致特征空间急剧扩大。大数据里的特征维度经常高达上亿，就是这个原因。

既然数据维度已经如此庞大，为何还要利用逻辑回归对连续数值特征进行离散化？原因主要有以下几个：

（1）离散特征的增加和减少都很容易，易于模型的快速迭代。

（2）稀疏向量内积乘法运算速度快，计算结果方便存储，容易扩展。

（3）离散化后的特征对异常数据有很强的鲁棒性。例如，一个特征是年龄＞30 为 1，否则为 0。若未进行离散化，则一个异常数据"年龄 300 岁"会给模型造成很大的干扰。

（4）逻辑回归属于广义线性模型，其表达能力受限。当将单变量离散化为 N 个后，每个变量会有单独的权重，相当于为模型引入了非线性，能够提升模型的表达能力，加大拟合。

（5）离散化后可以进行特征交叉，将 $M+N$ 个变量转化为 $M \times N$ 个变量，进一步引入非线性，提升模型的表达能力。

（6）特征离散化后，模型会更稳定。例如，如果对用户年龄进行离散化，将 20 ～ 30 岁作为一个区间，则不会因为一个用户年龄长了一岁就得到一个完全不同的模型。

（7）特征离散化简化了逻辑回归模型，降低了模型过拟合的风险。模型是使用离散特征还是连续特征，其实是一个"海量离散特征＋简单模型"同"少量连续特征＋复杂模型"的权衡问题。

技能实训

使用逻辑回归处理鸢尾花数据。

实训　对鸢尾花数据进行逻辑回归

对鸢尾花数据
进行逻辑回归

一、实训目的

（1）掌握逻辑回归原理。

（2）利用 scikit-learn 实现逻辑回归分类。

二、实训内容

（1）对两种鸢尾花进行分类。

（2）观察鸢尾花的两个特征：花瓣个数和直径大小，构建一个自动分类器，让算法可以根据这两个特征识别出当前的鸢尾花属于哪个类别。

（3）了解鸢尾花数据集。具体内容参考模块 4 的实训一。

（4）了解 LogisticRegression 类的各项参数及常用方法。

scikit-learn 中 LogisticRegression 类的各项参数如下：

```
class scikit-learn. linear_model. LogisticRegression(penalty='l2',
            dual=False, tol=0. 0001, C=1. 0, fit_intercept=True,
            intercept_scaling=1, class_weight=None,
            random_state=None, solver='liblinear', max_iter=100,
            multi_class='ovr', verbose=0, warm_start=False, n_jobs=1)
```

各参数解释如下：

① penalty='l2'：用来指定惩罚的基准（正则化参数），字符串可为'l1'或'l2'，默认为'l2'。只有'l2'支持 newton-cg、sag 和 lbfgs 这 3 种算法。

如果选择'l2'，则 solver 参数可以选择 liblinear、newton-cg、sag 和 lbfgs 这 4 种算法；如果选择'l1'，则只能用 liblinear 算法。

② dual=False：用来指定使用对偶方法还是原始方法。dual 只适用于正则化项为 l2 的 liblinear 的情况，通常在样本数大于特征数的情况下，默认为 False。

③ C=1.0：C 为正则化系数 λ 的倒数，必须为正数，默认为 1。此处的 C 和 SVM 中的 C 一样，值越小，代表正则化程度越强。

④ fit_intercept=True：是否存在截距，默认存在。

⑤ intercept_scaling=1：仅在正则化项为 liblinear 且 fit_intercept 设置为 True 时有用。

⑥ solver='liblinear'：solver 参数决定了我们对逻辑回归损失函数的优化方法。针对它的优化有 4 种算法可以选择，具体如下：

- liblinear：使用了开源的 liblinear 库实现，内部使用了坐标轴下降法来迭代优化损失函数。

· lbfgs：牛顿法的一种，利用损失函数二阶导数矩阵即海森矩阵来迭代优化损失函数。

· newton-cg：也是牛顿法的一种，利用损失函数二阶导数矩阵即海森矩阵来迭代优化损失函数。

· sag：随机平均梯度下降，是梯度下降法的变种，和普通梯度下降法的区别是每次迭代仅用一部分的样本来计算梯度，适用于样本数据多的时候。

从上面的描述可以看出，newton-cg、lbfgs 和 sag 这 3 种优化算法都需要损失函数的一阶或者二阶连续导数，因此它们不能用于没有连续导数的 L1 正则化，只能用于 L2 正则化。而 liblinear 可用于 L1 正则化和 L2 正则化。

同时，sag 每次仅使用了部分样本进行梯度迭代，所以当样本量少时不要选择它。如果样本量非常大，如大于 10 万，则 sag 是第一选择。但是 sag 不能用于 L1 正则化，所以当我们面对的是大量的样本且需要 L1 正则化时应做取舍，或者通过样本采样来降低样本量，或者考虑使用 L2 正则化。

liblinear 也有自己的弱点。逻辑回归有二元逻辑回归和多项逻辑回归。多项逻辑回归常见的有 one-vs-rest(ovr) 和 many-vs-many(mvm) 两种。mvm 一般比 ovr 分类相对准确一些。而 liblinear 只支持 ovr，不支持 mvm。如果需要相对精确的多项逻辑回归，就不能选择 liblinear。这也说明在进行相对精确的多项逻辑回归时不能使用 L1 正则化。

⑦ multi_class='ovr'：分类方式。

⑧ class_weight=None：类型权重参数，用于标示分类模型中各种类型的权重。默认不输入，即所有的分类的权重一样。可以选择'balanced'，自动根据 y 值计算类型权重；也可以自己设置权重，格式为{class_label：weight}。例如，对于 0、1 分类的二元模型，设置 class_weight={0：0.9，1：0.1}，表示类型 0 的权重为 90%，而类型 1 的权重为 10%。

⑨ random_state=None：随机数种子，默认值为 None，仅在正则化优化算法为 sag、liblinear 时有用。

⑩ max_iter=100：算法收敛的最大迭代次数。

⑪ tol=0.0001：迭代终止判据的误差范围。

⑫ verbose=0：日志冗长度，int 类型。取值为 0 时，表示不输出训练过程；取值 1 时，表示偶尔输出；取值>1 时，表示对每个子模型都输出。

⑬ warm_start=False：是否热启动，如果是，则下一次训练是以追加树的形式进行（重新使用上一次的调用作为初始化）；布尔型，默认为 False。

⑭ n_jobs=1：并行数，int 类型。当它的值为 -1 时，表示和 CPU 核数一致；当它的值为 1 时，表示默认值。

LogisticRegression 类是一种用于解决二分类问题的类，它的常用方法如下：

```
fit(X，y，sample_weight=None)
fit_transform(X，y=None，**fit_params)
predict(X)
predict_proba(X)
score(X，y，sample_weight=None)
```

参数解释如下：

① fit(X，y，sample_weight＝None)：用来拟合模型，训练 LR 分类器，其中 X 是训练样本，y 是对应的标记向量，返回对象 self。

② fit_transform(X，y＝None，＊＊fit_params)：是 fit 与 transform 的结合，先进行 fit 操作，后进行 transform 操作，返回 X_new：Numpy 矩阵。

③ predict(X)：用来预测样本，也就是分类，X 是测试集，返回 array。

④ predict_proba(X)：用来输出分类概率，返回每种类别的概率，按照分类类别顺序给出。如果是多分类问题，multi_class＝"multinomial"，则会给出样本对于每种类别的概率，返回 array-like。

⑤ score(X,y,sample_weight＝None)：返回给定测试集的平均准确率(Mean Accuracy)，浮点型数值。对于多分类问题，返回每个类别的准确率组成的哈希矩阵。

三、实训设备

本实训所需设备为安装有 Windows 操作系统的计算机，并在模块 1 中已安装好 Anaconda 或 PyCharm 开发环境，且已安装 scikit-learn 和 Numpy 库。

四、实训步骤

步骤 1：导入包。

代码如下：

```
import numpy as np
from sklearn import linear_model, datasets
from sklearn. cross_validation import train_test_split
#加载数据
iris = datasets. load_iris()
X = iris. data[:，:2]　#使用前两个特征
Y = iris. target
#np. unique(Y)　# out: array([0，1，2])
```

步骤 2：拆分数据集。

代码如下：

```
#拆分测试集、训练集
X_train, X_test, Y_train, Y_test = train_test_split(X, Y, test_size=0.3, random_state=0)
#设置随机数种子，以便比较结果
```

步骤 3：标准化特征值。

代码如下：

```
#标准化特征值
from sklearn. preprocessing import StandardScaler
sc = StandardScaler()
sc. fit(X_train)
X_train_std = sc. transform(X_train)
X_test_std = sc. transform(X_test)
```

步骤 4：训练逻辑回归模型。

代码如下：

```
# 训练逻辑回归模型
logreg = linear_model. LogisticRegression(C=1e5)
logreg. fit(X_train，Y_train)
```

步骤 5：预测。

代码如下：

```
# 预测
prepro = logreg. predict_proba(X_test_std)
acc = logreg. score(X_test_std，Y_test)
```

此实训中数据量小，结果准确率只有 0.7。

模块小结

本模块首先介绍了线性回归的基本概念，接着讲述了逻辑回归与线性回归的关系及区别，并讨论了如何利用逻辑回归进行分类。在掌握了这些基础知识之后，通过利用 scikit-learn 实现鸢尾花数据集的分类的技能实训内容加强读者对逻辑回归的理解。

重点知识树

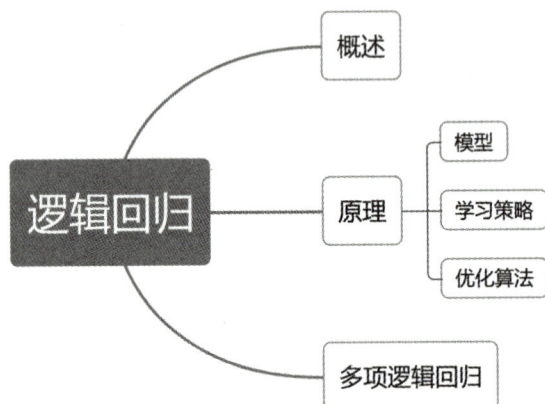

知识巩固

1.（单选）一般来说，常用来预测连续独立变量的方法是（　　）。

A. 线性回归　　　　　　　　　B. 逻辑回归

C. 线性回归和逻辑回归　　　　D. 以上说法都不对

2．(填空)逻辑回归使用_____和_____方法进行求解。

3．(简答)简述逻辑回归的优缺点。

4．(判断)一般来说，回归不用在分类问题上，但也有特殊情况，逻辑回归可以用来解决 0/1 分类问题。(　　　)

5．(判断)逻辑回归的目的就是提高二分类的效率。(　　　)

6．(判断)逻辑回归的因变量可以是二分类的，也可以是多分类的，但是二分类的更为常用，也更加容易解释，所以实际中最常用的就是二分类的逻辑回归。(　　　)

拓展实训

一、实训目的

(1) 掌握逻辑回归的原理。

(2) 利用 scikit-learn 实现分类。

二、实训内容

(1) 随机生成 100 个样本点。

(2) 每个样本点需具备 2 个数值型特征，即 x_1 和 x_2，分类的种数为 2 种，即 0 和 1。

(3) 利用该数据集及逻辑回归实现分类效果。

三、实训设备

本实训所需设备为安装有 Windows 操作系统的计算机，并在模块 1 中已安装好 Anaconda 或 PyCharm 开发环境，且已安装 scikit-learn 库。

模块 7

支 持 向 量 机

学习目标

知识目标

（1）学习支持向量机的基础知识。

（2）学习不同情形下的支持向量机。

技能目标

（1）具备构建支持向量机的基本能力。

（2）掌握使用 Python 进行支持向量机分类应用的方法。

素养目标

（1）通过学习支持向量机的基础知识，培养学生在错综复杂的环境中对事物的分辨能力。

（2）通过学习不同情形下的支持向量机，培养学生因地制宜、具体问题具体分析的能力。

　　要了解支持向量机(Support Vector Machine，SVM)存在的意义，我们首先从下面二维数据集的例子开始学习。

　　在图 7-1 的数据集中，用圆点表示负类，用加号表示正类。假设现在要用一条直线将正类和负类完全分开，显然会有无穷多个解，有无限条直线可以完全分开正类和负类。图 7-2 显示了其中一条可以完全区分两类的直线。图 7-2 中的 Decision Boundary 是决策边界，在决策边界右边的点被分类为正类，在决策边界左边的点被分类为负类。既然有无限条直线可以区分数据集中的两类，那是否有一个标准能够度量决策边界的优劣，从而在无穷多个直线当中选择一个最好的作为决策边界，区分未知的点呢？这就是 SVM 存在的意义，SVM 可以用来度量决策边界的优劣。

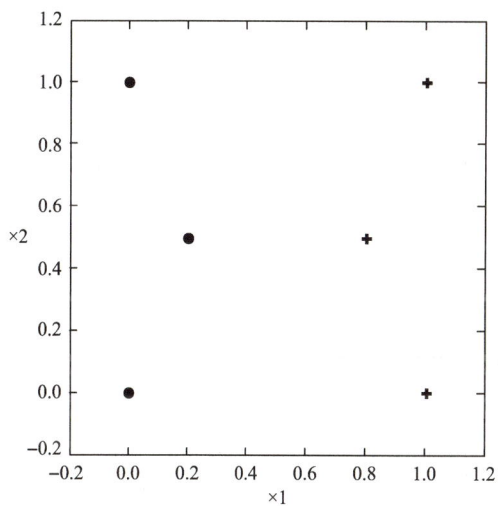

图 7-1　数据集

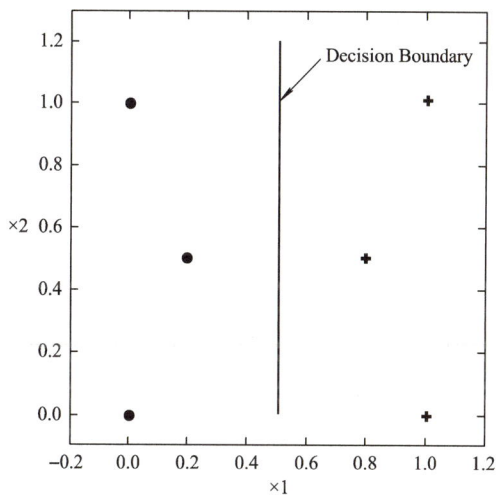

图 7-2　数据切分

　　上述例子是比较简单的线性可分的情况。线性可分指的是可以用一条直线将两类数据点完全分开。实际上很多分类问题是属于线性不可分的，如图 7-3 所示。

　　图 7-3 中圆形的点是正类数据点，三角形的点是负类数据点。通过观察可知，它们之间的界限是很分明的，用图中的"圆圈"可以把它们完全分开。但"圆圈"在二维空间里无法用线性函数表示，也就是说这些数据集在二维空间里线性不可分，因此线性 SVM 无法在这些数据集上良好工作。但若将图 7-3 中那些正负类的数据点映射到三维空间中，并且依据不同的类别赋予它们不一样的高度值——Z 轴取值(如图 7-4 所示)，那么就能解决上述问题。

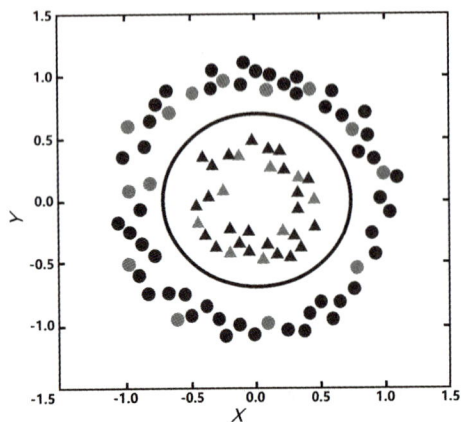

图 7-3　线性不可分图

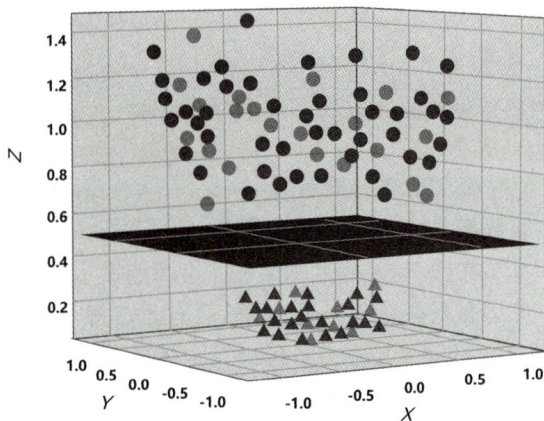

图 7-4　映射到高维空间

知识准备

7.1　支持向量机的基础知识

支持向量机的
基础知识

　　SVM 是一种二分类模型，其基本模型定义为特征空间上间隔最大的线性分类器。其学习策略是间隔最大化，最终可转化为一个凸二次规划问题的求解。在 SVM 中有三个非常重要的概念：最大间隔、高维映射和核函数。

　　1. 最大间隔

　　SVM 说到底就是一种"线性分类器"，它以"间隔"作为损失的度量，目标通过不断调整多维的"直线"——超平面，使得间隔最大化。所谓支持向量，就是所有数据点中直接参与计算使得间隔最大化的几个数据点，这是 SVM 的得名由来，也是 SVM 的全部核心算法。

　　2. 高维映射

　　高维映射的核心就是通过映射，把线性不可分的数据变成线性可分，具体来说就是增加维度，如把原本排成一条直线的正负数据点"掰弯"，或者给原本平铺在同一平面上互相包围的正负数据点添加一个"漏勺"，也就是加了一维高度值，使得非线性分布出现了线性可分的差异，从而最终达到分离正负类的目的，实现用线性分类器对非线性可分数据点进行分类的效果。

　　3. 核函数

　　核函数不是一种函数，而是一类功能性函数。能够在 SVM 中完成高维映射这种功能的函数都称为核函数。也就是说，只要数学函数满足要求，就都可以被用作核函数。核函数的最根本的目的就是完成高维映射，具体需要完成两项工作：一是增加空间的维度；二是完成对现有数据从原空间到高维空间的映射。

在 SVM 中以"间隔"作为损失函数，SVM 的学习过程就是使得间隔最大化的过程。而 SVM 对间隔的定义其实非常简单，就是作为支持向量的点到超平面的距离的和，这里的距离就是最常见的几何距离。一般用 $wx+b$ 来表示超平面，点到三维平面的距离有现成的公式可以使用：

$$d = \frac{|Ax_0 + Bx_1 + Cx_2 + D|}{\sqrt{A^2 + B^2 + C^2}} \qquad (7-1)$$

类似地，对于点到 N 维超平面的距离 γ，可以用以下公式计算：

$$\gamma_i = \frac{\boldsymbol{w}^{\mathrm{T}}\boldsymbol{x}_i + b}{\|\boldsymbol{w}\|} \qquad (7-2)$$

其中，被除数 $\boldsymbol{w}^{\mathrm{T}}\boldsymbol{x}^i + b$ 是超平面的表达式，除数 $\|\boldsymbol{w}\|$ 就是 L2 范式的简略写法。点到 N 维超平面的距离的公式计算很简单，形式上与点到三维平面的公式类似，其实当 $\boldsymbol{w}$ 是三维向量时，二者就是等价的。SVM 就使用公式（7-2）来计算点到超平面的距离。

高维映射实际上也是一种函数映射，在 SVM 中，通常采用 ϕ 来表示这个将数据映射到高维空间的函数，向量 $\boldsymbol{x}_i$ 经过高维映射后就变成了 $\phi(\boldsymbol{x}_i)$，这时超平面的表达式也就相应变成了 $\boldsymbol{w}^{\mathrm{T}}\phi(\boldsymbol{x}_i)+b$。此时，计算间隔最大化计算就映射成为高维的 $\phi(\boldsymbol{x}_i)^{\mathrm{T}}\phi(\boldsymbol{x}_j)$ 内积运算，高维内积运算量明显增加，这会导致运算效率明显下降。

通过观察，在间隔最大化的运算中只使用了高维向量内积运算的结果，而没有单独使用高维向量，或者说，如果能较为简单地求出高维向量的内积，同样可以满足求解间隔最大化的条件。为此，假设存在函数 K，能满足以下条件：

$$K(\boldsymbol{x}_i, \boldsymbol{x}_j) = \langle \phi(\boldsymbol{x}_i)^{\mathrm{T}} \cdot \phi(\boldsymbol{x}_j) \rangle = \phi(\boldsymbol{x}_i)^{\mathrm{T}}\phi(\boldsymbol{x}_j) \qquad (7-3)$$

这里的函数 K 就是前面提到的核函数。有了核函数，所有涉及 $\phi(\boldsymbol{x}_i)^{\mathrm{T}}\phi(\boldsymbol{x}_j)$ 的内积运算都可以通过 $K(\boldsymbol{x}_i, \boldsymbol{x}_j)$ 简单求出。

核函数一般和应用场景相关，在不同领域所应用的核函数可能也不相同。常用的核函数有线性核函数、多项式核函数、高斯核函数、拉普拉斯核函数和 sigmoid 核函数，本书重点讲解前 3 个。

线性核函数是最简单的核函数，使用时无须指定参数，直接计算两个输入向量的内积。经过线性核函数转换的样本，特征空间与输入空间重合，相当于没有将样本映射到更高维度的空间中，它直接计算两个输入特征向量的内积。线性核函数简单高效，结果易解释，总能生成一个最简洁的线性分割超平面；缺点是只适用线性可分的数据集。

多项式核函数是一个不平稳的核，适用于数据做了归一化的情况。通过多项式来作为特征映射函数，可以拟合出复杂的分割超平面，缺点是参数太多。多项式的阶数不宜太高，否则会给模型求解带来困难。

高斯核函数会将输入空间的样本以非线性的方式映射到更高维度的空间（特征空间）中，因此它可以处理类标签和样本属性之间处于非线性关系的状况。

7.2　不同情形下的支持向量机

不同情形下的
支持向量机

7.2.1　线性可分下的支持向量机

　　线性可分 SVM 支持向量机学习的训练数据是线性可分的，可以很清晰地在特征向量空间里分成正类和负类。线性可分 SVM 正负类之间的间隔称为"硬间隔"，也就是说在这个"隔离带"里面，肯定不会出现任何训练数据点，这种情况在现实生活中很少见，如图 7-5 所示。若没有圆圈里那两个点，则可以分割成如图 7-6 所示的状态。

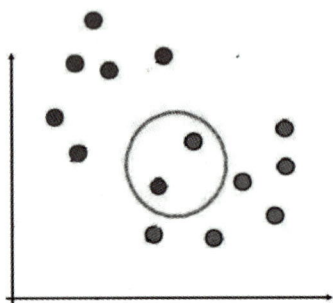

图 7-5　分割图 1

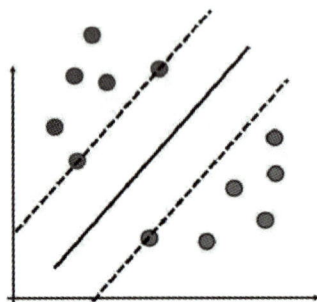

图 7-6　分割图 2

　　若多了圆圈中的两个点，则无法找到分割超平面，如图 7-7 所示。

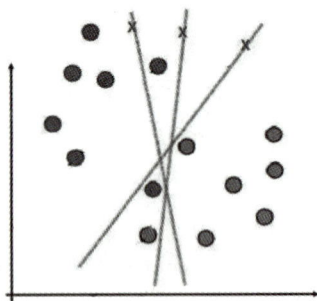

图 7-7　分割图 3

　　对于文本分类这样的不适定问题(有一个以上解的问题称为不适定问题)，需要有一个指标来衡量解决方案的好坏，而分类间隔是一个比较好的指标。

　　在进行文本分类的时候，每一个样本由一个向量(指那些文本特征所组成的向量)和一个标记(标示出这个样本属于哪个类别)组成。如 $d_i = (\boldsymbol{x}_i, y_i)$，$\boldsymbol{x}_i$ 是文本向量(维数很高)，y_i 是分类标记。在二元线性分类中，这个表示分类的标记只有两个值：1 和 -1(用来表示属于还是不属于这个类)。有了这种表示法，就可以定义一个样本点到某个超平面的间隔，即

$$\gamma_i = y_i(\boldsymbol{w}^{\mathrm{T}} \boldsymbol{x}_i + b) \qquad\qquad (7-4)$$

通过计算 $\frac{1}{2} \parallel \boldsymbol{w} \parallel_2^2$ 的最小值就可以求解间隔最大值，从而做好文本分类。

7.2.2 线性不可分下的支持向量机

上述小节学习的函数间隔和几何间隔都是在说样本完全线性可分或者大部分样本点线性可分，但在实际工作中会碰到的一种情况就是样本点不是线性可分的，如图 7-8 所示。图 7-8 所述的数据集是用一些圆圈加上了少量的噪声生成的，所以一个理想的分界应该是一个"圆圈"而不是一条线（超平面）。这种情况的解决方法是将二维线性不可分样本映射到高维空间中，让样本点在高维空间线性可分，如图 7-4 所示。

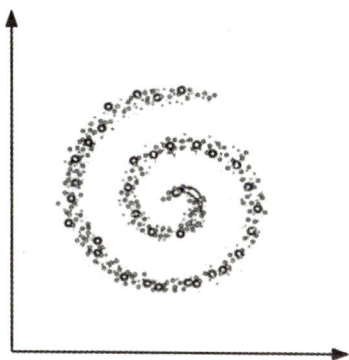

图 7-8 线性不可分

这样一来前面所出现的问题便解决了，常规做法为：拿到非线性数据，寻找一个映射，把原来的数据映射到新空间中，再做线性 SVM 即可。在最初的例子里，对一个二维空间做映射，选择的新空间是原始空间的所有一阶和二阶的组合，得到了 5 个维度；如果原始空间是三维（一阶、二阶和三阶的组合），那么会得到 19 维的新空间，这个数目是呈指数级爆炸性增长的，计算量非常大，而且如果遇到无穷维的情况，就无法计算了，这个时候就要用到核函数来处理。

7.2.3 非线性支持向量机

假设你是一个农场主，圈养了一批牛群（cows），但为预防狼群（wolves）袭击牛群，需要搭建一个篱笆将牛群围起来。此时，你很可能需要依据牛群和狼群的位置建立一个"分类器"，比较图 7-9 这几种不同的分类器，可以看到 SVM 生成了一个很完美的解决方案。

这个例子简单说明了 SVM 使用非线性分类器的优势，而逻辑模式以及决策树模式都是使用了直线方法。

非线性 SVM 可分隔超平面，对于在有限维度向量空间中线性不可分的样本，将其映射到更高维度的向量空间中，再通过间隔最大化的方式，学习得到支持向量机。将样本映射到的这个更高维度的新空间称为特征空间。如果是理想状态，样本从原始空间映射到特征空间后直接就成为线性可分的，那么重点在于理解硬间隔最大化。但一般的情况没有那么理想，因此还是按照软间隔最大化，在特征空间中学习 SVM。

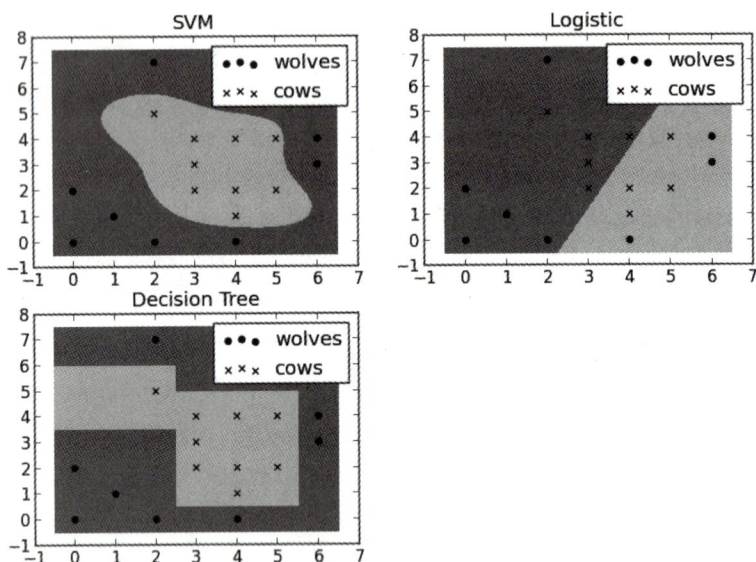

图 7-9　分类器案例

7.2.4　多分类支持向量机

SVM 分类算法最初只用于解决二分类问题，缺乏处理多分类问题的能力。后来随着需求的变化，需要 SVM 处理多分类问题。目前构造多分类 SVM 分类器的方法主要有两类：一类是同时考虑所有分类的方法；另一类是组合二分类器解决多分类问题。

第一类方法的主要思想是在优化公式的同时考虑所有的类别数据，J. Weston 和 C. Watkins 提出的"K-Class 多分类算法"就属于这一类方法。该算法在经典的 SVM 理论的基础上，重新构造多分类类型，同时考虑多个类别，然后将问题也转化为解决二次规划 (Quadratic Programming，QP) 问题，从而实现多分类。该算法由于涉及的变量繁多，选取的目标函数复杂，实现起来比较困难，计算复杂度高。

第二类方法的基本思想是通过组合多个二分类器实现对多分类器的构造，常见的构造方法有"一对一" (One-against-One) 和"一对其余" (One-against-Rest) 两种。其中"一对一"方法需要对 n 类数据集两两组合，构建 $n(n-1)/2$ 个 SVM，每个 SVM 训练两种不同类别的数据，最后分类的时候采取"投票"的方式决定分类结果。"一对其余"方法对 n 分类问题构建 n 个 SVM，每个 SVM 负责区分本类数据和非本类数据。该分类器为每个类构造一个 SVM，第 k 个 SVM 在第 k 类和其余 $n-1$ 个类之间构造一个超平面，最后结果由输出离分界面距离 $wx+b$ 最大的那个 SVM 决定。

7.2.5　支持向量回归机

SVM 本身是针对二分类问题提出的，而 SVR (支持向量回归) 是 SVM 中的一个重要的应用分支。SVR 回归与 SVM 分类的区别在于：SVR 的样本点最终只有一类，它所寻求的最优超平面不是 SVM 那样使两类或多类样本点分得"最开"，而是使所有的样本点离超平面的总偏差最小；SVM 是要使到超平面最近的样本点的"距离"最大，SVR 则是要使到超平面最远的样本点的"距离"最小。

回归就像寻找一堆数据的内在关系。不论这堆数据由几种类别组成，都能得到一个公式，然后拟合这些数据，当给出一个新的坐标值时，能够求得一个新的值。所以对于 SVR，就是求得一个面或者一个函数，可以把所有数据拟合了（就是指所有的数据点，不管属于哪一类，数据点到这个面或者函数的距离最近）。

在统计上的理解：使得所有的数据的类内方差最小，把所有的类的数据看作一个类。传统的回归方法当且仅当回归 $f(x)$ 完全等于 y 时才认为是预测正确，需计算其损失；而 SVR 则认为只要是 $f(x)$ 与 y 偏离程度不要太大，即可认为预测正确，不用计算损失。具体的就是设置一个阈值 ε，只计算 $|f(x)-y|>\varepsilon$ 的数据点的损失。图 7-10 中 SVR 表示只要在虚线内部的值都可认为是预测正确，只需计算虚线外部的值的损失即可。

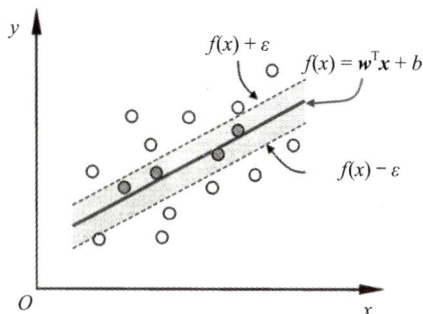

图 7-10　SVR 超平面示意图

在实际的 SVR 应用时所用到的方法以 scikit-learn 中的为例，参数设置如下：

scikit-learn. svm. SVR(kernel＝'rbf', degree＝3, gamma＝'auto_deprecated', coef0＝0.0, tol＝0.001, C＝1.0, epsilon＝0.1, shrinking＝True, cache_size＝200, verbose＝False, max_iter＝−1)

注意：训练集、特征集的不同以及参数的值的变化，都会导致所得到的结果不同。

技能实训

实训一　线性 SVM

线性 SVM

一、实验目的

（1）了解支持向量机的相关知识。

（2）学习 scikit-learn 机器学习库的基本使用。

二、实训内容

利用 scikit-learn 实现线性可分 SVM 分类。

在 scikit-learn 中，封装好各种机器学习的库，其中就包含 SVM 算法，其调用代码如下：

```
import sklearn. svm as svm
model = svm.SVC(C=1.0,
kernel='rbf',
degree=3,
gamma='auto',
coef0=0.0,
shrinking=True,
probability=False,
tol=0.001,
cache_size=200, c
lass_weight=None,
verbose=False,
max_iter=-1,
decision_function_shape=None,
random_state=None)
```

各参数说明如下：

① C：SVM 的惩罚参数，默认值是 1.0。C 值越大，对误分类的惩罚增大，趋向于对训练集完全分对的情况，这样对训练集测试时准确率很高，但泛化能力弱。C 值越小，对误分类的惩罚就会越小，允许容错，将它们当成噪声点，泛化能力较强。

关于松弛变量，在大多数情况下，数据并不是完美的线性可分数据，可能会存在少量的点出现在分类超平面的另外一侧。开发者希望尽量保证将这些点进行正确分类，同时又保证分类面与两类数据点有足够大的几何间隔。在这种情况下，为每一个数据点加上一个松弛变量，允许有小的误差存在。在加入松弛变量后，在目标函数中加入相应的惩罚参数 C，对这个松弛变量起到一个监督克制的作用。两者的关系，有点类似道家的阴阳制衡的关系，此消彼长。

② kernel：核函数，默认值是'rbf'，可以是'linear'、'poly'、'rbf'、'sigmoid'或'pre-computed'。

• linear：线性分类器（C 越大分类效果越好，但有可能会过拟合，即 default C=1）。

• poly：多项式分类器。

• rbf：高斯模型分类器（gamma 值越小，分类界面越连续；gamma 值越大，分类界面越"散"，分类效果越好，但有可能会过拟合）。

• sigmoid：sigmoid 核函数。

③ degree：多项式 poly 函数的维度，默认值是 3，选择其他核函数时会被忽略。

④ gamma：'rbf'、'poly'和'sigmoid'的核函数参数，默认值是'auto'。如果 gamma 值是'auto'，那么实际系数是 $1/\text{n\_features}$。

⑤ coef0：核函数中的独立项。它只在'poly'和'sigmoid'中很重要。

⑥ shrinking：是否采用 shrinking heuristic 方法（收缩启发式），默认值为 True。

⑦ probability：是否启用概率估计。必须在调用 fit 之前启用它，并且会减慢该方法的速度。默认值为 False。

⑧ tol：停止训练的误差值大小，默认值为 0.001。

⑨ cache_size：核函数 cache 缓存大小，默认值为 200。

⑩ class_weight：类别的权重，字典形式传递。设置第几类的参数 C 为 weight×C（C-SVC 中的 C）。

⑪ verbose：允许冗余输出。

⑫ max_iter：最大迭代次数。若值为"−1"，则表示无限制。

⑬ decision_function_shape：可取值为 ovo、ovr 或 None，默认值是 ovr。

⑭ random_state：伪随机数发生器的种子值，可选参数，默认值为 None。

三、实训设备

安装有 Windows 操作系统的计算机，并在模块 1 中已安装好 Anaconda 或 PyCharm 工作环境，且已安装 Numpy、Matplotlib 和 scikit-learn 库。

四、实训步骤

步骤 1：导入包。

代码如下：

```
import numpy as np
import matplotlib.pyplot as plt
from sklearn import svm
%Matplotlib inline
```

步骤 2：加载数据。

代码如下：

```
def loadDataSet():
    dataMat = [[3.542485,1.977398],
               [3.018896,2.556416],
               [7.551510,−1.580030],
               [2.114999,−0.004466],
               [8.127113,1.274372]]
    labelMat = [−1,−1,1,−1,1]
    return dataMat,labelMat
```

步骤 3：为样本和类别赋值。

代码如下：

```
X,Y = loadDataSet()
X = np.mat(X)
```

步骤 4：拟合一个 SVM 模型。

代码如下：

```
clf = svm.SVC(kernel='linear')
clf.fit(X,Y)
```

输出：

```
SVC(C=1.0, cache_size=200, class_weight=None, coef0=0.0,
    decision_function_shape='ovr', degree=3, gamma='auto_deprecated',
    kernel='linear', max_iter=−1, probability=False, random_state=None,
    shrinking=True, tol=0.001, verbose=False)
```

步骤 5：获得支持向量。

如果是二分类任务，则第一个支持向量和最后一个支持向量肯定为不同的类别。

代码如下：

```
clf. support_vectors_
```

输出：

```
array([[ 3.542485,  1.977398],
       [ 7.55151 , −1.58003 ],
       [ 8.127113,  1.274372]])
```

步骤 6：获得支持向量的索引。

代码如下：

```
clf. support_
```

输出：

```
array([0,2,4])
```

步骤 7：为每一个类别获得支持向量的数量。

代码如下：

```
clf. n_support_
```

输出：

```
array([1,2])
```

步骤 8：获取分割超平面法向量值。

代码如下：

```
w = clf. coef_[0]
print(w)
b = clf. intercept_[0]
print(b)
```

输出：

```
[ 0.42314995 −0.0853665 ]
−2.3302333935392263
```

在指定区间返回 50 个均匀间隔的数字，为画图做准备，此步骤可理解为设置 x 轴坐标间隔和范围，主要目的是画"支持向量线"和"超平面分隔线"，因为划线时 a×x＋b 除了上述计算出的 a 和 b 外，还需知道 x 的值，这里 x 的取值对模型无影响，可取任意值(只对画出的图是否好看有影响)。

步骤 9：通过支持向量绘制分隔超平面。

代码如下：

```
xx = np. linspace(−2,10)
yy = −(w[0] * xx + b) / w[1]    #根据一个维度的值可以计算出另一个维度的值
#直线斜率
a = −w[0] / w[1]
```

```
#选择第一个类别的支持向量,并计算 y 值
x_1 = clf.support_vectors_[0]
yy_dowm = a * (xx — x_1[0]) + x_1[1]
#选择另一个类别的支持向量,并计算 y 值
x_2 = clf.support_vectors_[—1]
yy_up = a * (xx - x_2[0]) + x_2[1]
```

步骤 10：绘制模型。

代码如下：

```
#绘制超平面及支持向量
plt.plot(xx, yy, 'r—')
plt.plot(xx, yy_dowm, 'k——')
plt.plot(xx, yy_up, 'k——')
#将数据集上的点绘制到模型图中
plt.scatter([X[:, 0]], [X[:, 1]], c='b', s=80, cmap=plt.cm.Paired)
#绘制支持向量上的点
plt.scatter(clf.support_vectors_[:,0], clf.support_vectors_[:,1], s=80, c='g')
plt.show()
```

该实训输出结果如图 7 - 11 所示。

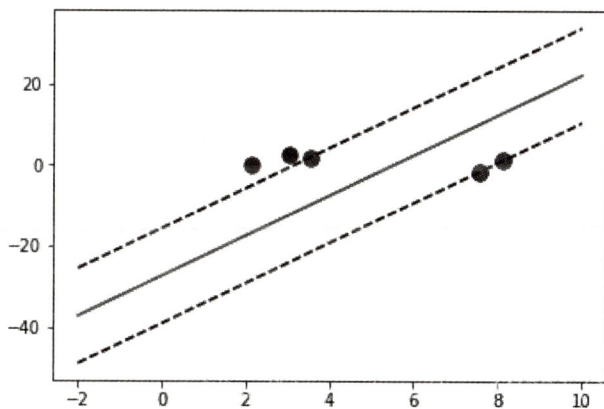

图 7 - 11 模型结果图

实训二 非线性 SVM

一、实验目的

(1) 了解支持向量机的相关知识。

(2) 学习 scikit-learn 机器学习库的基本使用。

二、实训内容

使用具有 RBF 内核的非线性 SVM 进行分类，要预测的目标为数据集的标签 target。

本次实验所用的数据选用 scikit-learn. datasets 自带的鸢尾花 Iris 数据集，具体介绍如模块 4 的实训一。

三、实训设备

本实训所需设备为安装有 Windows 操作系统的计算机，并在模块 1 中已安装好 Anaconda 或 PyCharm 开发环境，且已安装 Numpy、Matplotlib 和 scikit-learn 库。

四、实训步骤

步骤 1：导入包。

代码如下：

```python
import numpy as np
import matplotlib. pyplot as plt
from sklearn import datasets    ＃导入数据集
from matplotlib. colors import ListedColormap
from sklearn import svm    ＃ sklearn 自带 SVM 分类器
＃设置颜色
cmap_light = ListedColormap(['＃FFAAAA', '＃AAFFAA', '＃AAAAFF'])
cmap_bold = ListedColormap(['＃FF0000', '＃00FF00', '＃0000FF'])
```

步骤 2：导入数据。

代码如下：

```python
＃导入鸢尾花(Iris)数据集
iris = datasets. load_iris()
X = iris. data[:, 0:2]    ＃取数据集前两列特征向量
Y = iris. target    ＃取数据集的标签(鸢尾花类型)
```

步骤 3：创建 SVM。

代码如下：

```python
clf = svm. NuSVC()    ＃ 创建 SVM 分类器
clf. fit(X, Y)    ＃ 拟合数据
＃设置 X、Y 轴
x_min, x_max = X[:, 0]. min() − 1, X[:, 0]. max() + 1
y_min, y_max = X[:, 1]. min() − 1, X[:, 1]. max() + 1
xx, yy = np. meshgrid(np. arange(x_min, x_max), np. arange(y_min, y_max))
```

步骤 4：绘制决策函数。

代码如下：

```python
＃绘制网格上每个数据点的决策函数
Z = clf. predict(np. c_[xx. ravel(), yy. ravel()])
Z = Z. reshape(xx. shape)
plt. pcolormesh(xx, yy, Z, cmap = cmap_light)
plt. scatter(X[:, 0], X[:, 1], c = Y, cmap = cmap_bold, edgecolors = 'k', s = 30)
```

步骤 5：绘图。

代码如下：

```
plt. xlim(xx. min(), xx. max())
plt. ylim(yy. min(), yy. max())
plt. show()
```

该实训的输出结果如图 7 - 12 所示。

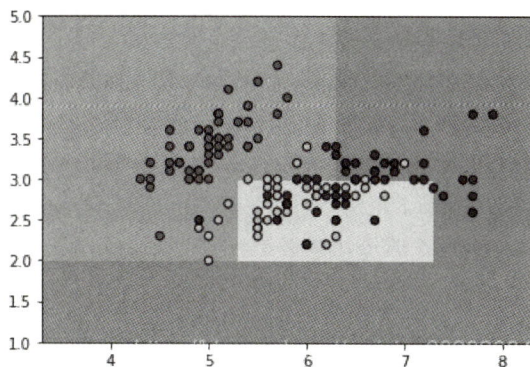

图 7 - 12　非线性结果图

模块小结

本模块首先介绍了 SVM 的基本知识，接着介绍了线性可分及线性不可分情况的处理方法，以及如何控制维度、防止维度爆炸。在掌握了这些基础知识之后，可通过利用 scikit-learn 实现线性 SVM 和非线性 SVM 分类的技能实训内容加强读者对 SVM 的理解。

重点知识树

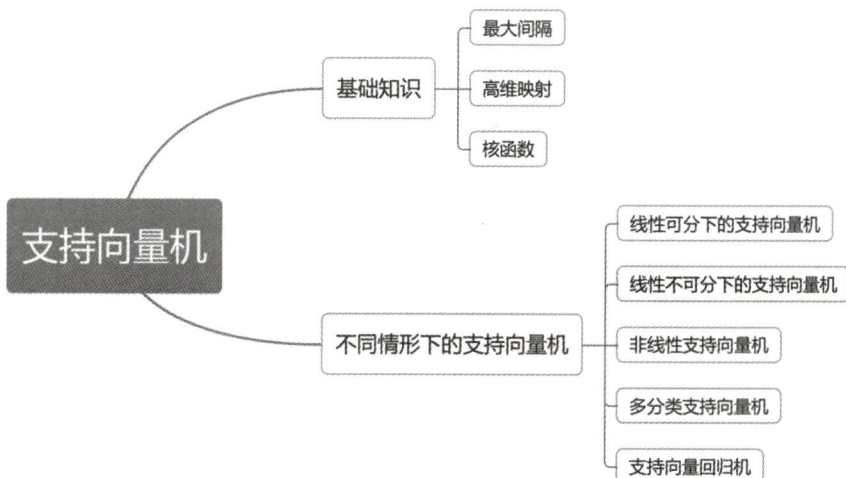

知识巩固

1.（多选）（　　）是常见的核函数。

A. 多项式核函数　　　　　　　　B. 高斯核函数

C. 线性核函数　　　　　　　　　D. Sigmoid 核函数

2.（填空）间隔就是指决策面与任意训练数据点之间的最＿＿＿＿距离。

3.（简答）什么是支持向量机？

4.（简答）SVM 与 SVR 的区别是什么？

拓展实训

一、实验目的

（1）了解支持向量机的相关知识。

（2）学习 scikit-learn 机器学习库的基本使用。

二、实训内容

随机生成一组数据，数据格式为(x_1,x_2)，同时数据划分为两类，分别为 0 和 1。使用以上随机生成的数据训练支持向量机模型，得到最优的超平面，输出模型参数 w 和 b，并预测新出现的样本属于哪个类别。

三、实训设备

本实训所需设备为安装有 Windows 操作系统的计算机，并在模块 1 中已安装好 Anaconda 或 PyCharm 开发环境，且已安装 scikit-learn 库。

模块 8

聚　　类

▶ 知识目标

（1）学习聚类的概念。
（2）学习聚类算法的分类知识。
（3）了解 K-means 聚类、层次聚类等基础知识。

▶ 技能目标

（1）掌握 K-means 聚类过程和原理。
（2）掌握层次聚类的过程和原理。
（3）掌握密度聚类的过程和原理。

▶ 素养目标

（1）通过学习聚类知识，锻炼学生对抽象问题的分析和理解能力，同时培养学生处理细节问题的严谨态度。

（2）通过学习 K-means 聚类知识，引导学生以平常心看待身边事物，既要有承受失败的勇气，也要有尽最大努力去达到目标的决心。

（3）通过学习层次聚类和密度聚类知识，锻炼学生解决复杂问题的能力，并培养其严谨的工作作风。

情境引入

在前面的学习中，都是使用有监督的数据集训练模型，但这不是机器学习唯一的方法。机器学习除了有监督学习之外，还有一个大类为无监督学习。实际上，在现实的生产环境中，大量数据处于没有标注的状态，要使这些数据发挥作用，就必须使用无监督学习。在无监督学习中最为经典的问题就是聚类(Clustering)问题，用于解决聚类问题的算法一般都称为聚类算法。

在商业上，聚类算法能帮助市场分析人员从客户基本库中发现不同的客户群。在生物学上，聚类能用于对植物和动物进行分类、对基因进行分类，获得对种群中固有结构的认识。聚类也能用于对 Web 上的文档进行分类。

知识准备

在自然科学和社会科学中，存在着大量的分类问题。聚类分析又称群分析，它是研究(样品或指标)分类问题的一种统计分析方法。聚类分析起源于分类学，但是聚类不等于分类。聚类与分类的不同在于，聚类所要求划分的类是未知的。聚类分析的内容非常丰富，有系统聚类法、有序样品聚类法、动态聚类法、模糊聚类法、图论聚类法、聚类预报法等。

8.1　聚 类 概 述

无监督学习算法

归纳所有关于聚类的定义，会总结出这样一条："组织一组具备相似特征的对象。"聚类本身是一种无监督学习方法，这就表示它预先没有用来学习的训练集。

8.1.1　聚类算法简介

聚类基础

聚类就是按照某个特定标准(如距离准则)把一个数据集分割成不同的类或簇，使得同一个簇内的数据对象的相似性尽可能大，同时不在同一个簇中的数据对象的差异性也尽可能大。如图 8-1(a)所示，起初所有点的特征无明显差别，聚类后如图 8-1(b)所示，同一类的点尽可能聚集到一起，不同点尽量分离(按照不同聚类别将圆点替换为不同画法)。因此，聚类算法常用于离群点检测、用户画像、市场细分、价值评估、业务推荐等场景。

如何实现相似性计算和聚类效果评估呢？这里需要引入两个重要的分析指标，性能度量和距离计算。

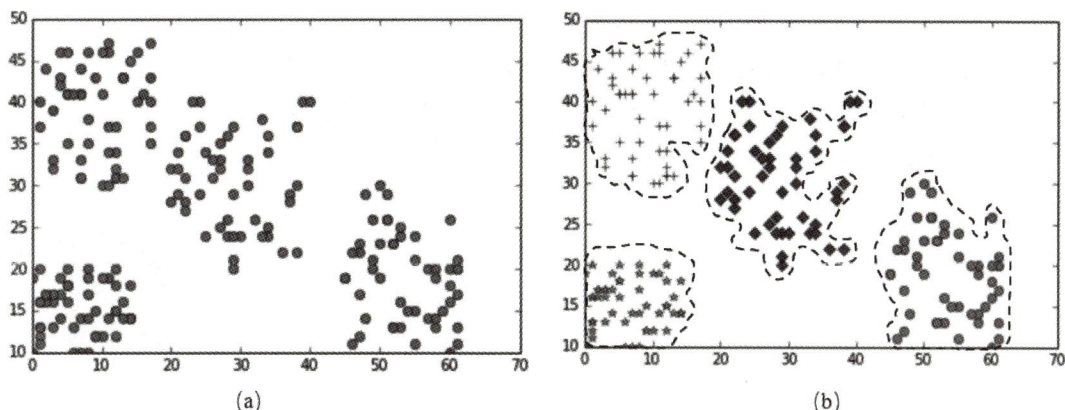

图 8-1 聚类分析

8.1.2 性能度量和距离计算

性能度量是衡量聚类效果的重要指标,一般分为外部指标和内部指标两种。外部指标是指将聚类结果与某个"参考模型"进行比较,如依据业务专家给出的划分结果对聚类结果进行评价。内部指标是指直接考察聚类结果,不利用任何参考模型。

距离计算是衡量对象相似性最重要的参数,基于所处理问题的不同,距离计算采用的方法也有一定的差异。常用的距离度量方法包括欧几里得距离(简称欧氏距离)和余弦相似度,两者都用来评定个体间差异的大小。

欧氏距离会受指标不同单位刻度的影响,需要先对数据进行标准化,在聚类问题中,如果两个样本点的欧氏距离越大,则两者差异越大。对于两个具有 n 个维度的向量 X、Y,它们之间的欧氏距离 $d(X,Y)$ 为

$$d(X,Y) = \sqrt{(x_1 - y_1)^2 + (x_2 - y_2)^2 + \cdots + (x_n - y_n)^2} \tag{8-1}$$

式(8-1)中,$x_1, x_2, \cdots, x_n$ 分别表示向量 X 的各个维度的数值,$y_1, y_2, \cdots, y_n$ 分别表示向量 Y 的各个维度的数值。

余弦相似度是用空间中两个向量的夹角来判断这两个向量的相似程度。两个向量夹角越大,距离越远,最大距离就是当两个向量夹角为 180° 时的距离;夹角越小,距离越近,最小距离就是两个向量夹角为 0° 时的距离,即完全重合。余弦相似度不会受指标刻度的影响,余弦值落于区间 $[-1,1]$。余弦相似度值越大,差异越小。如 $\cos(X,Y) = \dfrac{X \times Y}{\sqrt{X^2 + Y^2}}$,表示两个 n 维向量 X 和 Y 的余弦相似度。

欧几里得距离多用在数值计算、文本相似度和向量相似度分析场景,而在实际应用场景中不同聚类算法在原理层面存在较大的差异性。

8.1.3 聚类算法的分类

在实际应用过程中,依据聚类思想的不同,可以将聚类算法分为基于原型聚类(Prototype-based Clustering）、基于层次聚类（Hierarchical Clustering）、基于密度聚类（Density-based Clustering）等几大类。每一类的代表算法具体如下：

- 基于原型聚类：K-means 算法、K-Mediods 算法。
- 基于层次聚类：Hierarchical Clustering 算法、BIRCH 算法。
- 基于密度聚类：DBSCAN 算法。

8.2　K-means 聚类

K-means 聚类

原型聚类亦称基于原型的聚类，"原型"是指样本空间中具有代表性的点。此类算法假设聚类结构能通过一组原型刻画，在现实聚类任务中极为常用。通常情形下，算法先对原型进行初始化，然后对原型进行迭代更新求解。采用不同的原型表示、不同的求解方式，将产生不同的算法。本节所要介绍的 K-means 聚类算法就是著名的原型聚类算法之一。

8.2.1　K-means 聚类过程和原理

K-均值聚类（K-means）算法的主要作用是将相似的样本自动归到一个类别中。其主要思想是在给定 K 值和 K 个初始类簇中心点的情况下，把每个点（亦即数据记录）分到离其最近的类簇中心点所代表的类簇中。所有点分配完毕之后，根据一个类簇内的所有点重新计算该类簇的中心点（取平均值），然后再迭代地进行分配点和更新类簇中心点的步骤，直至类簇中心点的变化很小，或者达到指定的迭代次数。

给定样本集 $C = \{x_1, x_2, \cdots, x_n\}$，其中每个对象都具有 m 个维度的属性。K-means 算法的目标是将 n 个对象依据对象间的相似性聚集到指定的 K 个类簇中，每个对象属于且仅属于一个其到类簇中心距离最小的类簇中。对于 K-means，首先需要初始化 K 个聚类中心 $\{C_1, C_2, \cdots, C_K\}$，其中 $1 < K \leqslant n$，然后计算每一个对象到每一个聚类中心的欧氏距离：

$$\mathrm{dis}(x_i, C_k) = \sqrt{\sum_{t=1}^{m} (x_{it} - C_{kt})^2} \tag{8-2}$$

式中：x_i 为第 i 个对象，$1 \leqslant i \leqslant n$；$C_k$ 为第 k 个聚类中心，$1 \leqslant k \leqslant K$；$x_{it}$ 为第 i 个对象的第 t 个属性，$1 \leqslant t \leqslant m$；$C_{kt}$ 为第 k 个聚类中心的第 t 个属性。依次比较每一个对象到每一个聚类中心的距离，将对象分配到距离最近的聚类中心的类簇中，得到 K 个类簇 $\{S_1, S_2, \cdots, S_K\}$。K-means 算法用中心定义了类簇的原型，类簇中心就是类簇内所有对象在各个维度的均值，其计算公式为

$$C_k = \frac{\sum_{x_i \in S_k} x_i}{|S_k|} \tag{8-3}$$

式中：C_k 为第 k 个聚类中心，$1 \leqslant k \leqslant K$；$|S_k|$ 为第 k 个类簇中对象的个数；x_i 为第 k 个类簇中的第 i 个对象，$1 \leqslant i \leqslant |S_k|$。K-means 算法的流程如下：

（1）初始化 K 个聚类中心，随机选取初始点为质心。

（2）重复计算以下①和②这两个过程，直到质心不再改变。

① 利用式（8-2）计算样本与每个质心之间的相似度，将样本归类到最相似的类中。

② 利用式（8-3）重新计算质心。

（3）输出最终的质心以及每个类。

假设有 8 个样本点，A1 =（2，10），A2 =（2，5），A3 =（8，4），A4 =（5，8），A5 = （7，5），A6 =（6，4），A7 =（1，2），A8 =（4，9），如图 8-2 所示，需要将它们聚成 3 类。

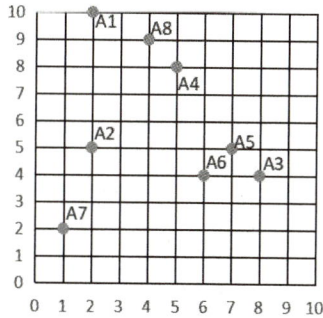

图 8-2　K-means 聚类样本

按照上述算法描述的样本聚类过程可以用图 8-3 进行动态展示。

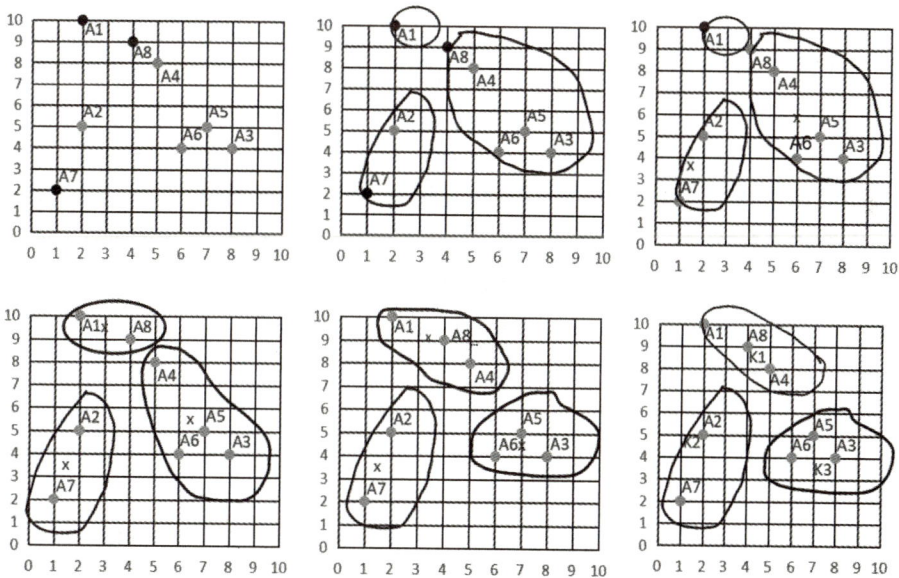

图 8-3　K-means 样本聚类过程图

K-means 算法的优点是简单、高效、易于理解以及聚类效果好，但不可否认 K-means 算法也有一些不足。下一节将针对 K-means 算法的不足来讨论 K-means 算法的优化问题。

8.2.2　K-means 算法优化

为了克服 K-means 算法收敛于局部最小值的问题，衍生出了一种二分 K-means（Bisecting

K-means)算法。

二分 K-means 算法的主要思想是首先将所有点作为一个簇，然后将该簇一分为二；之后选择能最大限度降低聚类代价函数（也就是误差平方和）的簇划分为两个簇；依次进行下去，直到簇的数目等于用户给定的数目 K 为止。以上隐含的一个原则是聚类的误差平方和能够衡量聚类性能，该值越小表示数据点越接近于质心，聚类效果越好。所以需要对误差平方和最大的簇进行再次划分，因为误差平方和越大，表示该簇聚类效果越不好，越有可能是多个簇被当成了一个簇，所以首先需要对这个簇进行划分。

如要分成 5 个簇，第一次分裂产生 2 个簇，然后从这 2 个簇中选一个目标函数误差比较大的，分裂这个簇产生 2 个簇，这样加上开始那 1 个簇就有 3 个簇了，然后再从这 3 个簇里选一个分裂，产生 4 个簇，重复此过程，产生 5 个簇。二分 K-means 不太受初始化的困扰，因为它执行了多次二分试验并选取具有最小误差的试验结果。

K-means 算法的结果非常依赖于初始随机选择的聚类中心的位置，可以通过多次执行该算法来减少初始中心敏感的影响。K-means 算法可采用的优化方法有：

（1）选择彼此距离尽可能远的 K 个点作为初始簇中心。

（2）先使用 canopy 算法（canopy 算法是基于多维空间点集实现的将对象分组到类的简单、快速、精确的方法）进行初始聚类，得到 K 个 canopy 中心，以此或以距离每个 canopy 中心最近的点作为初始簇中心。

canopy 算法首先给定两个距离 T_1 和 T_2，$T_1 > T_2$。从数据集中随机有放回地选择一个点作为一个 canopy 中心，对于剩余数据集中的每个点计算其与每个 canopy 中心的距离，若距离小于 T_1，则将该点加入该 canopy 中；若距离小于 T_2，则将其加入该 canopy 的同时，从数据集中删除该点，迭代上述过程，直至数据集为空为止。

canopy 算法会得到若干个 canopy，可以认为每个 canopy 都是一个簇，只是数据集中的点可能同时属于多个不同的 canopy，可以先用 canopy 算法进行粗聚类，得到 K 值和 K 个初始簇中心后再使用 K-means 算法进行细聚类。

聚类结果对 K 值的依赖性比较大，从实际问题出发，人工指定比较合理的 K 值，通过多次随机初始化聚类中心选取比较满意的结果。聚类常用的方法主要有均方根法（假设有 K 个样本，该方法认为 $K = \sqrt{m/2}$）、枚举法（用不同的 K 值进行聚类）、手肘法（Elbow）、层次聚类法等。

在性能方面，原始的 K-means 算法，每一次迭代都要计算每一个观测点与所有聚类中心的距离，当观测点的数目很多时，算法的性能并不理想。

8.2.3　K-means 应用实例

下面用一个实例来讲解如何用 K-means 类和 MiniBatch K-means 类来聚类。观察在不同的 K 值下 Calinski-Harabasz 的表现。

K-means 应用实例

首先随机创建一些二维数据作为训练集，选择二维特征数据，主要是方便可视化，相关代码如下：

```
import Numpy as np
import Matplotlib. pyplot as plt
%Matplotlib inline
from scikit-learn. datasets. samples_generator import make_blobs
```

假设 X 为样本特征，Y 为样本簇类别，共有 1000 个样本，每个样本有 2 个特征，共 4 个簇，簇中心为 $[-1, -1]$、$[0, 0]$、$[1, 1]$、$[2, 2]$，簇方差为 $[0.4, 0.2, 0.2, 0.2]$，此时相关代码如下：

```
X, Y = make_blobs(n_samples=1000, n_features=2, centers=[[-1,-1], [0,0], [1,1], [2,2]],
cluster_std=[0.4, 0.2, 0.2, 0.2], random_state =9)
plt. scatter(X[:, 0], X[:, 1], marker='o')
plt. show()
```

从输出图 8-4 中可以看到创建的二维随机数据。

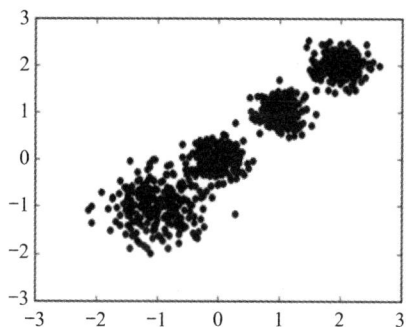

图 8-4　创建的二维随机数据

现在用 K-means 聚类方法来做聚类，首先选择 $K=2$，代码如下：

```
from scikit-learn. cluster import kmeans
y_pred = KMeans(n_clusters=2, random_state=9). fit_predict(X)
plt. scatter(X[:, 0], X[:, 1], c=y_pred)
plt. show()
```

当 $K=2$ 时，聚类的效果如图 8-5 所示。

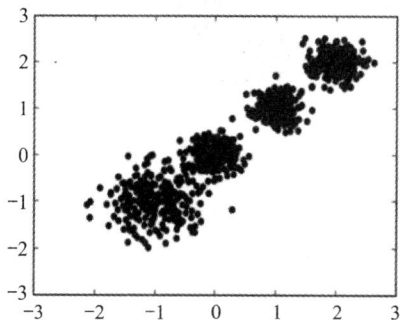

图 8-5　$K=2$ 时聚类的效果图

现在使用 Calinski-Harabasz Index 评估聚类的分数，代码如下：

```
from scikit-learn import metrics
metrics.calinski_harabaz_score(X, y_pred)
```

输出结果如下：

```
3116.1706763322227
```

当 $K=3$ 时，观察聚类效果，代码如下：

```
from scikit-learn.cluster import kmeans
y_pred = KMeans(n_clusters=3, random_state=9).fit_predict(X)
plt.scatter(X[:, 0], X[:, 1], c=y_pred)
plt.show()
```

当 $K=3$ 时聚类的效果如图 8-6 所示。

现在使用 Calinski-Harabaz Index 评估 $K=3$ 时的聚类分数，代码如下：

```
metrics.calinski_harabaz_score(X, y_pred)
```

输出结果如下：

```
2931.625030199556
```

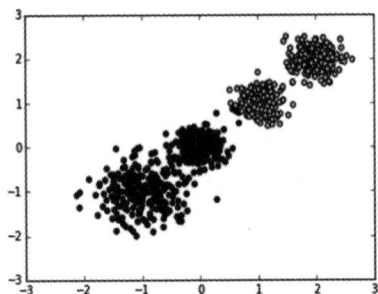

图 8-6　$K=3$ 时聚类的效果图

通过以上数据可知，当 $K=3$ 时的聚类分数比 $K=2$ 时还低。

现在可以观察当 $K=4$ 时的聚类效果，代码如下：

```
from scikit-learn.cluster import kmeans
y_pred = KMeans(n_clusters=4, random_state=9).fit_predict(X)
plt.scatter(X[:, 0], X[:, 1], c=y_pred)
plt.show()
```

当 $K=4$ 时，输出的运行结果如图 8-7 所示。

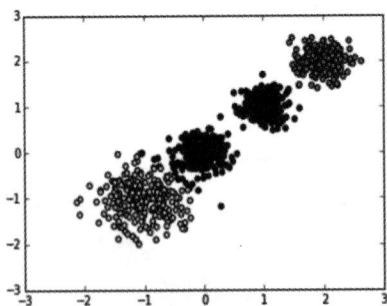

图 8-7　$K=4$ 时聚类的效果图

现在使用 Calinski-Harabasz Index 评估当 $K=4$ 时的聚类分数，代码如下：

```
metrics.calinski_harabaz_score(X, y_pred)
```

输出结果如下：

```
5924.050613480169
```

通过以上数据可知，当 $K=4$ 时的聚类分数比 $K=2$ 和 $K=3$ 时都要高，这也符合预期，随机数据集也就是 4 个簇。当特征维度大于 2 且无法直接可视化聚类效果时，用 Calinski-Harabaz Index 评估是一个很实用的方法。

现在再观察 MiniBatch K-means 的效果，将 batch_size 值设置为 200，由于 4 个簇都是凸的，所以其实 batch_size 的值只要不是非常小，对聚类的效果就影响不大，相关操作代码如下：

```
for index, k in enumerate((2,3,4,5)):
    plt.subplot(2,2,index+1)
    y_pred = MiniBatchKMeans(n_clusters=k, batch_size = 200, random_state=9).fit_predict(X)
    score= metrics.calinski_harabaz_score(X, y_pred)
    plt.scatter(X[:, 0], X[:, 1], c=y_pred)
    plt.text(.99, .01, ('k=%d, score: %.2f' % (k,score)),
             transform=plt.gca().transAxes, size=10,
             horizontalalignment='right')
plt.show()
```

$K=2\sim5$ 时对应的聚类效果输出如图 8-8 所示。

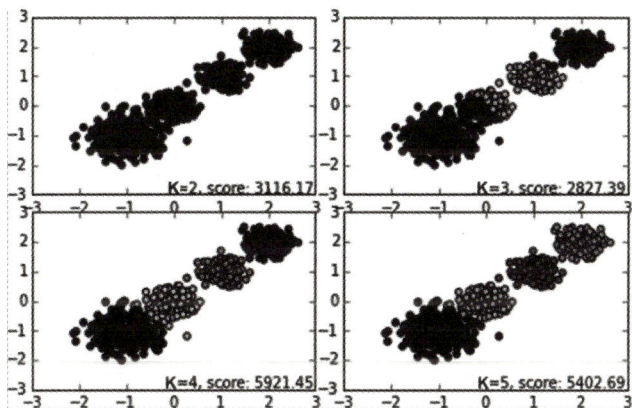

图 8-8　$K=2\sim5$ 时对应的聚类效果输出图

由图 8-8 可见，使用 MiniBatch K-means 的聚类效果也不错。当然由于使用 MiniBatch K-means 的原因，同样是 $K=4$ 时聚类效果最优，K-means 类的 Calinski-Harabasz Index 分数为 5924.05，而 MiniBatch K-means 的分数稍微低一些，为 5921.45，但是这个差异并不大。

8.3　层次聚类

层次聚类

层次聚类（Hierarchical Clustering）是聚类算法的一种，通过计算不同类别数据点间的相似度来创建一棵有层次的嵌套聚类树。在聚类树中，不同类别的原始数据点是树的最底层，树的顶层是一个聚类的根节点。

8.3.1　层次聚类的过程和原理

层次聚类是指对给定的数据集进行层次分解，直到满足某种条件为止。传统的层次聚类算法主要分为两大类，即凝聚层次聚类和分裂层次聚类，如图 8-9 所示。

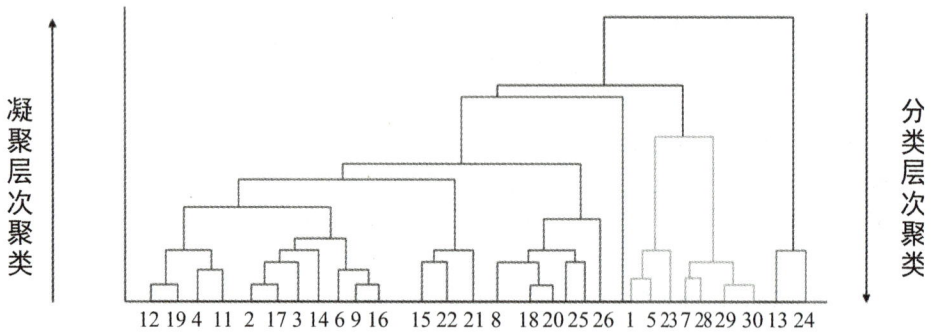

图 8-9　层次聚类算法分类

（1）凝聚层次聚类：AGNES 算法（Agglomerative Nesting）采用自底向上的策略。最初将每个对象作为一个簇，然后这些簇根据某些准则被一步一步合并，两个簇间的距离可以由这两个不同簇中距离最近的数据点的相似度来确定。聚类的合并过程反复进行，直到所有的对象满足簇数目。

（2）分裂层次聚类：DIANA 算法（Divisive Analysis）采用自顶向下的策略。首先将所有对象置于一个簇中，然后按照某种既定的规则逐渐细分为越来越小的簇（如最大的欧氏距离），直到达到某个终结条件（簇数目或者簇距离达到阈值）。

层次聚类算法中，通常会涉及簇间距离的计算问题，如表 8-1 所示。

表 8-1　距离定义表

距　离	描　述	公　式	参数（Linkage）描述
最小距离	定义簇的邻近度为不同两个簇的两个最近的点之间的距离	$d_{\min}(c_i, c_j) = \min\limits_{x \in c_i, y \in c_j} \text{dist}(x, y)$	单链接（Single Linkage）
最大距离	定义簇的邻近度为不同两个簇的两个最远的点之间的距离	$d_{\max}(c_i, c_j) = \min\limits_{x \in c_i, y \in c_j} \text{dist}(x, y)$	全链接（Comlpete/Maximum Linkage）
平均距离	定义簇的邻近度为两个不同簇的所有点间距离的平均值	$d_{\text{avg}}(c_i, c_j) = \min\limits_{x \in c_i, y \in c_j} \text{dist}(x, y)$	均链接（Average Linkage）
方差	所有聚类内的平方差总和	最小化所有聚类内的平方差总和	Ward

在模型调用过程中，通常使用 Single Linkage 将两个簇中最近的两个点间的距离作为这两个组合数据点的距离，但该方法易受极端值的影响，两个不相似的簇可能由于其中的某个极端的点距离较近而组合在一起；而 Complete Linkage 与 Single Linkage 相反，是将两个簇中距离最远的两个点间的距离作为这两个簇的距离，两个相似的点中可能存在某个点原先所在的簇中有极端值而无法组合在一起；Average Linkage 的计算方法是计算两个簇中的每个点与其他所有点的距离并将所有距离的均值作为两个组合数据点间的距离，此方法计算量比较大，但结果比前两种方法更优。

层次聚类算法中，簇间距离计算的直观展示如图 8-10 所示，图(a)表示最小距离，图(b)表示平均距离，图(c)表示最大距离，图(d)表示方差。

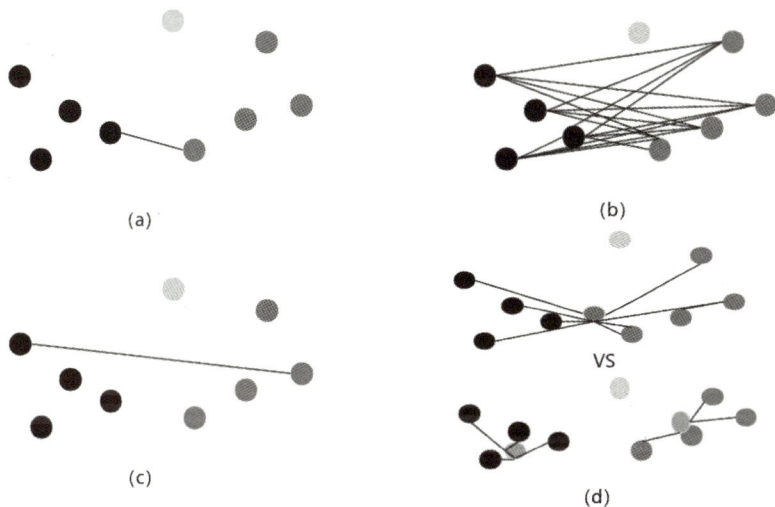

图 8-10　距离计算图

上述两类算法中，凝聚层次聚类有更广泛的应用且算法思想一致，因此下一节重点介绍凝聚层次聚类算法。

8.3.2　凝聚层次聚类

凝聚层次聚类算法假设每个样本点都是单独的簇类，然后在算法运行的每一次迭代中找出相似度较高的簇类进行合并，该过程不断重复，直到达到预设的簇类个数 K 或只有一个簇类。凝聚层次聚类的基本思想如下：

(1) 计算数据集的相似矩阵。

(2) 假设每个样本点为一个簇类。

(3) 合并相似度最高的两个簇类，然后更新相似矩阵，循环进行该过程。

(4) 当簇类个数为 1 时，循环终止。

为了更好地理解算法的基本思想，接下来使用图示说明。如图 8-11 所示，假设有 6 个样本点{A,B,C,D,E,F}。

第一步：假设每个样本点都为一个簇类，计算每个簇类间的相似度，得到相似矩阵。

第二步：若 B 和 C 的相似度最高，合并簇类 B 和 C 为一个簇类。现在有 5 个簇类，分别为 A、BC、D、E、F。

第三步：更新簇类间的相似矩阵，相似矩阵的大小为 5 行 5 列；若簇类 BC 和 D 的相似度最高，合并簇类 BC 和 D 为一个簇类。现在有 4 个簇类，分别为 A、BCD、E、F。

第四步：更新簇类间的相似矩阵，相似矩阵的大小为 4 行 4 列；若簇类 E 和 F 的相似度最高，合并簇类 E 和 F 为一个簇类。现在还有 3 个簇类，分别为 A、BCD、EF。

第五步：重复第四步，簇类 BCD 和簇类 EF 的相似度最高，合并这两个簇类。现在还有 2 个簇类，分别为 A、BCDEF。

第六步：最后合并簇类 A 和 BCDEF 为一个簇类，层次聚类算法结束。

树状图是类似树(Tree-like)的图表，记录了簇类聚合和拆分的顺序。根据上面的步骤，使用树状图对凝聚层次聚类算法进行可视化，过程如图 8-11 所示。

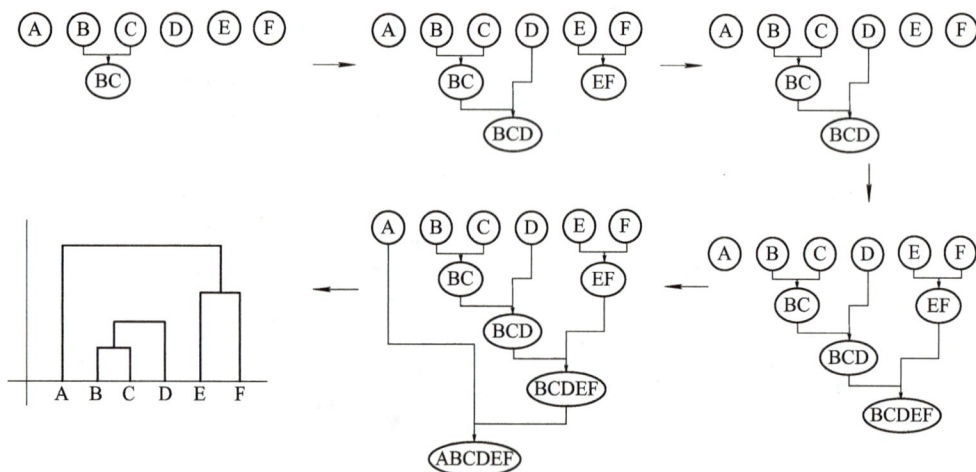

图 8-11 凝聚层次聚类算法过程示意图

分裂层次聚类算法假设所有数据集归为一类，然后在算法运行的每一次迭代中分裂相似度最低的样本，该过程不断重复，最终每个样本对应一个簇类。简单来说，分裂层次聚类是凝聚层次聚类的反向算法，读者可通过树状图去加强理解，一个是自底向上的划分，一个是自顶向下的划分。在层次聚类算法中，常用的算法主要有 Hierarchical Clustering 算法和 BIRCH 算法。

8.3.3 Hierarchical Clustering 算法简介

Hierarchical Clustering 算法属于自顶向下的层次聚类方法。其需要确保距离近的点落在同一个簇之中，流程如下：

（1）把原始数据集放到一个簇 C，这个簇形成了层次结构的最顶层。

（2）迭代以下①、②和③三个步骤直至所有对象都在一个簇中。

① 找到一对距离最近的簇：$\min D(c_i, c_j)$。

② 将这对簇合并为一个新的簇。

③ 从原集合 C 中移除这对簇。

Hierarchical
Clustering
算法简介

（3）最终产生层次树形的聚类结构：树形图。

Hierarchical Clustering 使用 scikit-learn 提供的模块 cluster，cluster 中可以调用 AgglomerativeClustering（n_clusters = 2，affinity = 'euclidean'，memory，connectivity，compute_full_tree，linkage，pooling_func），常用参数解释如下：

① n_clusters：一个整数，指定分类簇的数量，默认值为 2。

② affinity：一个字符串或者可调用对象，用于计算距离，默认使用欧氏距离'euclidean'。

③ memory：缓存输出的结果，默认为不缓存。

④ connectivity：一个数组或者可调用对象或者 None，用于指定连接矩阵。

⑤ linkage：一个字符串，用于指定链接算法，可选类型为'ward'、'complete'、'average'、'single'，其中'single'指单链接 Single-Linkage，采用 Dmin；'complete'指全链接 Complete-Linkage，采用 Dmax；'average'指均链接 Average-Linkage，采用 Davg；'ward'指 Ward 链接，为默认选择方式。

Hierarchical Clustering 算法的优点总结如下：

（1）可排除噪声点的干扰，但也有可能噪声点被分为一簇。

（2）适合形状不规则、不要求聚类完全的情况。

（3）原理简单，易于理解。

Hierarchical Clustering 算法的缺点总结如下：

（1）计算量很大，耗费的存储空间相对于其他几种方法要高。

（2）合并操作不能撤销。

（3）合并操作必须有一个合并限制比例，否则可能发生过度拟合并导致所有分类中心聚集，造成聚类失败。

8.3.4　BIRCH 算法简介

BIRCH 算法即平衡迭代削减聚类法，其核心是用一个聚类特征三元组表示一个簇的有关信息，从而使一簇点的表示可用对应的聚类特征，而不必用具体的一组点来表示。其中三元组包含数据点个数、数据点特征之和以及数据点特征的平方和。BIRCH 算法通过构造满足分支因子和簇直径限制的聚类特征树来求聚类。分支因子规定了树的每个节点的样本个数；簇直径体现了一类点的距离范围。

该聚类特征树可以动态构造，不要求所有数据读入内存，可逐个读入。新的数据项总是插入到树中与该数据距离最近的叶子中。如果插入后使得该叶子的直径大于类直径 T，则把该叶子节点分裂。其他叶子节点也需要检查是否超过分支因子以判断其分裂与否，直至该数据插入叶子中，并且满足不超过类直径、每个非叶子节点的子女个数不大于分支因子。BIRCH 算法可通过改变类直径来修改特征树大小，进而控制其所占内存容量。

总结起来，BIRCH 算法主要分为两步：第一步是通过扫描数据，建立聚类特征树；第二步是采用某个算法对聚类特征树的叶子节点进行聚类。因此 BIRCH 算法通过一次扫描就可以进行较好的聚类，因此该算法适于大数据集。

BIRCH 算法在 scikit-learn 中使用的聚类算法包含在 scikit-learn. cluster 模块中，BIRCH 算法的具体描述为 birch（threshold = 0. 5，branching_factor = 50，n_clusters = 3， compute_labels＝True，copy＝True），主要参数解释如下：

① threshold：数据类型为 float，表示设定的半径阈值，默认值为 0.5。

② branching_factor：数据类型为 int，默认值为 50，表示每个节点最大特征树子集群数。

③ n_clusters：数据类型为 int，默认值为 3，表示最终聚类数目。

④ compute_labels：数据类型为 bool，默认值为 True，表示是否为每个拟合计算标签。

⑤ copy：数据类型为 bool，默认值为 True，表示是否复制给定数据。如果设置为 False，则覆盖初始数据。

8.3.5　层次聚类应用实例

构建容量为 15 000 的瑞士卷数据集（Swiss Roll Dataset），用离差平方和的层次聚类算法建模，可视化聚类结果并输出算法运行时间，相关代码如下：

层次聚类
应用实例

```
#生成瑞士卷数据集，容量为 15 000
n_samples = 15000
noise = 0.05
X, _ = make_swiss_roll(n_samples, noise)
#减小瑞士卷的厚度
X[:, 1] *=.5
print("Compute unstructured hierarchical clustering...")
st = time.time()
ward = AgglomerativeClustering(n_clusters=6, linkage='ward').fit(X)
elapsed_time = time.time() − st
label = ward.labels_
#运行时间
print("Elapsed time：%.2fs" % elapsed_time)
print("Number of points：%i" % label.size)
###############################################
#可视化结果
fig = plt.figure()
ax = p3.Axes3D(fig)
ax.view_init(7, −80)
for l in np.unique(label):
    ax.scatter(X[label == l, 0],
            X[label == l, 1],
            X[label == l, 2],
                color=plt.cm.jet(np.float(l) / np.max(label + 1)),
                s=20, edgecolor='k')
plt.title('Without connectivity constraints (time %.2fs)' % elapsed_time)
```

上述案例运行结果如图 8 - 12 所示。

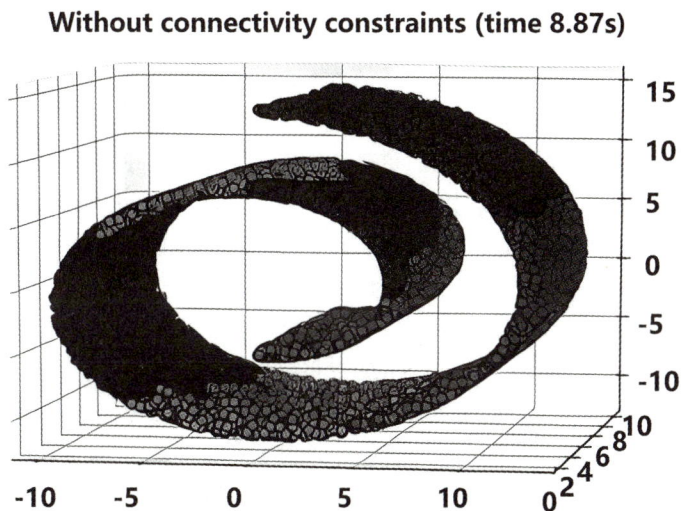

图 8 - 12 层次算法案例运行结果

8.4 密度聚类

密度聚类

密度聚类方法的指导思想是只要样本点的密度大于某个阈值，则将
该样本添加到最近的簇中。这类算法可以克服基于距离的算法只能发现凸聚类的缺点，可以
发现任意形状的聚类，而且对噪声数据不敏感。但是该方法计算复杂度高，计算量大。本节将
介绍比较有代表性的基于密度的聚类算法 DBSCAN（Density-Based Spatial Clustering of
Applications with Noise，具有噪声的基于密度的聚类方法）的基本原理。

8.4.1 密度聚类的过程和原理

DBSCAN 算法是一种很典型的密度聚类算法，既适用于凸样本集，也适用于非凸
样本集。DBSCAN 这类密度聚类算法一般假定类别可以通过样本分布的紧密程度决
定。同一类别的样本，它们之间是紧密相连的，也就是说在该类别任意样本周围不远
处一定有同类别的样本存在。通过将紧密相连的样本划为一类，就得到了一个聚类类
别。通过将所有紧密相连的样本划为各个不同的类别，就可以得到最终的所有聚类类
别结果。

DBSCAN 是基于一组邻域来描述样本集的紧密程度的，参数（ε，MinPts）用来描述邻
域的样本分布紧密程度。其中，ε 描述了某一样本的邻域距离阈值，MinPts 描述了某一样
本的距离为 ε 的邻域中样本个数的阈值。

假设样本集是 $D = (x_1, x_2, \cdots, x_m)$，则 DBSCAN 具体的密度描述定义如下：

（1）ε-邻域：对于 $x_j \in D$，其 ε-邻域包含样本集 D 中与 x_j 的距离不大于 ε 的子样本集，即 $N(x_j) = \{x_i \in D \mid \mathrm{distance}(x_{ji}, x_j) \leqslant \varepsilon\}$，这个子样本集的个数记为 $|N(x_j)|$。

（2）核心对象：对于任一样本 $x_j \in D$，如果其 ε-邻域对应的 $N(x_j)$ 至少包含 MinPts 个样本，即如果 $|N(x_j)| \geqslant$ MinPts，则 x_j 是核心对象。

（3）密度直达：如果 x_i 位于 x_j 的 ε-邻域中，且 x_j 是核心对象，则称 x_i 由 x_j 密度直达。注意，反之不一定成立，即此时不能说 x_j 由 x_i 密度直达，除非 x_i 也是核心对象。

（4）密度可达：对于 x_i 和 x_j，如果存在样本序列 $(p_1, p_2, \cdots, p_T)$ 满足 $p_1 = x_i$，$p_T = x_j$ 且 p_{t+1} 由 p_t 密度直达，则称 x_j 由 x_i 密度可达。也就是说，密度可达满足传递性。此时序列中的传递样本 $(p_1, p_2, \cdots, p_{T-1})$ 均为核心对象，因为只有核心对象才能使其他样本密度直达。注意密度可达也不满足对称性，这个可以由密度直达的不对称性得出。

（5）密度相连：对于 x_i 和 x_j，如果存在核心对象样本 x_k，使 x_i 和 x_j 均由 x_k 密度可达，则称 x_i 和 x_j 密度相连。注意密度相连关系是满足对称性的。

如图 8-13 所示，图中 MinPts=5，灰色的点都是核心对象，因为其 ε-邻域至少有 5 个样本。黑色的点是非核心对象，所有核心对象密度直达的样本在以灰色核心对象为中心的超球体内，如果不在超球体内，则不能密度直达。图 8-13 中用箭头连起来的核心对象组成了密度可达的样本序列。在这些密度可达的样本序列的 ε-邻域内所有的样本相互都是密度相连的。

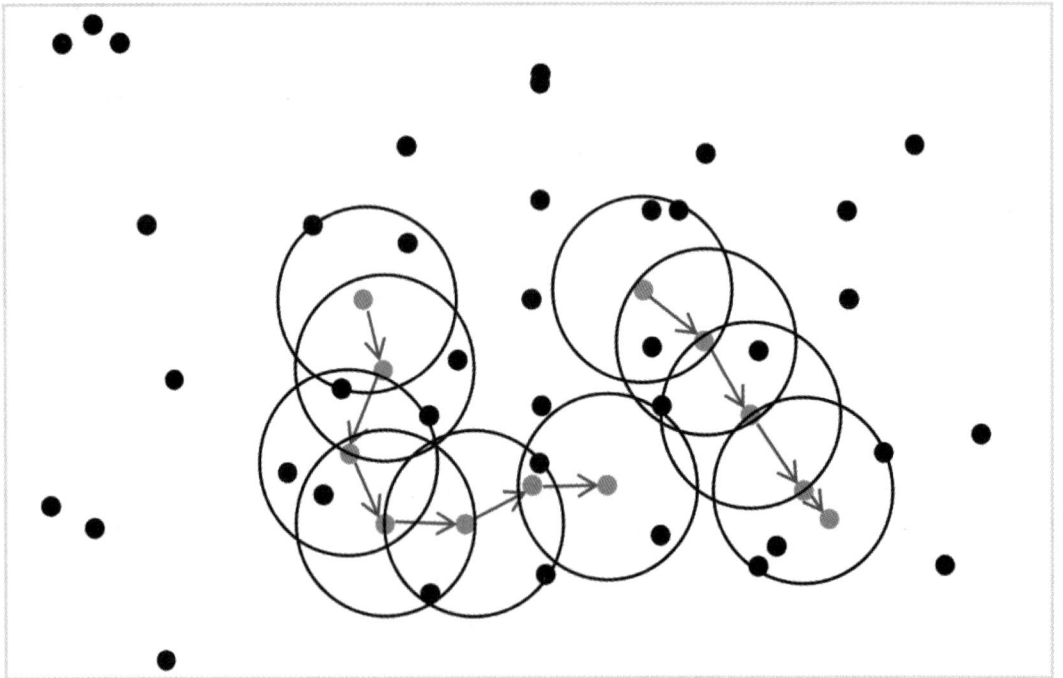

图 8-13　DBSCAN 密度定义示意图

有了上述定义，理解 DBSCAN 的聚类定义就简单了。DBSCAN 密度可达关系导出的最大密度相连的样本集合，即为最终聚类的一个类别，或者说一个簇。

DBSCAN 簇里面可以有一个或者多个核心对象。如果只有一个核心对象，则簇里其他的非核心对象样本都在这个核心对象的 ε-邻域里；如果有多个核心对象，则簇里的任意一个核心对象的 ε-邻域中一定有一个其他的核心对象，否则这两个核心对象无法密度可达。这些核心对象的 ε-邻域里所有的样本的集合组成一个 DBSCAN 聚类簇。

那么怎么才能找到这样的簇样本集合呢？DBSCAN 使用的方法很简单，它任意选择一个没有类别的核心对象作为种子，然后找到所有这个核心对象能够密度可达的样本集合，即为一个聚类簇。接着继续选择另一个没有类别的核心对象去寻找密度可达的样本集合，这样就得到另一个聚类簇。一直运行到所有核心对象都有类别为止。

在 DBSCAN 算法中还有三个问题没有考虑。第一个是一些异常样本点或者说少量游离于簇外的样本点，这些点不在任何一个核心对象的周围，在 DBSCAN 中，一般将这些样本点标记为噪声点。第二个是距离的度量问题，即如何计算某样本和核心对象样本的距离。在 DBSCAN 中，一般采用最近邻思想，采用某一种度量距离来衡量样本距离，如欧氏距离。第三个问题比较特殊，某些样本可能到两个核心对象的距离都小于 ε，但是这两个核心对象由于不是密度直达，又不属于同一个聚类簇，那么如何界定这个样本的类别呢？一般来说，此时 DBSCAN 采用先到先得，先进行聚类的类别簇会标记这个样本为它的类别，也就是说 DBSCAN 的算法不是完全稳定的算法。

下面介绍 DBSCAN 聚类算法的流程。

输入：输入 m 个数据对象，每个数据对象包含 d 个维度的特征值，记为样本集 $D = (x_1, x_2, \cdots, x_m)$，初始化参数，给定半径和密度阈值 MinPts。

输出：目标输出聚类簇(在邻域内的点会划分到簇 C 中)。

(1) 初始化核心对象集合 $\Omega = \varnothing$，初始化聚类簇数 $K = 0$，初始化未访问样本集合 $\Gamma = D$，簇划分 $C = \varnothing$。

(2) 计算核心点。对于 $j = 1, 2, \cdots, m$，按下面的步骤找出所有的核心对象：

① 计算距离：对于每个样本对象，计算它与其他对象之间的欧氏距离。通过距离度量方式，找到样本 x_j 的 ε-邻域子样本集 $N(x_j)$。

② 计算密度：根据半径，得出以该数据对象为中心的圆内包含的数据对象个数。如果子样本集样本个数满足 $|N(x_j)| \geqslant \text{MinPts}$，则将样本 x_j 加入核心对象样本集合 $\Omega = \Omega \bigcup \{x_j\}$。

(3) 如果核心对象集合 $\Omega = \phi$，则算法结束，否则转入步骤(4)。

(4) 标记核心点：在核心对象集合 Ω 中，随机选择一个核心对象 O，初始化当前簇核心对象队列 $\Omega_{\text{cur}} = \{O\}$，初始化类别序号 $K = K + 1$，初始化当前簇样本集合 $C = \{O\}$，更新未访问样本集合 $\Gamma = \Gamma - \{O\}$。

(5) 如果当前簇核心对象队列 $\Omega_{\text{cur}} = \varnothing$，则当前聚类簇 C_K 生成完毕，更新簇划分 $C = \{C_1, C_2, \cdots, C_K\}$，更新核心对象集合 $\Omega = \Omega - C_K$，转入步骤(3)；否则更新核心对象集合 $\Omega = \Omega - C_K$。

(6) 在当前簇核心对象队列 Ω_{cur} 中取出一个核心对象 O，通过邻域距离阈值 ε 找出所有的 ε-邻域子样本集 $N(O)$，令 $\Delta = N(O) \bigcap \Gamma$，更新当前簇样本集合 $C_K = C_K \bigcup \Delta$，更新未访问样本集合 $\Gamma = \Gamma - \Delta$，更新 $\Omega_{\text{cur}} = \Omega_{\text{cur}} \bigcup (\Delta \bigcap \Omega) - O$，转入步骤(5)。

以上计算的输出结果为：簇划分 $C = \{C_1, C_2, \cdots, C_K\}$。

和传统的 K-means 算法相比，DBSCAN 最大的不同就是不需要输入类别数 K，当然它最大的优势是可以发现任意形状的聚类簇，而不是像 K-means 一般仅仅用于凸的样本集聚类。同时 DBSCAN 在聚类的同时还可以找出异常点，这点和 BIRCH 算法类似。

那么什么时候需要用 DBSCAN 来聚类呢？一般来说，如果数据集是稠密的，并且数据集不是凸的，那么用 DBSCAN 会比用 K-means 聚类效果好很多。如果数据集不是稠密的，则不推荐用 DBSCAN 来聚类。

下面对 DBSCAN 算法的优缺点作一简要介绍。

DBSCAN 的主要优点有：

（1）可以对任意形状的稠密数据集进行聚类，而 K-means 之类的聚类算法一般只适用于凸数据集。

（2）可以在聚类的同时发现异常点，对数据集中的异常点不敏感。

（3）聚类结果没有偏倚，而 K-means 之类的聚类算法初始值对聚类结果有很大影响。

DBSCAN 的主要缺点有：

（1）如果样本集的密度不均匀、聚类间距相差很大，聚类质量较差，这时用 DBSCAN 聚类一般不适合。

（2）如果样本集较大，聚类收敛时间较长，此时可以对搜索最近邻时建立的 KD 树或者球树进行规模限制来改进。

（3）调参相对于传统的 K-means 聚类算法稍复杂，主要需要对距离阈值 ε、邻域样本数阈值 MinPts 联合调参，不同的参数组合对最后的聚类效果有较大影响。

8.4.2　密度聚类应用实例

密度聚类的应用方式可以通过下面这个例子进行展示。首先创建实验数据集，具体代码如下：

```
import warnings
warnings. filterwarnings('ignore')
import Numpy as np
import Matplotlib. pyplot as plt
%Matplotlib inline
from scikit-learn import datasets
from scikit-learn. cluster import DBSCAN,kmeans
#noise 控制叠加的噪声的大小
X,y = datasets. make_circles(n_samples=1000,noise = 0.1,factor = 0.3)
#centers=[[1.5,1.5]]坐标位置
X3,y3 = datasets. make_blobs(n_samples=500,n_features=2,
centers=[[1.5,1.5]],cluster_std=0.2)
#将两个数据级联
X = np. concatenate([X,X3])
y = np. concatenate([y,y3+2])
plt. scatter(X[:,0],X[:,1],c = y)
```

上述案例生成的数据运行结果如图 8-14 所示。

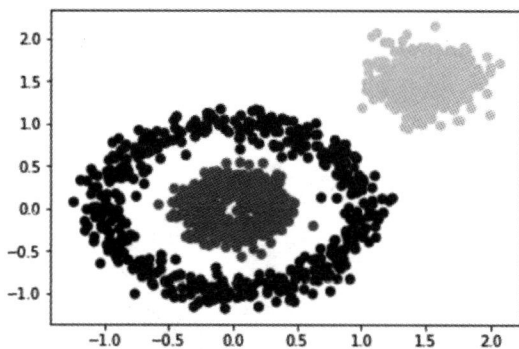

图 8 - 14　随机数据的生成图

K-means 聚类算法的训练和预测，通过如下代码可以进行应用实验。

```
Kmeans
#设置聚类数
Kmeans = kmeans(3)
#算法训练
Kmeans. fit(X)
#算法预测
y_ =kmeans. predict(X)
plt. scatter(X[:,0],X[:,1],c = y_)
```

随机数据的 K-means 形成的聚类效果如图 8 - 15 所示。

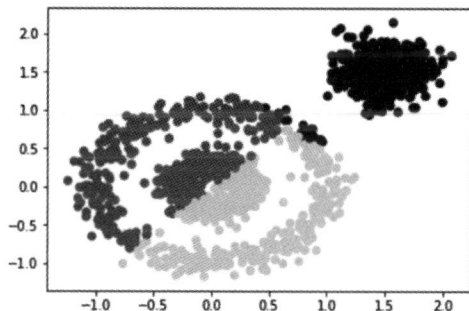

图 8 - 15　随机数据的 K-means 聚类效果图

从图 8 - 15 的运行结果来看，该算法分类效果很不好，无法实现圆环和点的区分。接下来通过密度聚类算法进行分析，先引入需要使用的算法为 DBSCAN，然后采用上述的数据进行训练，最后查看聚类结果。相关代码如下：

```
#定义 dbscan
dbscan = DBSCAN(eps = 0. 15,min_samples=5)
dbscan. fit(X)
#赋值 y_ = dbscan. fit_predict(X)
y_ = dbscan. labels_
plt. scatter(X[:,0],X[:,1],c = y_)
```

DBSCAN 生成的聚类效果如图 8 - 16 所示。

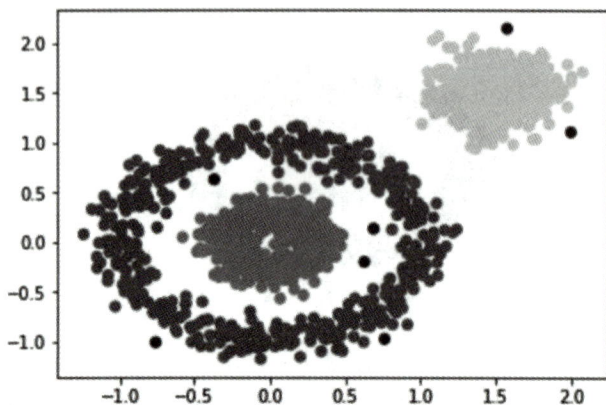

图 8 - 16　DBSCAN 的聚类效果图

从图 8 - 16 可以看出来，使用 DBSCAN 聚类的效果明显不错。

技能实训

实训　K-means 的电信客户流失群体分析

一、实训目的

掌握 K-means 的 scikit-learn 实现方法。

二、实训内容

（1）基于决策树的 K-means 来做分类拟合。

（2）了解电信用户数据集。

Kaggle 平台电信客户数据集有 21 个字段，包括用户属性、开通服务情况、用户账户信息及客户是否流失等数据。具体字段信息如下：

① customerID：用户 ID。

② gender：性别（Female & Male）。

③ SeniorCitizen：是否年长者用户（1 表示是，0 表示不是）。

④ Partner：是否伴侣用户（Yes or No）。

⑤ Dependents：是否亲属用户（Yes or No）。

⑥ tenure：在网时长（0～72 月）。

⑦ PhoneService：是否开通电话服务业务（Yes or No）。

⑧ MultipleLines：是否开通了多线业务（Yes、No or No phoneservice 3 种）。

⑨ InternetService：是否开通了互联网服务［No、DSL（数字网络）、fiber optic（光纤网

络)3 种〕。

⑩ OnlineSecurity：是否开通了网络安全服务(Yes、No、No internetservice 3 种)。

⑪ OnlineBackup：是否开通了在线备份业务(Yes、No、No internetservice 3 种)。

⑫ DeviceProtection：是否开通了设备保护业务(Yes、No、No internetservice 3 种)。

⑬ TechSupport：是否开通了技术支持服务(Yes、No、No internetservice 3 种)。

⑭ StreamingTV：是否开通了网络电视(Yes、No、No internetservice 3 种)。

⑮ StreamingMovies：是否开通了网络电影(Yes、No、No internetservice 3 种)。

⑯ Contract：签订合同方式(按月、一年、两年)。

⑰ PaperlessBilling：是否开通了电子账单(Yes or No)。

⑱ PaymentMethod：付款方式(bank transfer、credit card、electronic check、mailed check)。

⑲ MonthlyCharges：月费用。

⑳ TotalCharges：总费用。

㉑ Churn：该用户是否流失(Yes or No)。

三、实训设备

本实训所需设备为安装有 Windows 操作系统的计算机，并在模块 1 中已安装好 Anaconda 或 PyCharm 开发环境，且已安装 Pandas、Matplotlib、seaborn、scikit-learn 等库。

四、实训步骤

电信服务是生活中常见的消费服务，在现代社会，凡是使用手机打电话，或者在家看电视，都必须通过电信运营商提供的通话、网络等服务才能实现。此处采用 Kaggle 平台的电信客户数据集来分析用户群体的特征，从而更好地为用户服务。

步骤 1：载入需要的类库。

代码如下：

```
import pandas as pd
import Numpy as np
import Matplotlib. pyplot as plt
import seaborn as sns
```

步骤 2：导入数据集。

代码如下：

```
customerDF = pd. read_csv('WA_Fn-UseC_-Telco-Customer-Churn. csv')
#查看数据集大小
customerDF. shape
#运行结果：(7043, 21)
#设置查看列不省略
pd. set_option('display. max_columns',None)
#查看前 5 条数据
customerDF. head(5)
```

上述操作输出的运行结果如图 8 - 17 所示。

	customerID	gender	SeniorCitizen	Partner	Dependents	tenure	PhoneService	MultipleLines	InternetService	OnlineSecurity	OnlineBackup	DeviceProtection
0	7590-VHVEG	Female	0	Yes	No	1	No	No phone service	DSL	No	Yes	No
1	5575-GNVDE	Male	0	No	No	34	Yes	No	DSL	Yes	No	Yes
2	3668-QPYBK	Male	0	No	No	2	Yes	No	DSL	Yes	Yes	No
3	7795-CFOCW	Male	0	No	No	45	No	No phone service	DSL	Yes	No	Yes
4	9237-HQITU	Female	0	No	No	2	Yes	No	Fiber optic	No	No	No

图 8-17　样例数据展示图

步骤 3：强制转换为数字，不可转换的变为 NaN。

代码如下：

```
# 强制转换为数字，不可转换的变为 NaN
customerDF['TotalCharges'] = pd. to_numeric(df['TotalCharges'], errors = 'coerce')
test = customerDF. loc[:, 'TotalCharges']. value_counts(). sort_index()
print(test. sum())
```

上述操作的运行结果为 7032，代码如下：

```
print(customerDF. tenure[customerDF['TotalCharges']. isnull(). values == True])
# 运行结果为 series([, Name:tenure, dtype:int64])
```

步骤 4：数据变换。

代码如下：

```
# 将 tenure(入网时长)从 0 修改为 1。
customerDF. loc[:, 'tenure']. replace(to_replace = 0, value = 1, inplace = True)
print(pd. isnull(customerDF['TotalCharges']). sum())
print(customerDF['TotalCharges']. dtypes)
# 运行结果：0
# 运行结果：float64
```

步骤 5：进行用户性别和年龄段属性分析。

代码如下：

```
def barplot_percentages(feature, orient = 'v', axis_name = "percentage of customers"):
    ratios = pd. DataFrame()
    g = (customerDF. groupby(feature)["Churn"]. value_counts()/len(customerDF)). to_frame()
    g. rename(columns = {"Churn":axis_name}, inplace = True)
    g. reset_index(inplace = True)
    # print(g)
    if orient == 'v':
        ax = sns. barplot(x = feature, y = axis_name, hue = 'Churn', data = g, orient = orient)
        ax. set_yticklabels(['{:,.0%}'. format(y) for y in ax. get_yticks()])
        plt. rcParams. update({'font. size':13})
        # plt. legend(fontsize = 10)
```

```
    else:
        ax = sns. barplot(x= axis_name, y=feature, hue='Churn', data=g, orient=orient)
        ax. set_xticklabels(['{:,.0%}'. format(x) for x in ax. get_xticks()])
        plt. legend(fontsize=10)
    plt. title('Churn(Yes/No) Ratio as {0}'. format(feature))
    plt. show()
barplot_percentages("SeniorCitizen")
barplot_percentages("gender")
```

输出结果如下：

```
customerDF['churn_rate'] = customerDF['Churn']. replace("No", 0). replace("Yes", 1)
g = sns. FacetGrid(customerDF, col="SeniorCitizen", height=4, aspect=.9)
ax = g. map(sns. barplot, "gender", "churn_rate", palette = "Blues_d", order= ['Female', 'Male'])
plt. rcParams. update({'font. size': 13})
plt. show()
```

上述操作输出的运行结果如图 8-18、图 8-19 所示。

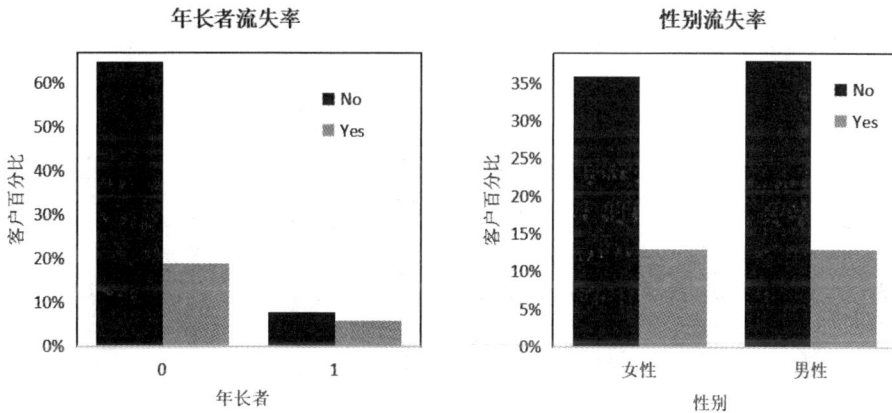

图 8-18　用户性别和年龄段属性分析图

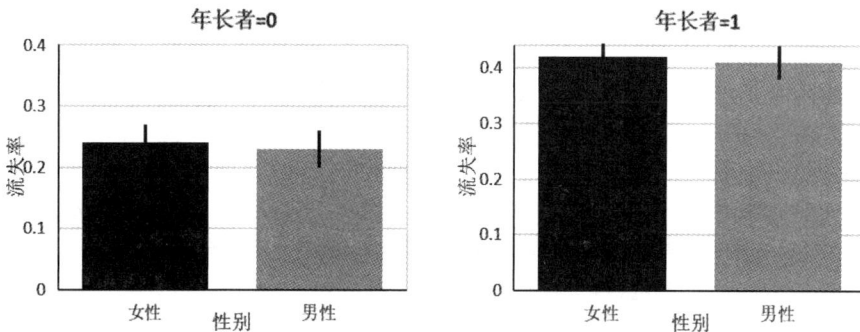

图 8-19　用户流失率与性别、年龄段占比分布图

由图 8-19 可知，用户流失率与性别基本无关；老年用户流失率显著高于年轻用户。

步骤 6：进行服务属性分析。

代码如下：

```
cols = ["PhoneService","MultipleLines","OnlineSecurity", "OnlineBackup", "DeviceProtection",
"TechSupport", "StreamingTV", "StreamingMovies"]
df1 = pd. melt(customerDF[customerDF["InternetService"] != "No"][cols])
df1. rename(columns={'value': 'Has service'},inplace=True)
plt. figure(figsize=(20, 8))
ax = sns. countplot(data=df1, x='variable', hue='Has service')
ax. set(xlabel='Internet Additional service', ylabel='Num of customers')
plt. rcParams. update({'font. size':20})
plt. legend( labels = ['No Service', 'Has Service'],fontsize=15)
plt. title('Num of Customers as Internet Additional Service')
plt. show()
```

上述操作输出的运行结果如图 8 - 20 所示。

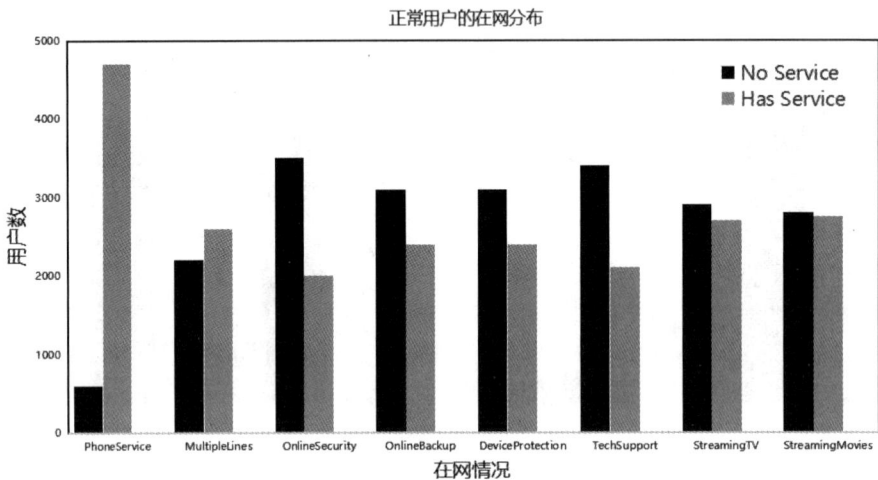

图 8 - 20　服务属性分析图

进行流失用户的在网分布分析，代码如下：

```
plt. figure(figsize=(20, 8))
df1 = customerDF[(customerDF. InternetService != "No") & (customerDF. Churn == "Yes")]
df1 = pd. melt(df1[cols])
df1. rename(columns={'value': 'Has service'}, inplace=True)
ax = sns. countplot(data=df1, x='variable', hue='Has service', hue_order=['No', 'Yes'])
ax. set(xlabel='Internet Additional service', ylabel='Churn Num')
plt. rcParams. update({'font. size':20})
plt. legend( labels = ['No Service', 'Has Service'],fontsize=15)
plt. title('Num of Churn Customers as Internet Additional Service')
plt. show()
```

上述操作输出的运行结果如图 8 - 21 所示。

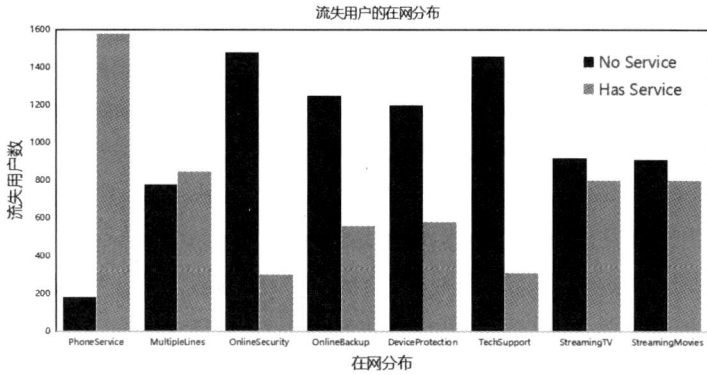

图 8-21 流失用户的在网分布图

步骤 7：进行合同属性分析。

代码如下：

```
g = sns. FacetGrid(customerDF, col="PaperlessBilling", height=6, aspect=.9)
ax = g. map(sns. barplot, "Contract", "churn_rate", palette = "Blues_d",
order= ['Month-to-month', 'One year', 'Two year'])
plt. rcParams. update({'font. size':18})
plt. show()
```

上述操作输出的运行结果如图 8-22 所示。

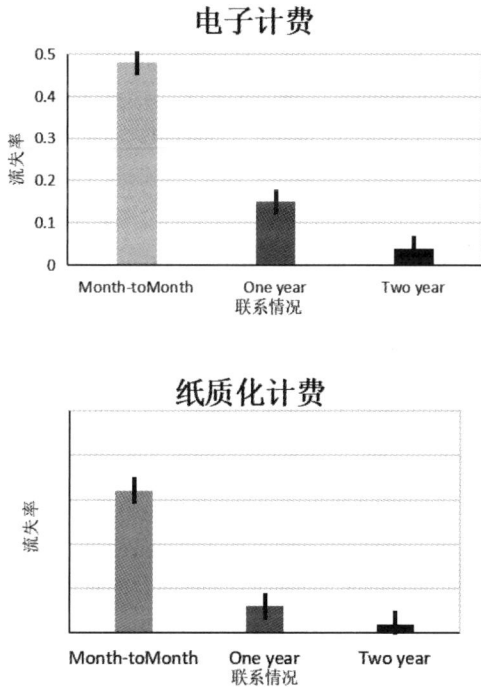

图 8-22 合同属性分布图

进行合同属性核密度分析。

代码如下：

```
#合同属性核密度分析
kdeplot('MonthlyCharges','MonthlyCharges')
kdeplot('TotalCharges','TotalCharges')
plt.show()
```

以上操作输出的运行结果如图 8-23 所示。

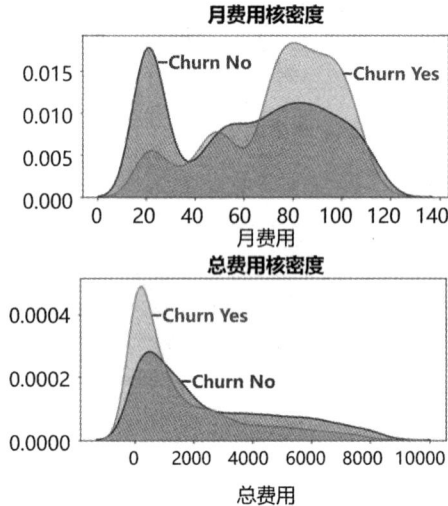

图 8-23　合同属性核密度分析图

步骤 8：执行特征工程，对属性进行特征编码和相关性分析。

代码如下：

```
customerID=customerDF['customerID']
customerDF.drop(['customerID'],axis=1, inplace=True)
cateCols = [c for c in customerDF.columns if customerDF[c].dtype == 'object' or
c == 'SeniorCitizen']
dfCate = customerDF[cateCols].copy()
#特征编码
for col in cateCols：
    if dfCate[col].nunique() == 2：
        dfCate[col] = pd.factorize(dfCate[col])[0]
    else：
        dfCate = pd.get_dummies(dfCate, columns=[col])
dfCate['tenure']=customerDF[['tenure']]
dfCate['MonthlyCharges']=customerDF[['MonthlyCharges']]
dfCate['TotalCharges']=customerDF[['TotalCharges']]
#相关性分析
plt.figure(figsize=(16,8))
```

```
dfCate. corr()['Churn']. sort_values(ascending=False). plot(kind='bar')
plt. show()
```

上述操作输出的运行结果如图 8-24 所示。

从分析结果可以看出 gender、PhoneService、OnlineSecurity_No internet service、On-lineBackup_ No internet service、DeviceProtection_No internet service、TechSupport_No internet service、StreamingTV_ No internet service、StreamingMovies_No internet service 对结果分析没有意义。

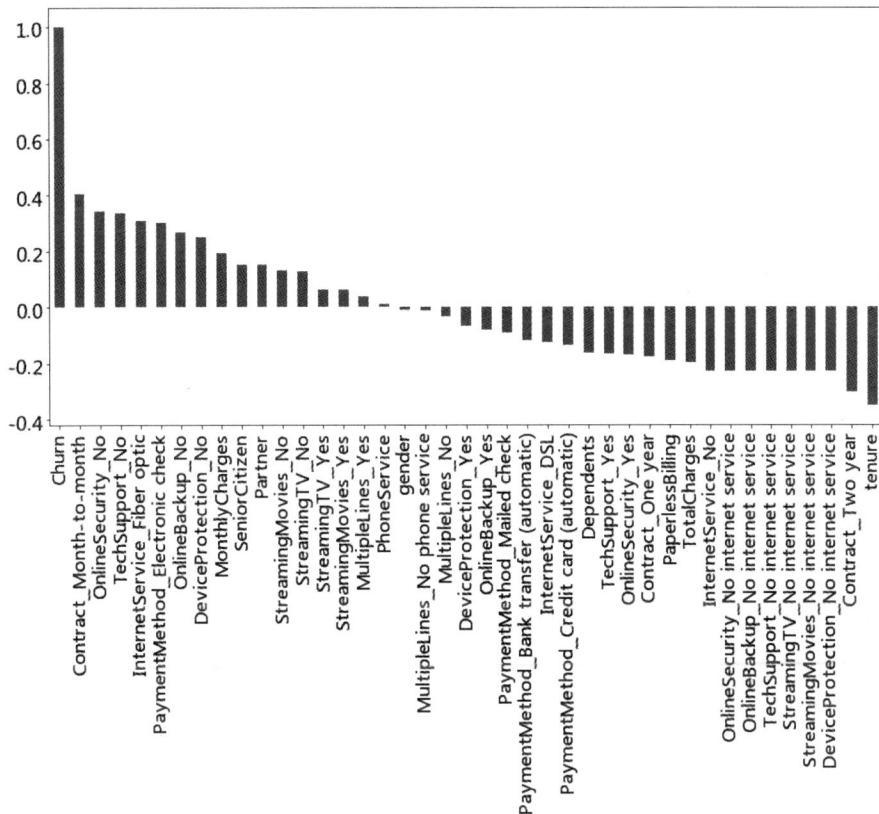

图 8-24　属性重要性分析图

步骤 9：特征选择。

代码如下：

```
#特征选择
dropFea = ['gender','PhoneService','OnlineSecurity_No internet service', 'OnlineBackup_No inter-
net service', 'DeviceProtection_No internet service', 'TechSupport_No internet service', 'StreamingTV_No
internet service', 'StreamingMovies_No internet service']
dfCate. drop(dropFea, inplace=True, axis =1)
#含有特征的 DataFrame
features = dfCate[columns]
```

步骤 10：K-means 聚类分析，采用手肘法获取最合适的 K 值。

代码如下：

```
import pandas as pd
from scikit-learn. cluster importkmeans
import Matplotlib. pyplot as plt
#利用 SSE 选择 k′
SSE = []   #存放每次结果的误差平方和
for k in range(1,9)：
    estimator =kmeans(n_clusters=k)   #构造聚类器
    estimator. fit(features)
    SSE. append(estimator. inertia_) #estimator. inertia_获取聚类准则的总和
X = range(1,9)
plt. xlabel('k')
plt. ylabel('SSE')
plt. plot(X,SSE,'o-')
plt. show()
```

上述操作输出的运行结果如图 8-25 所示。

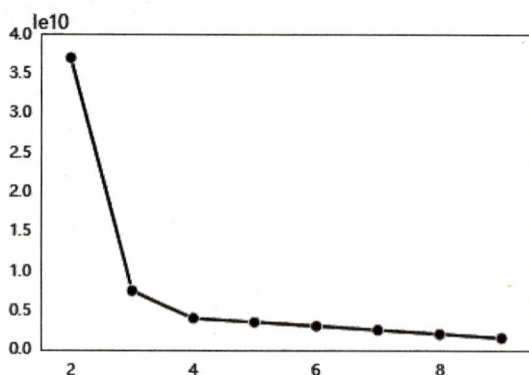

图 8-25　手肘法 K 值分析图

从图 8-25 中可以看出，当 $K=3$ 或 4 时效果相对较好。最终使用 $K=4$ 进行数据的群体聚类分析，相关操作代码如下：

```
from scikit-learn. cluster importkmeans
y_pred =kmeans(n_clusters=4, random_state=9). fit_predict(features)
```

模块小结

本模块聚类是一种机器学习技术，它涉及样本点的分组。给定一组样本点，可以使用聚类算法将每个样本点划分为一个特定的组。理论上，同一组中的样本点应该具有相似的属性或特征，而不同组中的样本点应该具有高度不同的属性或特征。聚类是一种无监督学习的方法，是许多领域中常用的统计数据分析技术。

　　在数据科学中，可以使用聚类分析从数据中获得一些有价值的信息。在本模块中，重点研究了 3 种流行的聚类算法以及它们的优缺点，并通过案例应用介绍了算法的应用和调优方式，可为读者后续解决实际问题提供必要的理论和实践准备。

重点知识树

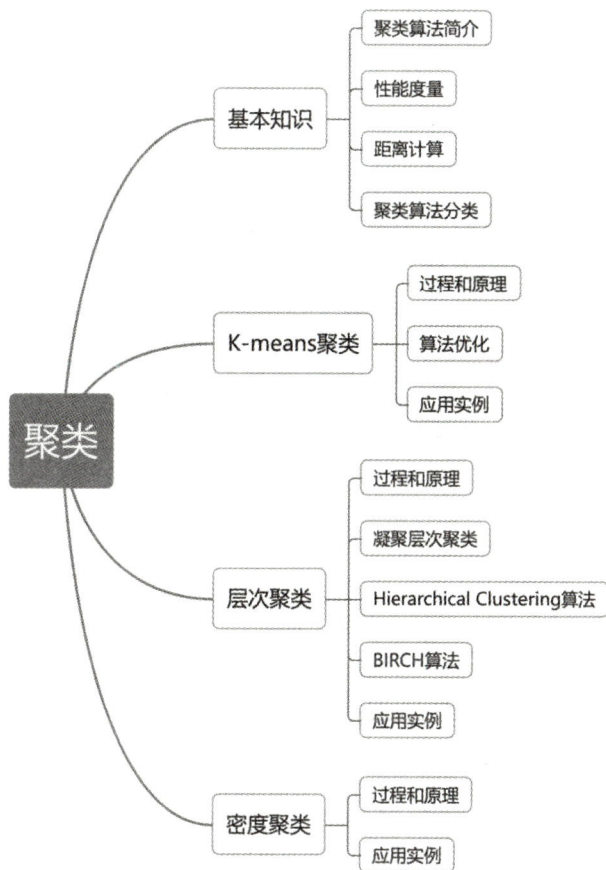

知识巩固

1．（单选）K-means 中确定 K 值的方法包括（　　　）。

A．均方根　　　　　　　　　　B．枚举法

C．手肘法　　　　　　　　　　D．无业务意义的指定

2．（单选）不属于无监督学习算法的是（　　　）。

A．SVM　　　　　　　　　　　B．K-means

C．DBSCAN　　　　　　　　　D．BIRCH

3.（填空）聚类分析根据变量取值的不同，变量特性的测量尺度有 _____、_____、_____ 3 种类型。

4.（填空）原型聚类亦称基于原型的聚类，"原型"是指 _____ 中具有代表性的点。

5.（填空）DBSCAN 算法是一种很典型的 _____ 聚类算法，既可以适用于 _____ 样本集，也适用于 _____ 样本集。

6.（简答）论述数据数量和质量对机器学习效果的影响。

拓展实训

一、实训目的

（1）学会使用 DBSCAN 算法完成电信客户群体细分。

（2）学会对 DBSCAN 相关参数进行优化。

二、实训内容

（1）读者独立使用 Python 进行 DBSCAN 算法电信用户使用行为数据分析。

（2）读者使用 Python 对 DBSCAN 相关参数进行优化。

三、实训设备

本实训所需设备为安装有 Windows 操作系统的计算机，并在模块 1 已安装好 Anaconda 或 PyCharm 开发环境，且已安装 scikit-learn 库。

模块 9*

集成学习之随机森林算法

学习目标

知识目标

（1）了解集成学习算法的基本原理。
（2）了解装袋算法的基本思想。
（3）了解随机森林的概念及原理。

技能目标

（1）掌握随机森林的 scikit-learn 应用和优化方法。
（2）掌握随机森林的推广算法——Extra Trees 的使用方法。

素养目标

（1）通过学习集成学习算法的思想，培养学生认识知识体系结构的重要性。
（2）通过学习随机森林的概念、原理、特点及应用，培养学生分析问题、解决问题的能力。

在之前的模块中介绍了分类算法、回归算法和聚类算法，了解了从思路和形态都迥然不同的各类机器学习算法。前面模块的重点主要集中在算法本身，如算法的原理、结构以及数学表达式等，但在实际应用中，关注的重点是如何提高预测结果的准确率。选择不同的算法，调整算法的各种参数，是最容易想到的方法，但当前业界采用更多的方法是集成学习算法。

在国内外这些年的大赛中，如百度校园电影推荐系统算法创新大赛、阿里云天池竞赛、Kaggle 数据科学竞赛等，选手使用最多的机器学习算法不是逻辑回归，不是决策树，也不是支持向量机，而是选择使用了名为集成学习（Ensemble Learning）的机器学习算法，也有人称之为集成学习算法。

9.1　集成学习算法思想

集成学习算法又称组合学习器，是机器学习领域比较热门的算法种类，其基本原理是通过构建或组合多个"个体学习器"（Individual Learner，通常也称弱学习器）来完成模型的学习任务。因此，集成学习算法有时也被称为多分类器系统（Multi-classifier System），主要应用于监督学习的场景中。在很多场景下，集成学习算法被理解为决策树类算法的集成，被划分到决策树类算法中。

集成学习
算法思想

在实际应用过程中，依据个体学习器算法的异同，可以将集成学习算法分为同质集成学习算法和异质集成学习算法两种。同质集成学习算法主要是指个体学习器使用相同的算法学习生成，其中的"个体学习器"也称为弱学习器。同质个体学习器的应用是最广泛的，一般常说的集成学习算法都是指同质个体学习器。而同质个体学习器使用最多的模型是 CART 决策树和神经网络。异质集成学习算法主要指"个体学习器"使用不同的算法学习生成。

不管是同质集成学习算法，还是异质集成学习算法，其算法结构是一样的，如图 9 - 1 所示。

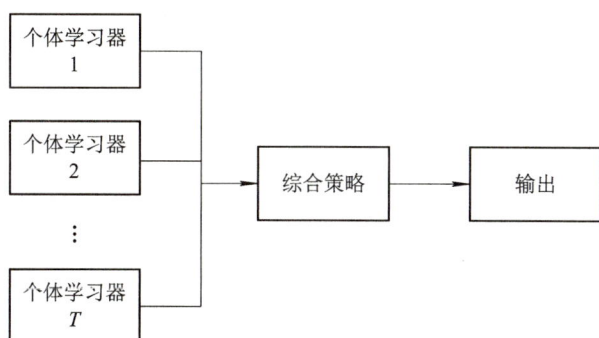

图 9-1　集成学习算法一般结构

1. 根据组合策略对集成学习算法进行分类

由图 9-1 可知，将一组"个体学习器"（也称为弱学习器）通过一定的结合策略组合起来，最终输出一个强学习器。依据学习任务的不同，集成学习算法会选用不同的组合策略。根据组合策略可以将集成学习算法分为投票法、平均法和学习法 3 种。

1）投票法

投票法的根本思想是少数服从多数，主要应用于分类场景。投票法的具体做法是集成的每个个体学习器都预测一次，并将每个预测结果都看作是一次投票，票数多的预测结果为最终的预测结果。换而言之，对 T 个学习器的分类结果做次数统计，将个体学习器预测结果的多数作为最终预测结果。例如，当你让 5 位朋友来评价你拍的短视频（评价结果分为优、良、中、差 4 种），假设其中 3 位将短视频评为优，而另外 2 位将短视频评为良。由于多数人的评价结果为优，所以最终结果短视频评级为优。由投票过程可以看出，每次投票都是针对固定枚举值而言的，主要针对离散取值，因此投票法可用于二分类和多分类问题。

2）平均法

平均法的根本思想是对不同的输出结果取均值作为最终的结果。平均法的具体做法是将每个学习器的输出结果收集起来，然后计算出它们的平均值，作为最终的预测输出。因此，从处理过程可以看出，该方法主要针对连续取值，用于分析回归问题，或在分类问题计算概率时使用。

3）学习法

从上述两种方法可以看出，投票法和平均法主要是对弱学习器的结果进行投票或均值处理，相对比较简单，但在处理实际问题的过程中，样本数量不足或样本差异性较大的情况很常见，使用以上两种方法可能导致误差较大，因此学习法便应运而生。学习法是一种更为强大的结合策略，其根本思想是通过使用另外一个学习器来结合上一步结果进行分析。例如，将各个弱学习器的预测结果输入到一个线性模型或决策树模型中进行学习，并将该模型的结果作为最终的输出结果，其代表方法主要有 stacking 方法。stacking 先从初级数据集训练出初级学习器，然后"生成"一个新数据集用于训练次级学习器。在这个新数据集中，初级学习器的输出被当作数据样本的输入特征。

虽然集成学习的集成策略会依据所处理问题的不同存在一定的差异，但是其流程基本相同，见如下伪代码：

令 D 表示原始训练集，T 表示弱学习器的个数，Z 表示测试集。

for i=1 to T do

  由 D 创建训练集 D_i

  由 D_i 创建弱学习器 C_i

end for

for 每一个测试样本 do

  $C^*(\mathbf{x})=\mathrm{Vote}(C_1(x),C_2(x),\cdots,C_T(x))$

end for

2. 根据弱学习器之间的关系对集成学习算法进行分类

在实际应用过程中，根据弱学习器之间的关系，可以将集成学习算法分为 Boosting(提升)算法和 Bagging(装袋)算法两大类。

1) 提升算法

提升算法的本质特点是各弱学习器之间存在一定的依赖关系，后一级学习器训练的过程中需要考虑之前学习器的训练结果。因此，随着该算法的进行可以逐渐缩小监督学习中产生的学习偏差。

2) 装袋算法

装袋算法是机器学习领域的一种集成学习算法，最初由 Leo Breiman 于 1996 年提出。装袋算法的本质特点是各学习器之间是彼此独立的，不存在依赖关系，在实际处理过程中对训练集进行有放回地抽取，从而为每一个弱学习器都构造出一个同样大小但数据各不相同的训练集，以此训练出不同的弱学习器。装袋算法的基本原理如图 9-2 所示。

装袋算法

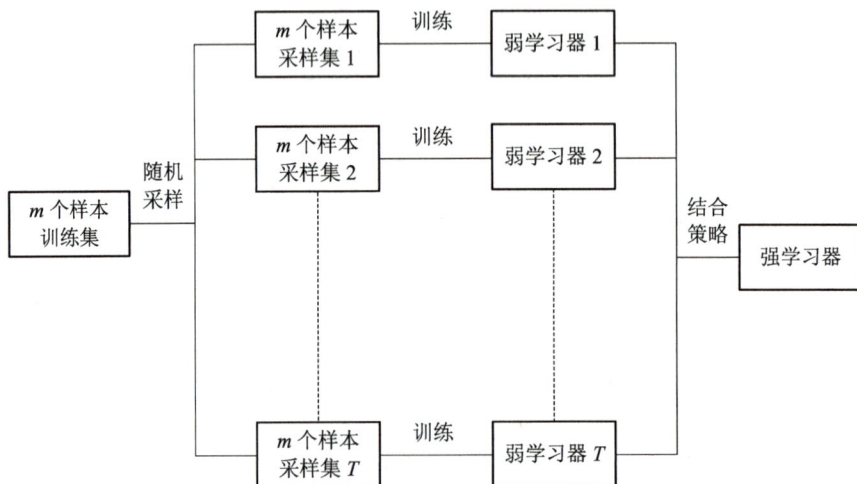

图 9-2 装袋算法的基本原理

由图 9-2 可知，每个学习器使用不同的数据集进行独立训练，各弱学习器之间彼此独立，最终再通过一定的结合策略构建成一个强学习器。因此，装袋算法比较适合做并行化处理，通过并行化处理能够在很大程度上提升算法模型训练的效率。装袋算法在分布式框架(Hadoop)中应用较多，代表方法为随机森林算法。

Bootstrap 称为自助法，属于装袋算法的一种，是有放回的采样方法。利用Bootstrap 方法从整体数据集中采取有放回的抽样方式，得到 T 个包含 m 个样本的训练集，在每个训练集上学习出一个弱学习器，最后将这 T 个弱学习器进行结合，得到一个强学习器。在处理分类问题时，主要采用简单投票法对结果进行处理，在处理回归问题时，采用简单平均法对结果进行处理。装袋算法可与其他分类、回归算法结合，提高最终的预测准确率和稳定性，降低预测结果的方差，以避免过拟合。其运行原理如图 9-3 所示。

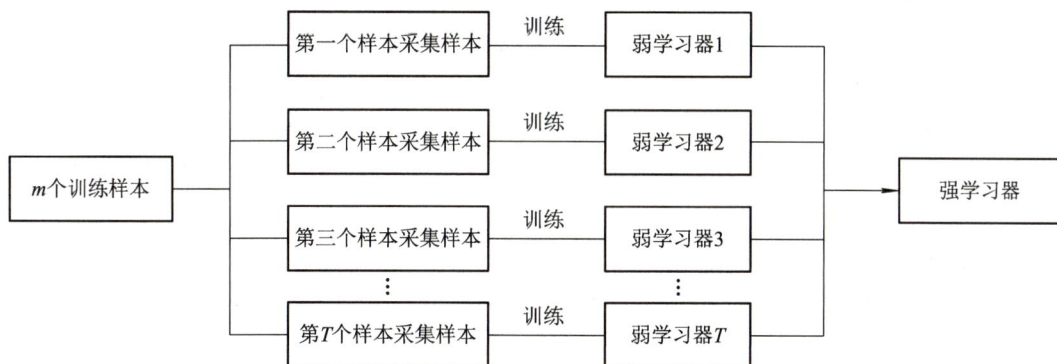

图 9-3 装袋算法中自助法的运行原理图

如图 9-3 所示，输入样本集为 $D=\{(x_1,y_1),(x_2,y_2),\cdots,(x_m,y_m)\}$，弱分类器迭代次数为 T，输出为强分类器。其算法执行流程如下：

(1) 对于 $t=1,2,\cdots,T$：

① 对训练集进行第 t 次随机采样，共采集 m 次，得到包含 m 个样本的采样集 D_t；

② 用采样集 D_t 训练第 t 个弱学习器 $h_t(x)$。

(2) 如果是分类算法预测，则 T 个弱学习器投出票数最多的类别或者类别之一为最终类别。如果是回归算法，则 T 个弱学习器得到的回归结果进行算术平均得到的值为最终的模型输出。

T 个弱学习器 $\{h_1(x),h_2(x),\cdots,h_t(x)\}$ 结合投票法策略，假设预测类别是 $\{c_1,c_2,\cdots,c_k\}$，对于任意一个预测样本，则 T 个弱学习器的预测结果分别是 $\{h_1(x),h_2(x),\cdots,h_t(x)\}$。

9.2 随 机 森 林

随机森林

作为工程实践应用较广泛的算法之一，随机森林在有监督数据分析方面发挥了很重要的作用，尤其是在计算效率和模型应用效果方面，该方法存在比较大的优势，而这些都与其原理相关。

9.2.1 随机森林的基本概念及原理

随机森林(Random Forest，RF)是装袋算法最好的实现之一。该算法以决策树为弱学习器，基于装袋算法的基本思想，将多棵不同结构的决策树组合成一个组合学习器，而在决策树的训练过程中引入了随机训练数据和属性集选择，让每个决策树除了结构差异之外,在模型表达上也存在较大的差异,因此是一个功能强大的学习算法。而作为装袋算法的典型代表,RF 因其强大的并行能力,备受工业界的青睐,尤其是在如今大数据大样本的时代,强大的并行化能力能够为快速获得模型带来很多帮助。它是对装袋算法的改进和升级,吸收了装袋算法多模型相互独立的优势,并进行了独有的改进。与传统装袋算法相比,RF 的改进主要基于"两个随机":① 在训练每个模型时,样本选择是随机的;② 在训练每个模型时,属性选择是随机的。而通过上述两个随机,保证了模型训练的差异性和鲁棒性(鲁棒性可以理解成模型的稳定性)。

对于普通的决策树,通常会在节点上所有的 n 个样本特征中选择一个最优的特征来做决策树的左右子树划分,但是 RF 却是通过随机选择样本集中的一部分样本进行训练的,此时每个学习器的样本通常比总样本数少;同时在这些选择的样本中,也会选择一个最优的特征子集对决策树进行训练,即基于决策树的左右子树进行样本划分,此时产出的模型可以进一步增强模型的泛化能力。

上述内容的具体操作流程如下:

(1) 从原始样本集 M 个样本中使用 Bootstrap(有放回的随机采样)采样法选出 m 个样本。

(2) 从所有 n 个属性中随机选择 k 个属性,一般令 k 的值为 lb$n$。

(3) 选择最佳分割属性(ID3,C4.5,CART)作为节点创建决策树。

(4) 重复以上步骤 S 次,建立 S 棵决策树,形成随机森林。

(5) 在分类问题中通过多数投票法决定输出属于哪一个类;在回归问题中输出所有决策树输出的平均值。

9.2.2　样例分析

本节将根据已有训练集生成对应的随机森林,利用个人的 5 个特征(年龄、性别、教育情况、工作领域和居住地)来预测他的收入层次,特征信息具体如表 9-1 所示。

表 9-1　特征信息说明

属性名称	年　龄	性　别	教育情况	工作领域	居住地
可选项	例如: 18 岁以下; 19~27 岁; 28~40 岁; 40~55 岁; 大于 55 岁	男、女	例如: 初中、 高中、 学士、 硕士及以上	例如: 金融、 建筑、 其他	例如: 有房、 无房

收入层次如下:

- 等级为 1,表示收入不高于 40 000 元。
- 等级为 2,表示收入为 40 000~55 000 元。
- 等级为 3,表示收入高于 55 000 元。

上述内容的具体分析过程如下:

假设森林中有 5 棵 CART 决策树，总特征个数 $N=5$，生成每棵树时特征树取 $m=1$（即假设每棵 CART 决策树对应一个不同的特征）。第一棵 CART 决策树基于年龄特征生成决策树数据，对应数据如表 9-2 所示。

表 9-2 年 龄 拆 分 表

	年龄分层	等级 1 群体占比/%	等级 2 群体占比/%	等级 3 群体占比/%
	18 岁以下	90	10	0
	19～27 岁	85	14	1
基于年龄	28～40 岁	70	23	7
	40～55 岁	60	35	5
	大于 55 岁	70	25	5

第二棵 CART 决策树基于性别特征生成决策树数据，对应数据如表 9-3 所示。

表 9-3 性 别 拆 分 表

	性别分层	等级 1 群体占比/%	等级 2 群体占比/%	等级 3 群体占比/%
基于性别	男	70	27	3
	女	75	24	1

第三棵 CART 决策树基于学历特征生成决策树数据，对应数据如表 9-4 所示。

表 9-4 学 历 拆 分 表

	学历分层	等级 1 群体占比/%	等级 2 群体占比/%	等级 3 群体占比/%
	初中	85	10	5
	高中	80	14	6
基于学历	学士	77	23	0
	硕士及以上	62	35	3

第四棵 CART 决策树基于居住地特征生成决策树数据，对应数据如表 9-5 所示。

表 9-5 居住地拆分表

	居住情况分层	等级 1 群体占比/%	等级 2 群体占比/%	等级 3 群体占比/%
基于居住地	有房	70	20	10
	无房	65	20	15

第五棵 CART 决策树基于工作领域特征生成决策树数据，对应数据如表 9-6 所示。

表 9 - 6　工作领域拆分表

工作领域分层		等级 1 群体占比/%	等级 2 群体占比/%	等级 3 群体占比/%
基于工作领域	金融	65	30	5
	建筑	60	35	5
	其他	75	20	5

现在需要根据某人的个人信息(年龄：35 岁；性别：男；学历：高中；工作领域：建筑；居住地：有房)，判断他的收入等级。

根据这 5 棵 CART 决策树的分类结果，可以针对这个人的信息建立收入层次的分布情况，如表 9 - 7 所示。

表 9 - 7　属性收入等级分析表

CART	收入分层	等级 1 群体占比/%	等级 2 群体占比/%	等级 3 群体占比/%
年龄	28～40 岁	70	23	7
性别	男性	70	27	3
学历	高中	80	14	6
工作领域	建筑行业	60	35	5
居住地	有房	70	20	10
不同等级收入的可能性		70	24	6

根据最终分析结果可知：这个人的收入层次 70% 的可能性属于收入等级 1，大约 24% 的可能性属于收入等级 2，6% 的可能性属于收入等级 3，因此，最终预测此人的收入层次属于等级 1(收入小于 40 000 元)。

需要注意的是，随机森林中弱分类器采用的是一个二叉树，即每一个非叶子节点只能延伸出两个分支，所以当某个非叶子节点是多水平(2 个以上)的离散变量时，该变量就有可能被多次使用。同时，若某个非叶子节点是连续变量时，决策树也将把它作为离散变量来处理(即在有限的可能值中做划分)。而在实际使用过程中通常使用 CART 决策树作为其基础模型，对于 CART 分类树和回归树算法的基本原理可以参考前面的模块，此处不做赘述。

9.2.3　随机森林的特点

随机森林由众多决策树组合而成，因此每棵决策树的差异性决定了模型最终的泛化能力和鲁棒性。若任意两棵决策树相关性越大，则模型的错误率越大；每棵决策树的拟合能力越强，整个森林的错误率越低。基于随机森林的基本思想，随机森林算法在实际使用过程中存在如下优缺点，因此在实际使用过程中需要斟酌。

随机森林算法的优点如下：

(1) 简单、容易实现、计算开销小、准确率高。

（2）能够有效地运行在大数据集上，可以实现并行训练。

（3）能够处理具有高维特征的输入样本，而且不需要降维。

（4）能够评估各个特征在分类问题上的重要性。

（5）对部分缺失特征不敏感。

（6）由于是树模型，不需要归一化，可直接使用。

（7）在生成过程中，能够获取到内部生成误差的一种无偏估计，同时不需要通过交叉验证或者用一个独立的测试集来获得无偏估计，它可以在内部进行评估。

随机森林算法的缺点如下：

（1）随机森林已经被证明在某些噪声较大的分类或回归问题上会过拟合。

（2）对于有不同取值的属性的数据，取值划分较多的属性会对随机森林产生更大的影响，所以随机森林在这种数据上产出的属性权值是不可信的。

9.2.4 与其他有监督学习算法的对比

随机森林属于有监督学习算法的范畴，与其他有监督学习算法相比，主要区别如下：

（1）与线性回归类算法相比，随机森林算法采用的是折线拟合的方式，其本质在于属性空间拆分，因此当树足够多时，其训练数据拟合效果会比较好，同时由于样本和属性选择的随机性，以及类别权重控制，对于处理倾斜数据存在一定效果，而由于其本身主要的关注点在于样本本身，当训练数据与实际数据存在分布差异时，效果会有所下降。

（2）与最近邻算法和贝叶斯算法相比，决策树类算法专注的是类别边界的求取，与概率和距离类算法区分类别差异性存在较大的区别，在面对样本类别分布不均匀问题时，前者表现会较好，而后者极易受到多占比样本的影响，从而丧失对小样本的区分能力。

综上所述，当处理实际有监督分类问题时，离散属性占比较多且样本分布不均匀时，推荐使用随机森林算法。

9.3 随机森林的推广——极端随机树

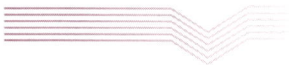

由于随机森林在实际应用中的良好特性，基于随机森林有很多变种算法，应用也很广泛，不光可以用于分类，还可以用于特征转换、异常点检测等。

Extra Trees（极端随机树）是随机森林的一个变种，原理几乎和随机森林一模一样，仅有如下两点区别：

（1）对于每个决策树的训练集，随机森林采用的是随机采样 Bootstrap 来选择采样集作为每个决策树的训练集，而 Extra Trees 一般不采用随机采样，即每个决策树采用原始训练集。

（2）在选定了划分特征后，随机森林的决策树会基于基尼系数、均方差之类的原则，选择一个最优的特征值划分点，这和传统的决策树相同。但是 Extra Trees 比较激进，它会随机地选择一个特征值来划分决策树。

对于第二点的不同，以二叉树为例，当特征是类别的形式时，随机选择具有某些类别的样本为左分支，而把具有其他类别的样本作为右分支；当特征是数值的形式时，随机选择一个处于该特征的最大值和最小值之间的任意数，当样本的该特征值大于该值时作为左分支，当小于该值时作为右分支，这样就实现了在该特征下把样本随机分配到两个分支上的目的。然后计算此时的分叉值（如果特征是类别的形式，可以应用基尼系数；如果特征是数值的形式，可以应用均方误差）。遍历节点内的所有特征，按上述方法得到所有特征的分叉值，选择分叉值最大的特征实现对该节点的分叉。从上面的介绍可以看出，这种方法比随机森林算法的随机性更强。

对于某棵决策树，由于它的最佳分叉特征是随机选择的，因此预测结果往往是不准确的，但多棵决策树组合在一起，就可以达到很好的预测效果。

当 Extra Trees 构建好了以后，也可以应用全部的训练样本来得到该 Extra Trees 的预测误差。这是因为尽管构建决策树和预测应用的是同一个样本训练集，但由于最佳分叉特征是随机选择的，所以仍然会得到完全不同的预测结果，用该预测结果就可以与样本的真实响应值进行比较，从而得到预测误差。如果与随机森林相类比，在 Extra Trees 中，全部训练样本都是袋外数据（Out of Bag，OOB）样本，所以计算 Extra Trees 的预测误差，也就是计算这个 OOB 误差。

在这里，仅仅介绍了 Extra Trees 算法与随机森林算法的不同之处，Extra Trees 算法的其他内容与随机森林是完全相同的。

9.4　随机森林算法的 scikit-learn 实现

本小节将主要介绍随机森林的 scikit-learn 实现。scikit-learn 的基本功能主要分为六大部分：分类、回归、聚类、数据降维、模型选择和数据预处理。

随机森林的
scikit-learn 实现

9.4.1　scikit-learn 随机森林类库概述

在 scikit-learn 中，随机森林分类用的类是 RandomForestClassifier，回归用的类是 RandomForestRegressor。随机森林的变种 Extra Trees 分类用的类是 ExtraTreesClassifier 和回归类 ExtraTreesRegressor。由于随机森林和 Extra Trees 的区别较小，调参方法基本相同，本节只关注于随机森林的调参。随机森林需要调参的参数也包括两部分，第一部分是 Bagging 框架的参数，第二部分是 CART 决策树的参数。

9.4.2　随机森林算法的框架参数

学习随机森林框架前应首先关注随机森林的 Bagging 框架的参数。Bagging 框架里的各个弱学习器之间没有依赖关系，这减小了调参的难度。

下面重点介绍随机森林 Bagging 框架的参数，由于 RandomForestClassifier 和 RandomForestRegressor 参数绝大部分相同，因此只对部分核心参数做简要介绍。

① n_estimators：弱学习器的最大迭代次数，或者说最大的弱学习器的个数。一般来说 n_estimators 太小，容易欠拟合；n_estimators 太大，计算量会太大，并且 n_estimators 达到一定的数量后，再增大 n_estimators 获得的模型提升很小，所以一般选择一个适中的数值，默认值是 100。n_estimators 主要用于提升模型的复杂度，从而提升模型预测的准确性。

② oob_score：是否采用袋外样本来评估模型的好坏，其默认值是 False。推荐设置为 True，因为袋外分数反映了一个模型拟合后的泛化能力。

③ criterion：用于确定如何对特征进行分割以构建决策树结构。该参数在随机森林分类和回归中都会用到，但参数方法不同。对 CART 分类树可选"gini"（基尼系数，即 CART 算法，为默认值）、"entropy"（信息熵，即 ID3 算法）。对 CART 回归树可选"mse"（均方误差算法，为默认值）、"mae"（平均误差算法）。

下面再重点介绍一些随机森林的决策树参数，具体如下：

① max_features：划分时考虑的最大特征数。

该参数可以使用很多种类型的值，默认是"None"，意味着划分时考虑所有的特征数；如果是"log2"意味着划分时最多考虑 lbN 个特征；如果是"sqrt"或者"auto"意味着划分时最多考虑 $sqrt(N)$个特征；如果是整数，则代表考虑的是特征绝对数；如果是浮点数，则代表考虑的是特征百分比，即百分比$\times N$ 取整后的特征数，其中 N 为样本总特征数。一般来说，如果样本特征数不多，如小于 50，用默认值"None"就可以了；如果特征数非常多，可以灵活使用刚才描述的其他取值来控制划分时考虑的最大特征数，以控制决策树的生成时间。该参数主要用于构造不同类型的树，以增强模型的泛化能力。

② max_depth：决策树最大深度。

没有输入该参数时，决策树在建立子树的时候不会限制子树的深度。一般来说，数据少或者特征少的时候可以不管这个值。如果模型样本量多，特征也多，则推荐限制这个最大深度，约束单棵树的复杂度，防止过拟合，具体的取值取决于数据的分布。常用的取值为 10～100。

③ min_samples_split：内部节点再划分所需的最小样本数。

该参数会限制子树继续划分的条件，如果某节点的样本数少于 min_samples_split，则不会再尝试选择最优特征来进行划分。其默认值是 2，如果样本量不大，则不需要管这个值。如果样本量数量级非常大，则推荐增大这个值。该参数应用于约束模型树的生长。

④ min_samples_leaf：叶子节点最少样本数。

这个值限制了叶子节点的最少样本数，如果某叶子节点数目小于样本数，则会和兄弟节点一起被剪枝。其默认值是 1，可以输入最少的样本数的整数，或者最少样本数占样本总数的百分比。如果样本量不大，则不需要设置这个值。如果样本的数量级非常大，则推荐增大这个值，对树进行剪枝处理，防止过拟合。

⑤ min_weight_fraction_leaf：叶子节点最小的样本权重和。

这个值限制了叶子节点所有样本权重和的最小值，如果小于这个值，则会和兄弟节点一起被剪枝。其默认值是 0，即不考虑权重问题。一般来说，如果有较多样本有缺失值，或者分类树样本的分布类别偏差很大，就会引入样本权重，这时就要注意这个值了。

⑥ max_leaf_nodes：最大叶子节点数。

通过限制最大叶子节点数，可以防止过拟合，默认值是"None"，即不限制最大的叶子节点数。如果特征不多，可以不考虑这个值，但是如果特征分层多，可以限制叶子节点数，具体的值可以通过交叉验证得到。

⑦ min_impurity_split：节点划分最小不纯度。

这个值限制了决策树的增长，如果某节点的不纯度（基于基尼系数，均方差）小于这个阈值，则该节点不再生成叶子节点。一般不推荐改动默认值 1e−7。

⑧ class_weight：样本权重。

防止训练集某些类别的样本过多导致训练的决策树过于偏向这些类别。可以自己指定各个样本的权重，也可使用"balanced"让算法自己计算权重，样本量少的类别所对应的样本权重会增加。

以上决策树参数中最重要的是最大特征数 max_features、最大深度 max_depth、内部节点再划分所需的最小样本数 min_samples_split 和叶子节点最少样本数 min_samples_leaf。

9.4.3　随机森林算法的输出参数

随机森林在 scikit-learn 的模型输出中有两个非常重要的参数：模型预测输出参数和特征重要性评价参数。

1. 模型预测输出参数

predict(X)：返回输入样本的预测类别，返回类别为各个树预测概率均值的最大值。

predict_proba(X)：返回输入样本 X 属于某一类别的概率，通过计算随机森林中各树对于输入样本的平均预测概率得到，每棵树输出的概率由叶子节点中类别的占比得到。

score(X,y)：返回预测的平均准确率。

2. 特征重要性评价参数

feature_importances_：一棵树中的特征的排序（如深度），可以用来作为特征相对重要性的一个评价指标。相对而言，它对于最终样本的划分贡献最大（经过该特征划分所涉及的样本比重最大），这样可以通过对比各个特征所划分的样本比重来评价特征的相对重要程度。

前者主要用于模型预测输出，后者主要用于特征重要性评估。

技能实训

实训　利用随机森林算法对鸢尾花进行数据分析

一、实训目的

（1）掌握随机森林算法的应用和参数优化。

（2）通过鸢尾花卉的表征特征，从而实现对花卉的识别和区分。

二、实训内容

使用随机森林算法对鸢尾花进行数据分析，要预测的目标为数据集的标签 target。本次实验所用的数据选用 sklearn.datasets 自带的鸢尾花 Iris 数据集。具体数据集内容参考模块 4 的实训一。

三、实训设备

本实训所需设备为安装有 Windows 操作系统的计算机，并在模块 1 中已安装好 Anaconda 或 PyCharm 开发环境，且已安装 Pandas 和 scikit-learn 库。

四、实训步骤

步骤 1：导入相应库。

本实验需要使用机器学习包中的部分分类算法进行模型的建立和训练，因此在实验开始之前需要先完成机器学习中随机森林、排他树、决策树等算法模型的导入。

代码如下：

```
from sklearn.model_selection import cross_val_score
from sklearn import datasets
from sklearn.ensemble import RandomForestClassifier
from sklearn.ensemble import ExtraTreesClassifier
from sklearn.tree import DecisionTreeClassifier
```

步骤 2：加载数据集。

代码如下：

```
import pandas as pd
df_Iris = pd.read_csv('Iris.csv')
df_Iris.head()
```

步骤 2 的运行结果如图 9-4 所示。

	Id	SepalLength/cm	SepalWidth/cm	PetalLength/cm	PetalWidth/cm	Species
0	1	5.1	3.5	1.4	0.2	Iris-setosa
1	2	4.9	3.0	1.4	0.2	Iris-setosa
2	3	4.7	3.2	1.3	0.2	Iris-setosa
3	4	4.6	3.1	1.5	0.2	Iris-setosa
4	5	5.0	3.6	1.4	0.2	Iris-setosa

图 9-4 样例数据展示图

步骤 3：描述性统计。

对实验进行数据统计。

代码如下：

```
#描述性统计
df_Iris.describe()
```

步骤 3 的运行结果如图 9-5 所示。

通过图 9-5 获取数据的基本统计信息如下：

	Id	SepalLength/cm	SepalWidth/cm	PetalLength/cm	PetalWidth/cm
count	150.000000	150.000000	150.000000	150.000000	150.000000
mean	75.500000	5.843333	3.054000	3.758667	1.198667
std	43.445368	0.828066	0.433594	1.764420	0.763161
min	1.000000	4.300000	2.000000	1.000000	0.100000
25%	38.250000	5.100000	2.800000	1.600000	0.300000
50%	75.500000	5.800000	3.000000	4.350000	1.300000
75%	112.750000	6.400000	3.300000	5.100000	1.800000
max	150.000000	7.900000	4.400000	6.900000	2.500000

图 9-5　描述性统计展示图

- 花萼长度最小值为 4.30，最大值为 7.90，均值为 5.84，中位数为 5.80。
- 花萼宽度最小值为 2.00，最大值为 4.40，均值为 3.05，中位数为 3.00。
- 花瓣长度最小值为 1.00，最大值为 6.90，均值为 3.76，中位数为 4.35。
- 花瓣宽度最小值为 0.10，最大值为 2.50，均值为 1.20，中位数为 1.30。
- 按中位数来度量：花萼长度＞花瓣长度＞花萼宽度＞花瓣宽度。

步骤 4：数据清洗。

对数据中存在的一些特殊字符进行处理。

代码如下：

```
# 去掉 Species 特征中的'Iris-'字符
df_Iris['Species'] = df_Iris. Species. apply(lambda x: x. split('-')[1])
df_Iris. Species. unique()
```

步骤 4 的运行结果如下：

```
arry(['setosa','versicolor','virginica'],dtype=object)
```

步骤 5：数据分析。

（1）对数据集进行分析，查看数据的分布规律。

代码如下：

```
import seaborn as sns
import Matplotlib. pyplot as plt
# sns 初始化
sns. set()
# 设置散点图 x 轴与 y 轴以及 data 参数
sns. relplot(x='SepalLengthCm', y='SepalWidthCm', data = df_Iris)
plt. title('SepalLengthCm and SepalWidthCm data analysize')
```

该步骤的运行结果如图 9-6 所示。

（2）花萼的长度和宽度在散点图上分了两个簇。按照花的种类对数据进行分类。

代码如下：

```
# hue 表示按照花的种类对数据进行分类，而 style 表示每个类别的标签系列格式不一致
sns. relplot(x='SepalLengthCm', y='SepalWidthCm', hue='Species', style='Species', data=df_Iris )
plt. title('SepalLengthCm and SepalWidthCm data by Species')
```

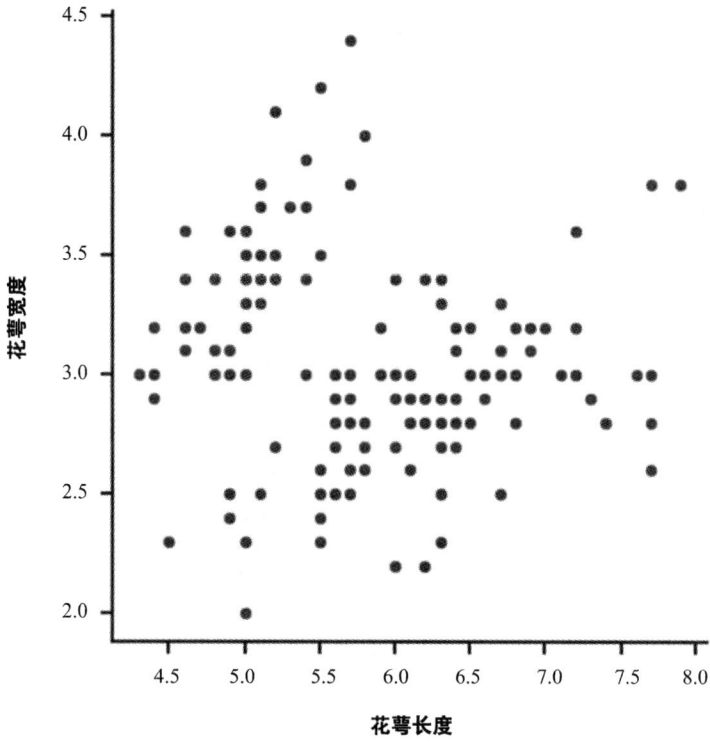

图 9-6 花萼长度和花萼宽度之间的数据分析散点图

该步骤的输出结果如图 9-7 所示。

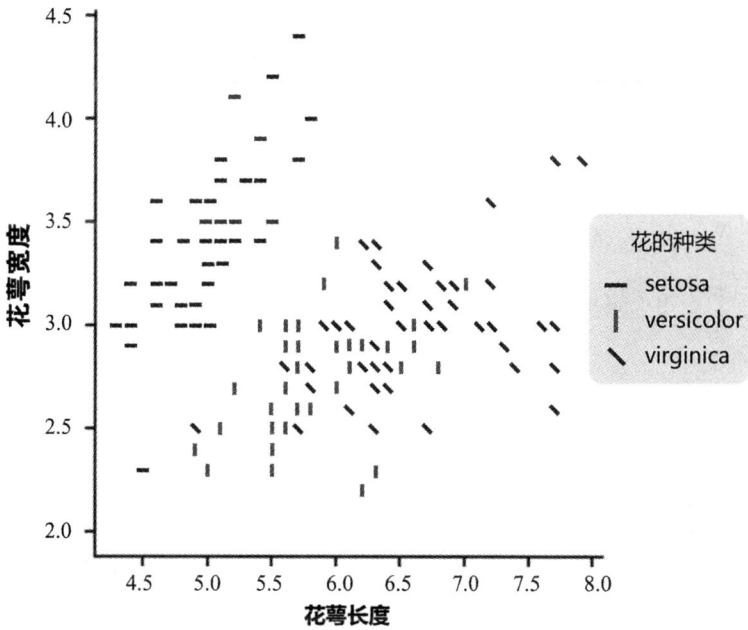

图 9-7 不同种类花的花萼长度和花萼宽度之间的分布关系散点图

（3）从图 9-7 中可以看到 setosa 这种花的花萼长度和宽度有明显的线性关系，当然其他两种也存在一定的关系。分析花瓣长度与宽度分布。

代码如下：

```
#花瓣长度与宽度分布散点图
sns.relplot(x='PetalLengthCm', y='PetalWidthCm',
        hue='Species', style='Species', data=df_Iris)
plt.title('PetalLengthCm and PetalWidthCm data by Species')
```

该步骤的输出结果如图 9-8 所示。

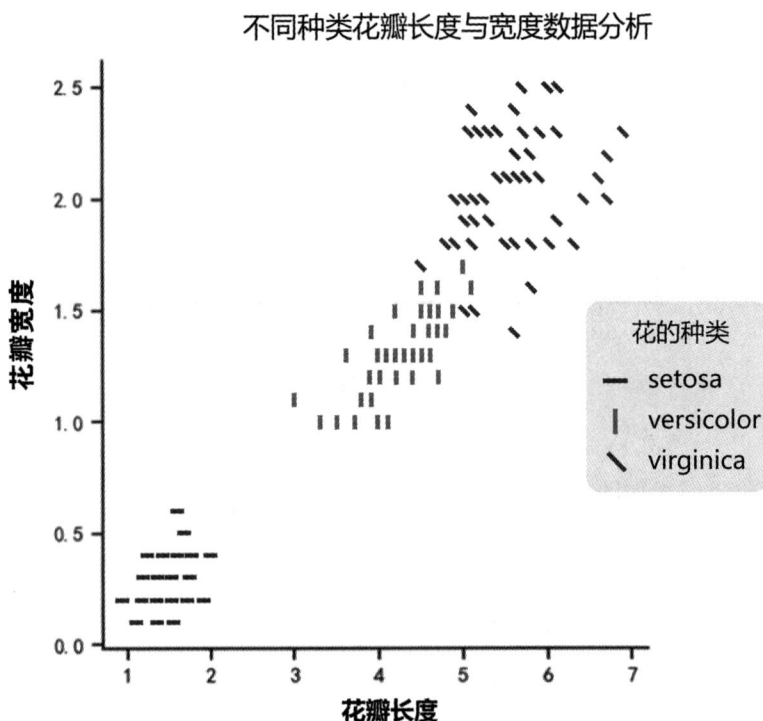

图 9-8　不同种类花瓣长度与宽度数据分析散点图

（4）花的品种和花瓣的长度、宽度之间存在一定的关系，因此也可以分析它们之间的关系。

代码如下：

```
#花萼的长度与花瓣的宽度分布散点图
sns.relplot(x='SepalLengthCm', y='PetalWidthCm',
        hue='Species', style='Species', data=df_Iris)
plt.title('SepalLengthCm and PetalWidthCm data by Species')
#花萼的宽度与花瓣的长度分布散点图
sns.relplot(x='SepalWidthCm', y='PetalLengthCm',
        hue='Species', style='Species', data=df_Iris)plt.title('SepalWidthCm and PetalLengthCm
data by Species')
```

该步骤的输出结果如图 9-9 所示。

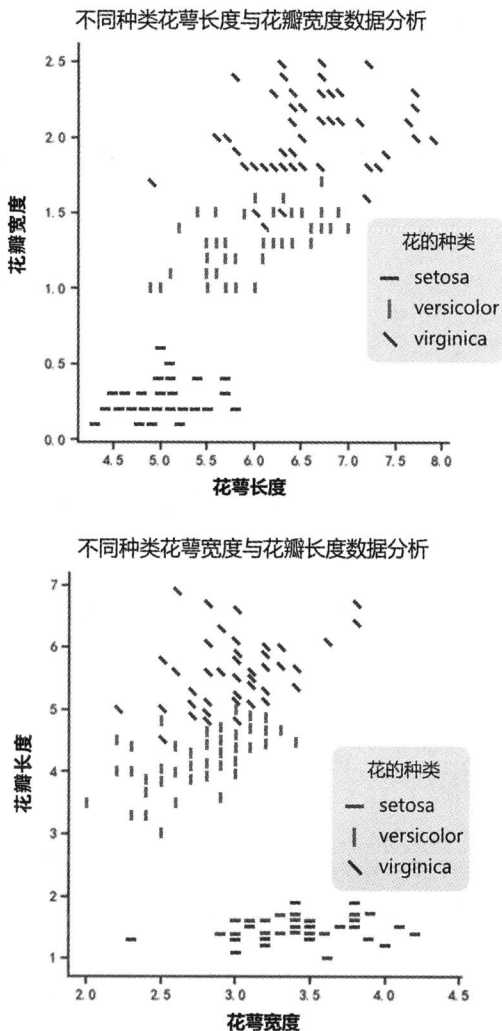

图 9-9 花萼长度、宽度和花瓣宽度、长度的数据分析散点图

（5）分析 Id 编号与花萼长度、花萼宽度、花瓣长度、花瓣宽度之间的关系。

代码如下：

```
＃花萼长度与 Id 之间的关系图
sns.relplot(x="Id", y="SepalLengthCm",hue="Species"，style="Species",kind="line"，data＝df_Iris)
plt.title('SepalLengthCm and Id data analysize')
＃花萼宽度与 Id 之间的关系图
sns.relplot(x="Id", y="SepalWidthCm",hue="Species"，style="Species",kind="line"，data＝df_Iris)
plt.title('SepalWidthCm and Id data analysize')
＃花瓣长度与 Id 之间的关系图
sns.relplot(x="Id", y="PetalLengthCm",hue="Species"，style="Species",kind="line"，data＝df_Iris)
plt.title('PetalLengthCm and Id data analysize')
```

```
#花瓣宽度与 Id 之间的关系图
sns.relplot(x="Id", y="PetalWidthCm",hue="Species", style="Species",kind="line", data=df_Iris)
plt.title('PetalWidthCm and Id data analysize')
```

该步骤的输出结果如图 9-10 所示。

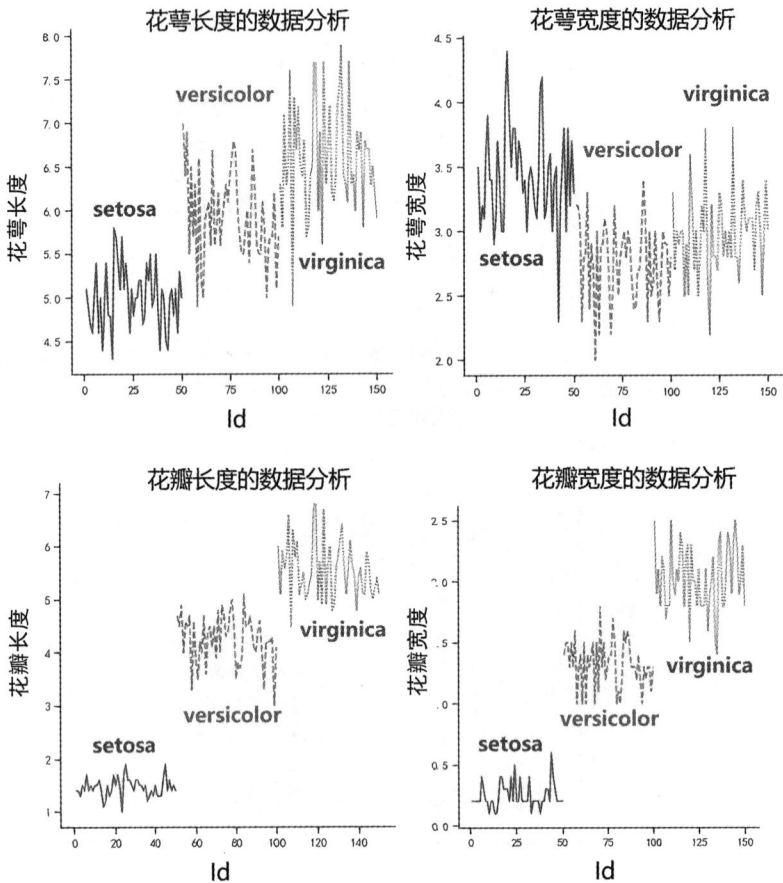

图 9-10　Id 编号与花萼长度、宽度和花瓣长度、宽度的属性关系图

步骤 6：分析不同属性的占比分布。

可以分析花萼长度、花萼宽度、花瓣长度、花瓣宽度之间的关系。

代码如下：

```
#花萼长度
sns.boxplot(x='Species', y='SepalLengthCm', data=df_Iris)
sns.violinplot(x='Species', y='SepalLengthCm', data=df_Iris)
plt.title('SepalLengthCm data by Species')
#花萼宽度
sns.boxplot(x='Species', y='SepalWidthCm', data=df_Iris)
sns.violinplot(x='Species', y='SepalWidthCm', data=df_Iris)
plt.title('SepalWidthCm data by Species')
```

```
#花瓣长度
sns.boxplot(x='Species', y='PetalLengthCm', data=df_Iris)
sns.violinplot(x='Species', y='PetalLengthCm', data=df_Iris)
plt.title('PetalLengthCm data by Species')
#花瓣宽度
sns.boxplot(x='Species', y='PetalWidthCm', data=df_Iris)
sns.violinplot(x='Species', y='PetalWidthCm', data=df_Iris)
plt.title('PetalWidthCm data by Species')
```

该步骤的输出结果如图 9-11 所示。

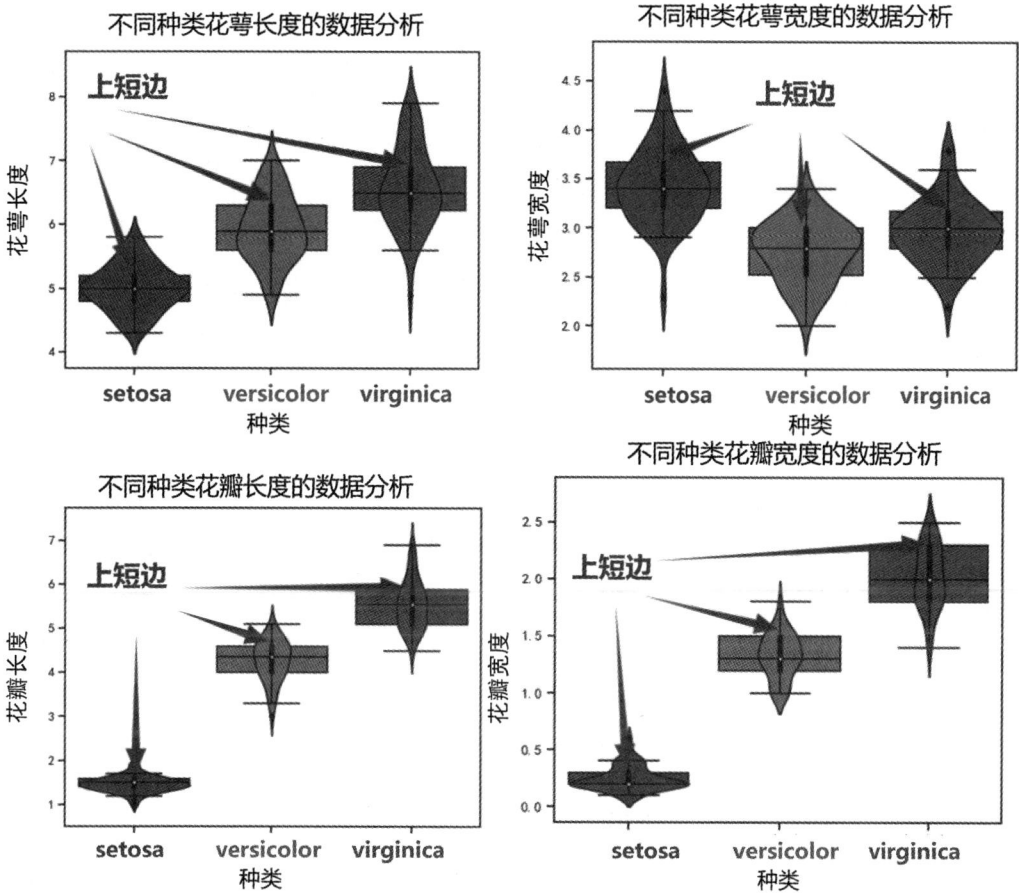

图 9-11　花萼长度、宽度和花瓣长度、宽度的属性分布盒图

从图 9-11 中可以明显看出，盒图中的白点就是中位数，黑色实心矩形的上短边是上四分位数 Q3，黑色下短边是下四分位数 Q1；而贯穿矩形的黑线的上端点代表最小非异常值，下端点代表最大非异常值；黑色矩形外部形状表示核概率密度估计。

步骤 7：属性相关性分析。

可以分析不同属性之间的相关性。

代码如下：

```
#删除 Id 特征，绘制分布图
sns. pairplot(df_Iris. drop('Id', axis=1), hue='Species')
#保存图片，由于在 jupyter Notebook 中太大，不能一次截图
plt. savefig('pairplot. png')
plt. show()
```

该步骤的输出结果如图 9 - 12 所示。

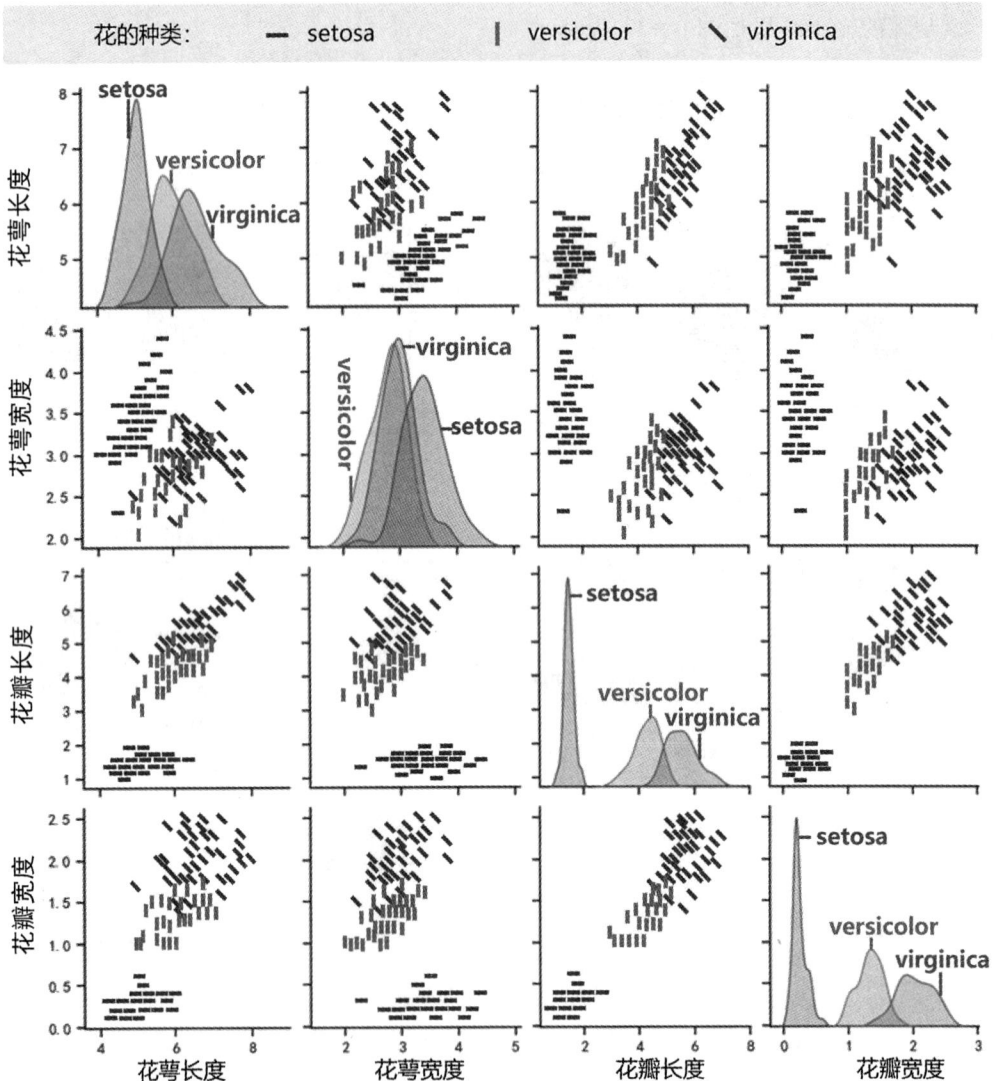

图 9 - 12　属性相关性图

综上，花萼的长度、花萼的宽度、花瓣的长度、花瓣的宽度与花的种类之间均存在一定的相关性，且对于这 3 个种类，setosa(山鸢尾)较其他两种鸢尾花数据分布更集中；就同一种花的平均水平来看，其花萼的长度最长，花瓣的宽度最短；就同一属性的平均水平来看，3 种

花在除了花萼的宽度外的属性中平均水平表现为：virginica ＞ versicolour ＞ setosa。

步骤 8：模型训练。

（1）采用随机森林算法进行模型训练（使用默认参数进行模型训练）。

代码如下：

```
from sklearn.model_selection import train_test_split
from sklearn.ensemble import RandomForestClassifier
X = df_Iris[['SepalLengthCm','SepalWidthCm','PetalLengthCm','PetalWidthCm']]
y = df_Iris['Species']
#将数据按照8:2的比例随机分为训练集、测试集
X_train, X_test, y_train, y_test = train_test_split(X, y, test_size=0.2)
#初始化决策树模型
dt = RandomForestClassifier()
#训练模型
dt.fit(X_train, y_train)
#用测试集评估模型的好坏
dt.score(X_test, y_test)
```

该步骤的运行结果为 0.9333333333333333。

（2）采用 Extra Trees 算法进行模型训练（使用默认参数进行模型训练）。

代码如下：

```
from sklearn.model_selection import train_test_split
from sklearn.ensemble import ExtraTreesClassifier
X = df_Iris[['SepalLengthCm','SepalWidthCm','PetalLengthCm','PetalWidthCm']]
y = df_Iris['Species']
#将数据按照8:2的比例随机分为训练集、测试集
X_train, X_test, y_train, y_test = train_test_split(X, y, test_size=0.2)
#初始化决策树模型
dt = ExtraTreesClassifier()
#训练模型
dt.fit(X_train, y_train)
#用测试集评估模型的好坏
dt.score(X_test, y_test)
```

该步骤的运行结果为 0.9。

通过结果对比，可以发现 ExtraTreesClassifier 效果较 RandomForestClassifier 差，说明在该场景下随机森林算法更适合。

步骤 9：模型参数优化。

通过调节超参数取值，训练评价效果更好的模型。

代码如下：

```
from sklearn.model_selection import train_test_split
from sklearn.ensemble import RandomForestClassifier
X = df_Iris[['SepalLengthCm','SepalWidthCm','PetalLengthCm','PetalWidthCm']]
```

```
y = df_Iris['Species']
#将数据按照 8：2 的比例随机分为训练集、测试集
X_train, X_test, y_train, y_test = train_test_split(X, y, test_size=0.2)
#初始化决策树模型
dt = RandomForestClassifier(bootstrap=True, class_weight=None,
criterion='gini',max_depth=None, max_features='auto', max_leaf_nodes=None,
min_samples_leaf=1, min_samples_split=2,
min_weight_fraction_leaf=0.0, n_estimators=10, n_jobs=1,
oob_score=False, random_state=None, verbose=0,
warm_start=False)
#训练模型
dt.fit(X_train, y_train)
#用测试集评估模型的好坏
dt.score(X_test, y_test)
```

该步骤的运行结果为 0.9667。

通过设置模型参数 min_samples_leaf=1，min_samples_split=2，min_weight_fraction_leaf=0.0，n_estimators=10，训练效果有了一定程度的提升。

步骤 10：优化模型参数。

完成模型训练之后，需要对模型参数进行调优。

代码如下：

```
fromsklearn. model_selection import train_test_split
fromsklearn. ensemble import RandomForestClassifier
X = df_Iris[['SepalLengthCm','SepalWidthCm','PetalLengthCm','PetalWidthCm']]
y = df_Iris['Species']
#将数据按照 8：2 的比例随机分为训练集、测试集
X_train, X_test, y_train, y_test = train_test_split(X, y, test_size=0.2)
#初始化决策树模型
dt = RandomForestClassifier(bootstrap=True, class_weight=None, criterion='gini',
max_depth=12, max_features='auto', max_leaf_nodes=None,
min_samples_leaf=1, min_samples_split=2,
min_weight_fraction_leaf=0.0, n_estimators=10, n_jobs=1,
oob_score=False, random_state=None, verbose=0,
warm_start=False)
#训练模型
dt.fit(X_train, y_train)
#用测试集评估模型的好坏
dt.score(X_test, y_test)
```

该步骤的运行结果为 1.0。

综上，在该场景下，通过增加树的最大深度，能够提升单模型的拟合效果，最终让模型准确率达到 1。

模块小结

本模块主要向读者介绍了集成学习算法的基本原理、Bagging 算法的思想、随机森林算法的概念和基本原理，以及在解决实际问题时需要注意的事项，并结合案例实训引导读者理解和掌握随机森林算法在解决实际问题时的基本流程。随机森林算法在人工智能领域应用较多，属于比较典型且应用效果较好的算法。实际使用过程主要包括算法包的导入、数据集预处理、数据理解、模型训练和模型优化等主要步骤，最终通过模型参数优化，提升模型准确率和模型应用效果，从而帮助读者提升应用机器学习方法解决实际问题的能力。

技能实训部分主要学习了结合花卉识别的案例对数据进行分析的整体流程。其中重点演练了模型参数优化，相关操作在实际场景中使用较多，属于模型调优的典型操作之一，希望读者能够以此为基础，练习对其他模型参数的优化，从而提升机器学习算法的应用能力。

重点知识树

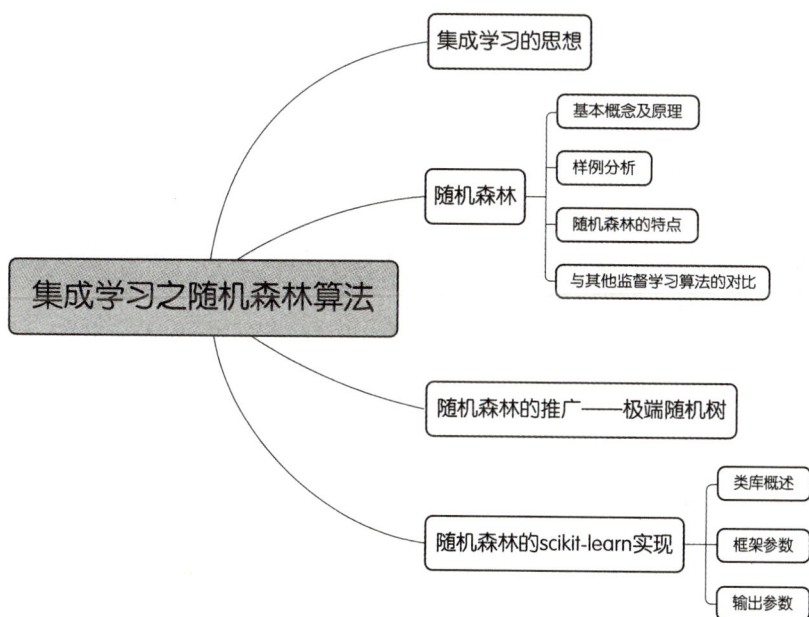

知识巩固

1.（填空）如果已经在完全相同的训练集上训练了 5 个不同的模型，并且都达到了 95% 的准确率，那么还可以通过调节_____参数，进一步提升模型应用的效果。

2.（填空）_____让 Extra Trees 比一般随机森林更加随机，这部分增加的随机性的作用是_____。

3.（多选）关于随机森林和 GBDT，下列说法错误的是(　　)。

A. 随机森林中每个学习器是相互独立的

B. 随机森林利用了 Bagging 的思想来构建强学习器

C. GBDT 利用了 Boosting 的思想来构建强学习器

D. GBDT 中每个学习器之间没有任何联系

4.（单选）集成学习策略常用于分类的是(　　)。

A. 投票法　　　　　　　　　B. 平均法

C. 学习法　　　　　　　　　D. 上述都有

5.（判断）组成随机森林的树可以并行生成，而 GBDT 只能是串行生成。(　　)

6.（判断）集成学习通过将多个学习器进行结合，通常可获得比单一学习器更优的效果。(　　)

拓展实训

一、实训目的

针对上述数据集，在 scikit-learn 中对随机森林其他主要参数进行优化。

二、实训内容

对随机森林中 max_features、min_samples_leaf 等相关参数进行优化。

三、实验设备

本实训所需设备为安装有 Windows 操作系统的计算机，并在模块 1 中已安装好 Anaconda 或 PyCharm 开发环境。

模块 10*

集成学习之 AdaBoost 算法

学习目标

知识目标

(1) 学习提升算法的基本思想。

(2) 学习 AdaBoost 算法基础知识。

(3) 学习 AdaBoost 算法原理。

技能目标

(1) 掌握 AdaBoost 算法分类问题。

(2) 掌握 AdaBoost 算法回归问题。

(3) 掌握 AdaBoost 的 scikit-learn 实现方法。

素养目标

(1) 通过学习 AdaBoost 算法,培养学生对比思考的能力。

(2) 通过学习 AdaBoost 算法的 scikit-learn 实现,培养学生精准分析问题并寻求解决方案的能力。

情境引入

模块 9 介绍的随机森林算法是集成学习装袋算法的一个重要实现方式，它的特点是每个弱学习器所使用的数据集以放回的采样方式重新生成，也就是说，在每个弱学习器生成训练集时，每个数据样本都有同样被采样的概率。本模块要讲述的提升算法有所不同，提升算法的弱学习器使用全部训练集进行训练，但后面弱学习器的训练会受前面预测结果的影响，对于前面弱学习器预测错误的数据样本，将在后面的训练中提高权值，而正确预测的数据样本则降低权值。

提升算法最成功的应用之一是机器视觉里的目标检测问题，如人脸检测、行人检测、车辆检测等。在深度卷积神经网络没有广泛应用之前，提升算法在视觉目标检测领域的实际应用中一直处于主导地位。

知识准备

提升算法中具有代表性的 AdaBoost 算法是由 Freund 等人于 1995 年提出的，该算法是提升算法的一种具体实现，在被提出后的十多年里得到了成功应用。AdaBoost 算法是一种有监督学习算法，它用弱学习器的线性组合构造强学习器。后续又发展出了 GBDT（Gradient Boosting Decision Tree，梯度提升决策树）、XGboost（Extreme Gradient Boosting，极端梯度提升）和 LightGBM（Light Gradient Boosting Machine，轻量的梯度提升机），在实践中得到了广泛应用。

10.1　AdaBoost 算法

AdaBoost 算法简介

AdaBoost 算法作为提升算法中最为经典的算法之一，为后续其他算法的研究和改进提供了重要的理论依据。

10.1.1　AdaBoost 算法概述

AdaBoost 算法继承了提升算法的迭代思想，每次迭代只训练一个弱学习器，训练好的弱学习器将参与下一次迭代。例如，在第 N 次迭代中，一共有 N 个弱学习器，其中 $N-1$ 个是以前训练好的，其各种参数都不会改变，本次训练第 N 个学习器，而第 N 个学习器最有可能对前 $N-1$ 个学习器分错的结果有较好的区分度。

对于 AdaBoost 算法而言，其主要通过降低正确区分数据集样本的权重来改变样本的实际分布。例如，错分数据样本的权重加倍，正确区分数据样本的权重减半，从而改变整体数据集样本的分布。由于权重的增加，错分数据样本在后续的弱学习器中会受到更多关注。对于弱学习器而言，减小分类错误率小的数据样本的权重，增大分类错误率大的数据样本的权重，最终 AdaBoost 算法对所有弱学习器采用加权结合的方式获得集成模型的输出。

AdaBoost 算法中可以选择不同的分类器作为弱学习器，如逻辑回归、SVM、决策树等。AdaBoost 算法的优点如下：

（1）AdaBoost 算法是一种高精度分类器。

（2）可以使用各种方法构建弱学习器，因为 AdaBoost 算法提供的是一个框架。

（3）当使用简单弱学习器时，计算出的结果是可以理解的，而且此时弱学习器的构造极其简单。

（4）模型简单，不需要进行特征筛选。

（5）不容易出现过拟合的问题。

10.1.2　AdaBoost 算法的分类

在实际应用场景中，基于处理问题的差异性，AdaBoost 算法可分为二分类算法和多分类算法。下面以一个二分类问题来介绍 AdaBoost 算法的分类，并引出多分类问题的解决方法。

1. AdaBoost 二分类算法

二分类问题的本质是对样本进行类别区分，并且该问题的输出结果只有 0 和 1 两种取值。AdaBoost 二分类算法的基本思想是：假设有一个训练集为 $\{\boldsymbol{x}_i, y_i\}_{i=1}^n$，其中 $\boldsymbol{x}_i \in \mathbf{R}^d$（每个数据集样本有 d 个特征），$y_i \in \{-1, +1\}$，采用弱学习器最终构建一个强学习器 $G(\boldsymbol{x})$。

该算法分为 3 步，而其中第（2）步又分为 5 小步，针对所有决策树 $m=1,2,\cdots,M$ 进行 for 循环。

（1）初始化数据集样本的权值分布：

$$D_m = (w_1, w_2, \cdots, w_i, \cdots, w_n), \ w_i = \frac{1}{n}, \ i = 1, 2, \cdots, n \tag{10-1}$$

其中，D_m 为第 m 棵决策树的数据集样本权值分布，$w_i(i=1,2,\cdots,n)$ 为数据集样本的权值。

（2）对于决策树 $m=1,2,\cdots,M$，进行以下操作：

① 使用 D_m 的当前权重 $w_i(i=1,2,\cdots,n)$，估计第 m 棵决策树的弱学习器 $G_m(\boldsymbol{x})$；

② 根据当前的权重 w_i，计算第 m 棵决策树的错分率 err_m：

$$\text{err}_m \equiv \frac{\sum\limits_{i=1}^n w_i I(y_i \neq G_m(\boldsymbol{x}_i))}{\sum\limits_{i=1}^n w_i} \tag{10-2}$$

其中，分母为所有观测值的权重之和，而分子为错分观测值 $[y_i \neq G_m(\boldsymbol{x}_i)]$ 的权重之和，$I(\cdot)$ 为示性函数。

③ 计算正确分类的对数概率 α_m，即正确分类的概率 $1-\text{err}_m$ 除以错误分类的概率 err_m，再取对数：

$$\alpha_m \equiv \ln\left(\frac{1-\text{err}_m}{\text{err}_m}\right) \tag{10-3}$$

④ 更新观测值的权重：

$$w_i \leftarrow w_i \cdot \exp\{\alpha_m \cdot I[y_i \neq G_m(\boldsymbol{x}_i)]\} \tag{10-4}$$

⑤ 将所有权重标准化，保证权重之和为 1，即

$$w_i \leftarrow \frac{w_i}{\displaystyle\sum_{j=1}^{n} w_j} \tag{10-5}$$

（3）将每棵决策树的预测结果 $G_m(\boldsymbol{x})$，以对数概率（α_m）为权重，通过加权多数票（weighted majority vote）的方式组合在一起，输出最终预测结果：

$$G(\boldsymbol{x}) = \text{sign}\left[\sum_{m=1}^{M} \alpha_m G_m(\boldsymbol{x})\right] \tag{10-6}$$

其中，$\text{sign}[\,\cdot\,]$ 为符号函数，即

$$\text{sign}[z] = \begin{cases} 1, & z \geqslant 0 \\ -1, & z < 0 \end{cases} \tag{10-7}$$

在 AdaBoost 算法的第（2）步中，进一步考察第④步观测值权重的变化。假定弱学习器的错分率至少比随机猜测更低，则概率 $\dfrac{1-\text{err}_m}{\text{err}_m}>1$，故对数概率 $\alpha_m = \ln\left(\dfrac{1-\text{err}_m}{\text{err}_m}\right)>0$。因此，权重更新公式（10-4）可写为

$$w_i \leftarrow w_i \cdot \exp\{\alpha_m \cdot I[y_i \neq G_m(\boldsymbol{x}_i)]\} = \begin{cases} w_i \cdot \left(\dfrac{1-\text{err}_m}{\text{err}_m}\right), & y_i \neq G_m(\boldsymbol{x}_i) \\ w_i, & y_i = G_m(\boldsymbol{x}_i) \end{cases} \tag{10-8}$$

从式（10-8）可知，分类错误的观测值权重增加 $\dfrac{1-\text{err}_m}{\text{err}_m}>1$ 倍，而分类正确的观测值权重不变。事实上，一方面，为保持所有观测值的权重之和为 1，参见式（10-5），分类正确的观测值权重其实相对地缩小；另一方面，如果某观测值一直分类错误，则其权重将不断增加，表明算法越来越希望能将此"困难"的观测值正确分类。

根据式（10-6），集成学习的最后结果以"加权多数票"决定，而权重为正确分类的对数概率 $\alpha_m = \ln\left(\dfrac{1-\text{err}_m}{\text{err}_m}\right)>0$。因此，分类越正确的决策树，在结果决策中的投票权重越大。

以上二分类问题的 AdaBoost 算法，不难推广到多分类问题。对于多分类问题，假设 $y \in \{1,2,\cdots,K\}$。多分类问题 AdaBoost 算法与二分类问题基本相同，但最后进行加权多数投票的公式为

$$G(\boldsymbol{x}) = \underset{y \in \{1,2,\cdots,K\}}{\text{argmax}} \left\{\sum_{m=1}^{M} \alpha_m I[y = G_m(\boldsymbol{x})]\right\} \tag{10-9}$$

其中，给定特征向量 $\boldsymbol{x}$，示性函数 $I[y = G_m(\boldsymbol{x})]$ 用于判断第 m 棵树的预测结果 $G_m(\boldsymbol{x})$ 是否正确。然后再以正确分类的对数概率（α_m）作为权重，进行加权投票。式（10-9）中，$\text{argmax}\{\,\cdot\,\}$ 为选择取值最大的函数。直观上，式（10-9）分别计算 $y \in \{1,2,\cdots,K\}$ 所得的

不同票数，然后以得票最多者胜出。

　　AdaBoost 算法的作用机制如何？这依然可以从偏差与方差的角度来考虑。一方面，由于每棵树均纠正上一棵树的错误，迫使学习器更加重视特征空间中错误分类的区域，故可降低偏差；另一方面，由于 AdaBoost 算法的最终预测结果为很多决策树的加权平均，故可达到降低方差的效果。

2. AdaBoost 多分类算法

　　AdaBoost 算法可直接处理二分类问题，但在大量的工程实践中需要处理多分类问题。所谓多分类问题，就是指样本集中包含超过两类样本的情况。如图 10 - 1 所示的样本是 4 类非线性分布的样本，其中每种形状代表一类。一般地，先将多分类问题转化为二分类问题，然后处理二分类问题。二分类问题依据训练集只产生一个分类器，而多分类问题依据训练集会产生多个分类器。

　　直接将 AdaBoost 算法应用于多分类问题时往往无法得到令人满意的结果。为了解决这个问题，Zhu Ji 等人在 2009 年提出了 SAMME 算法，这也是 scikit-learn 中用 AdaBoost 处理多分类问题时采用的算法。

　　SAMME 算法的具体步骤如下：

　　假设有一个训练集为 $\{\boldsymbol{x}_i, y_i\}_{i=1}^n$，其中 $\boldsymbol{x}_i \in \mathbf{R}^d$（每个数据集样本有 d 个特征），$y_i \in \{1, 2, \cdots, K\}$，采用弱学习器 $G_m(\boldsymbol{x})(m=1, 2, \cdots, M)$ 最终构建一个强学习器 $G(\boldsymbol{x})$。

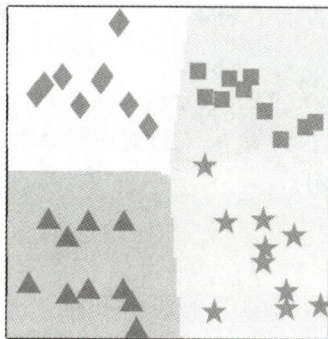

图 10 - 1　多分类样本示例

　　(1) 初始化数据集样本权重 $w_i(i=1, 2, \cdots, n)$。

　　(2) 在权重 w_i 下训练弱学习器 $G_m(\boldsymbol{x}_i)$。

　　(3) 计算这个弱学习器的错分率 err_m：

$$\mathrm{err}_m \equiv \frac{\sum_{i=1}^n w_i I[y_i \neq G_m(\boldsymbol{x}_i)]}{\sum_{i=1}^n w_i} \tag{10-10}$$

式中，$I[\cdot]$ 为示性函数。

　　(4) 计算对数概率：

$$\alpha_m = \log\left(\frac{1 - \mathrm{err}_m}{\mathrm{err}_m}\right) + \log(K-1) \tag{10-11}$$

　　(5) 更新数据集样本权重：

$$w_i = w_i \exp[\alpha_m I(y_i \neq G_m(\boldsymbol{x}_i))], \quad i=1, 2, \cdots, n \tag{10-12}$$

　　(6) 归一化权重。

　　(7) 回到步骤(2)，直到错分率小于阈值。

3. AdaBoost 回归算法

　　回归预测得到的结果是数值，如房产价格，每一个房产样本都有一个房产价格，这个价格是一个数值，不同的房产价格可能不一样，且价格繁多。而分类问题类别较固定，所以在处理回归问题时，不能简单地使用针对分类问题的 AdaBoost 算法。AdaBoost 回归算法的重点在于更新样本权重及学习器权重。

假设数据集如下：

$$Y = \{(\boldsymbol{x}_1, y_1), (\boldsymbol{x}_2, y_2), \cdots, (\boldsymbol{x}_n, y_n)\}, \ i = 1, 2, \cdots, n \tag{10-13}$$

其中，$\boldsymbol{x}_i \in \mathbf{R}^d$（每个数据集样本有 d 个特征），y_i 为样本 $\boldsymbol{x}_i$ 的目标数值。AdaBoost 回归算法的具体步骤如下：

（1）初始化样本权重。记初始状态下的数据集样本权重分布为 $D_1(\boldsymbol{x})$，此时，将每一个样本 $\boldsymbol{x}_i$ 的权重初始化为 $1/n$，用于第一个弱学习器 $h_1(\boldsymbol{x})$ 的训练；而数据集样本权重分布 $D_m(\boldsymbol{x})$（$m \in \{1, 2, \cdots, M\}$）用于弱学习器 $h_m(\boldsymbol{x})$ 的训练，其他同理。

（2）循环进行 M 轮迭代，记每一轮迭代中弱学习器的编号为 m，且 $m \in \{1, 2, \cdots, T\}$。

① 在数据集样本权重分布 $D_m(\boldsymbol{x})$ 的基础上，训练弱学习器 $h_m(\boldsymbol{x})$。

② 计算弱学习器 $h_m(\boldsymbol{x})$ 在数据集样本上的最大误差：

$$E_m = \max |y_i - h_m(\boldsymbol{x}_i)|, \ i = 1, 2, \cdots, n \tag{10-14}$$

其中，$h_m(\boldsymbol{x}_i)$ 表示弱学习器 $h_m(\boldsymbol{x})$ 对样本 $\boldsymbol{x}_i$ 的预测结果，y_i 表示样本 $\boldsymbol{x}_i$ 的目标数值。

③ 计算 $h_m(\boldsymbol{x})$ 对每个样本的相对误差 e_{mi}（其计算方法有很多种，这里以平方误差为例）：

$$e_{mi} = \frac{(y_i - h_m(\boldsymbol{x}_i))^2}{E_m^2}, \ i = 1, 2, \cdots, n \tag{10-15}$$

④ 计算当前弱学习器 $h_m(\boldsymbol{x})$ 的错分率（即训练集中所有样本的权重与误差乘积的和）：

$$e_m = \sum_{i=1}^{n} D_m(\boldsymbol{x}_i) e_{mi} \tag{10-16}$$

其中，$D_m(\boldsymbol{x}_i)$ 代表数据集样本权重分布 $D_m(\boldsymbol{x})$ 在 $\boldsymbol{x}$ 取 $\boldsymbol{x}_i$ 时的权重值。

⑤ 更新当前弱学习器 $h_m(\boldsymbol{x})$ 的权重 α_m：

$$\alpha_m = \frac{e_m}{1 - e_m} \tag{10-17}$$

⑥ 更新数据集样本权重分布：

$$D_{m+1}(\boldsymbol{x}_i) = \frac{D_m(\boldsymbol{x}_i)}{Z_m} \alpha_m^{1 - e_{mi}} \tag{10-18}$$

其中，Z_m 为归一化因子，其公式为

$$Z_m = \sum_{i=1}^{n} D_m(\boldsymbol{x}_i) \alpha_m^{1 - e_{mi}} \tag{10-19}$$

⑦ 返回第①步，完成 M 轮迭代。

（3）结束 M 轮迭代，最终得到强回归器 $H(\boldsymbol{x})$：

$$H(\boldsymbol{x}) = \sum_{m=1}^{M} \ln\left(\frac{1}{\alpha_m}\right) f(\boldsymbol{x}) = \left[\sum_{i=1}^{M} \ln\left(\frac{1}{\alpha_m}\right)\right] f(\boldsymbol{x}) \tag{10-20}$$

其中，$f(\boldsymbol{x})$ 是所有 $\alpha_m h_m(\boldsymbol{x})$（$m = 1, 2, \cdots, M$）的中位数，即所有弱学习器的加权输出结果的中位数。

10.2 AdaBoost 算法的 scikit-learn 实现

10.1 节主要解释了 AdaBoost 算法的基本思想和主要原理，在实际应用过程中为了提高算法应用的效率，会通过调用通用算法包中对应的方法，降低应用的难度。本节主要介绍 scikit-learn 中 AdaBoost 算法的实现，并说明对应的参数，以帮助读者进一步理解算法原理。

10.2.1 AdaBoost 算法的框架

目前 AdaBoost 算法主要的应用方式是调用 scikit-learn 中的 AdaBoostClassifier 和 AdaBoostRegressor。AdaBoostClassifier 用于分类问题，AdaBoostRegressor 用于回归问题。

AdaBoost 的
scikit-learn
实现

AdaBoostClassifier 使用了两种 AdaBoost 分类算法：SAMME 和 SAMME.R；而 AdaBoostRegressor 则使用了 AdaBoost 回归算法，即 AdaBoost.R2。

当对 AdaBoost 算法进行参数调整时，要关注两个方面：一是对 AdaBoost 算法框架的参数调整；二是对选择的弱学习器的参数调整。这两者相辅相成。

10.2.2 AdaBoost 算法的超参数

AdaBoostClassifier 和 AdaBoostRegressor 的框架参数主要包含超参数，由于二者的基本原理较相似，因此其框架参数也具有较高的相似性。下面详细介绍这些常用的超参数。

（1）base_estimator：AdaBoostClassifier 和 AdaBoostRegressor 都有此参数，它表示弱学习器或者弱回归器。默认情况下，AdaBoostClassifier 使用 CART 分类树 DecisionTreeClassifier，而 AdaBoostRegressor 使用 CART 回归树 DecisionTreeRegressor。需要注意的是，如果选择的 AdaBoostClassifier 算法是 SAMME.R，则弱学习器还需要支持概率预测，也就是在 scikit-learn 中弱学习器对应的预测方法除了 predict 还有 predict_proba。

（2）algorithm：这个参数只有 AdaBoostClassifier 有，主要原因是 scikit-learn 实现了 SAMME 和 SAMME.R 两种 AdaBoost 分类算法。二者在弱学习器权重的度量方面存在差异：SAMME 使用二元分类 AdaBoost 算法的扩展，即用样本集的分类效果作为弱学习器权重；而 SAMME.R 使用样本集分类的预测概率作为弱学习器权重。

（3）loss：这个参数只有 AdaBoostRegressor 有，在 AdaBoost.R2 算法中需要用到。该参数有线性"linear"、平方"square"和指数"exponential"3 种选择，默认是"linear"。

（4）n_estimators：AdaBoostClassifier 和 AdaBoostRegressor 都有此参数，它表示弱学习器的最大迭代次数或者弱学习器最大数量。一般来说，n_estimators 太小容易导致欠拟合，而 n_estimators 太大又容易导致过拟合。因此，通常选择一个适中的数值。其默认值是"50"。在实际调参过程中，常将 n_estimators 和下面介绍的参数 learning_rate 一起考虑。

（5）learning_rate：AdaBoostClassifier 和 AdaBoostRegressor 都有此参数，它表示每个弱学习器的权重缩减系数 v。加上正则化项后，强学习器的迭代公式为 $f_k(x)=f_{k-1}(x)+v\alpha_k G_k(x)$，$v$ 的取值范围为 $0<v\leqslant1$。对于同样的训练集拟合效果，较小的 v 意味着需要更多的弱学习器的迭代次数。通常用步长和最大迭代次数一起来决定算法的拟合效果。所以，n_estimators 和 learning_rate 这两个参数要一起调整。一般来说，可以从一个小一点的 v 开始调整，默认值是 1。

10.2.3　AdaBoost 算法的模型参数

本小节主要讨论 AdaBoostClassifier 和 AdaBoostRegressor 弱学习器参数，即模型参数。不同的弱学习器对应的弱学习器参数各不相同，这里仅讨论默认的决策树弱学习器的参数，即 CART 分类树 DecisionTreeClassifier 和 CART 回归树 DecisionTreeRegressor。

（1）max_features：划分节点时考虑的最大特征数。其取值有多种，默认值为"None"，意味着划分节点时考虑所有的特征数。如果此参数值设置为"log2"，则意味着划分节点时最多考虑 log2N 个特征；如果设置为"sqrt"或者"auto"，则意味着划分节点时最多考虑 $\sqrt{N}$ 个特征；如果设置为整数，则代表考虑的是特征的绝对数；如果设置为浮点数，则代表考虑特征的百分比，即考虑百分比×N 取整后的特征数，其中 N 为样本总特征数。一般来说，如果样本特征数不多，如小于 50，使用默认的"None"即可；如果特征数非常多，可以灵活使用上述其他取值来控制划分节点时考虑的最大特征数，以控制决策树的生成时间。

（2）max_depth：决策树的最大深度。默认情况下，如果不输入此值，则决策树在建立子树的时候不会限制子树的深度。一般来说，数据少或者特征少的时候可以不用设置此值。在模型样本量和特征都较多的情况下，推荐限制这个最大深度，具体的取值取决于数据的分布。常用的取值范围为 10~100。

（3）min_samples_split：中间节点再划分所需的最小样本数。它限制了子树继续划分的条件。如果某节点的样本数少于 min_samples_split，则不会继续再尝试选择最优特征来进行划分。其默认值是"2"。如果样本量不大，则可使用默认值；如果样本量非常大，则推荐增大这个值。

（4）min_samples_leaf：叶子节点最少样本数。它限制了叶子节点最少的样本数。如果某叶子节点数目小于样本数，则会和兄弟节点一起被剪枝。其默认值是"1"。可以输入最少样本数的整数，或者最少样本数占样本总数的百分比。如果样本量不大，则可使用默认值；如果样本量非常大，则推荐增大这个值。

（5）min_weight_fraction_leaf：叶子节点最小的样本权重和。它限制了叶子节点所有样本权重和的最小值。如果叶子节点所有样本权重和小于这个值，则会和兄弟节点一起被剪枝。其默认值是"0"，即不考虑权重问题。一般来说，如果较多样本有缺失值，或者分类树样本的分布类别偏差很大，就会引入样本权重，这时需要特别注意这个值。

（6）max_leaf_nodes：最大叶子节点数。通过限制最大叶子节点数，可以防止过拟合。其默认值是"None"，即不限制最大叶子节点数。如果加了限制，则算法会在最大叶子节点数内建立最优的决策树。如果特征不多，则可以不考虑这个值；如果特征很多，则可以加以限制，具体的值可以通过交叉验证得到。

技能实训

利用 AdaBoost 算法使用 scikit-learn 库相关函数实现波士顿房价预测。

实训一 AdaBoost 算法的 scikit-learn 实现

一、实训目的
掌握 AdaBoost 算法的 scikit-learn 实现方法。

二、实训内容
（1）构造样本数据。

（2）使用基于决策树的 AdaBoost 算法进行分类拟合。

三、实训设备
本实训所需设备为安装有 Windows 操作系统的计算机，并在模

AdaBoost 算法的
scikit-learn 实现

块 1 中已安装好 Anaconda 或 PyCharm 开发环境，且已安装 Numpy、Matplotlib 和 scikit-learn 库。

四、实训步骤
步骤 1：载入需要的类库。

在 Python 中主要通过包的加载实现类库的导入。

代码如下：

```
import numpy as np
import matplotlib. pyplot as plt
%Matplotlib inline
from sklearn. ensemble import AdaBoostClassifier
from sklearn. tree import DecisionTreeClassifier
from sklearn. datasets import make_gaussian_quantiles
```

步骤 2：构造分析数据。

生成一些随机数据用于二元分类。

（1）生成一组二维正态分布数据，生成的数据按分位数分为两类，有 500 个样本，2 个样本特征，协方差系数为 2，相关代码如下：

```
X1, y1 = make_gaussian_quantiles(cov=2.0,n_samples=500,
n_features=2,n_classes=2, random_state=1)
```

（2）生成一组二维正态分布数据，生成的数据按分位数分为两类，有 400 个样本，2 个样本特征均值都为 3，协方差系数为 1.5，相关代码如下：

```
X2, y2 = make_gaussian_quantiles(mean=(3, 3), cov=1.5,n_samples=400,
n_features=2, n_classes=2, random_state=1)
```

（3）将两组数据合成一组数据，相关代码如下：

```
X = np. concatenate((X1, X2))
y = np. concatenate((y1, − y2 + 1))
```

（4）对分类数据进行可视化处理，数据有 2 个特征，2 个输出类别，用颜色区分，相关
代码如下：

```
plt. scatter(X[:, 0], X[:, 1], marker='o', c=y)
```

步骤 2 的运行结果如图 10 - 2 所示（扫码可查看原图，后同）。

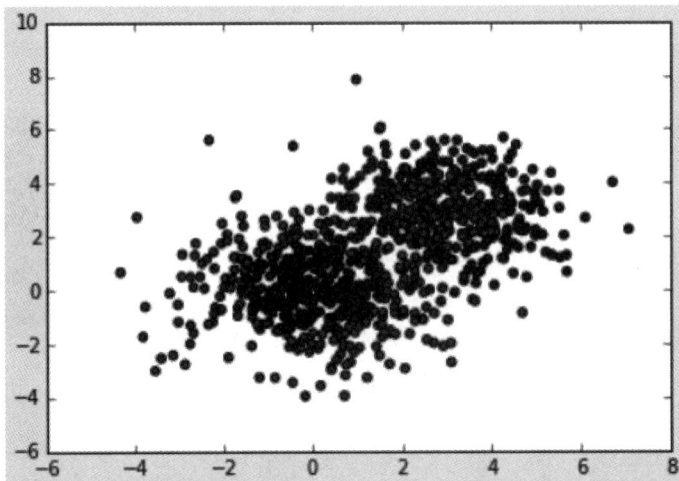

图 10 - 2　数据可视化示例

步骤 3：通过 AdaBoost 分类算法实现样本类别的区分。

（1）对于混杂的数据，用基于决策树的 AdaBoost 算法进行分类拟合，相关代码如下：

```
bdt = AdaBoostClassifier(DecisionTreeClassifier(max_depth=2, min_samples_split=20,
min_samples_leaf=5),
    algorithm="SAMME", n_estimators=200, learning_rate=0.8)
bdt. fit(X, y)
```

（2）选择 SAMME 算法，并设置弱学习器的最大数量为 200，步长为 0.8（在实际运用
中可能需要通过交叉验证调参而选择最佳的参数）。拟合后，用网格图来看它拟合的区域，
相关代码如下：

```
x_min, x_max = X[:, 0]. min() − 1, X[:, 0]. max() + 1
y_min, y_max = X[:, 1]. min() − 1, X[:, 1]. max() + 1
xx, yy = np. meshgrid(np. arange(x_min, x_max, 0.02), np. arange(y_min, y_max, 0.02))
Z = bdt. predict(np. c_[xx. ravel(), yy. ravel()])
Z = Z. reshape(xx. shape)
cs = plt. contourf(xx, yy, Z, cmap=plt. cm. Paired)
plt. scatter(X[:, 0], X[:, 1], marker='o', c=y)
plt. show()
```

步骤 3 的分类拟合效果如图 10 - 3 所示。从图中可以看出，拟合效果可视。

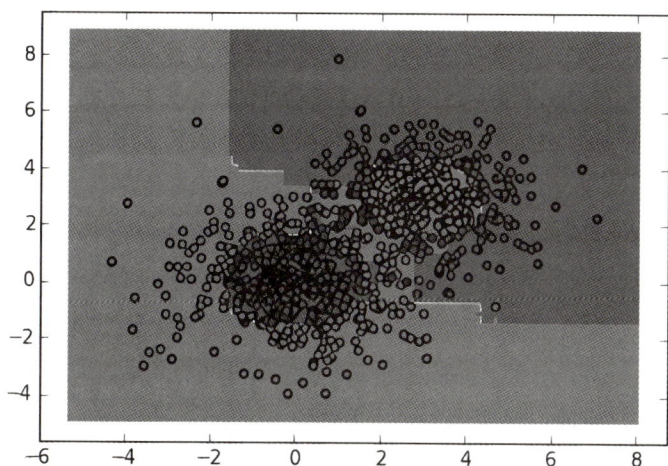

图 10 - 3 模型分类图

实训二 AdaBoost 算法的波士顿房价预测

一、实训目的

掌握 AdaBoost 算法的 scikit-learn 回归分析的实现方法。

二、实训内容

（1）构造样本数据。

（2）使用基于决策树的 AdaBoost 算法进行回归拟合。

三、实训设备

AdaBoost 的波士顿
房价预测

本实训所需设备为安装有 Windows 操作系统的计算机，并在模块 1 中已安装 Anaconda 或 PyCharm 开发环境，且已安装 scikit-learn 库。

四、实训步骤

波士顿房价预测属于回归问题。本实训的数据集一共有 506 条样例数据，其中包含 13 个输入变量和 1 个输出变量。每条数据包含房屋以及房屋周围的详细信息，如城镇犯罪率、一氧化氮浓度、住宅平均房间数、到中心区域的加权距离以及自住房平均房价等。

步骤 1：载入需要的类库。

加载 scikit-learn 库，实现数据集包和 AdaBoostRegressor 方法包的导入，相关代码如下：

```
fromsklearn. datasets import load_boston
fromsklearn. ensemble import AdaBoostRegressor
```

步骤 2：从 scikit-learn 中加载样例数据集。

加载实验数据集，并确认属性和标签，相关代码如下：

```
#下载数据集
boston = load_boston()
#定义 feature 和 label
x = boston.data
y = boston.target
print('Feature column name')
print(boston.feature_names)
print("Sample data volume：%d, number of features：%d"% x.shape)
print("Target sample data volume：%d"% y.shape[0])
```

步骤 3：模型定义及训练。

定义训练集，并调用分类方法进行模型训练，相关代码如下：

```
#定义模型名称
names = ['Decision Tree','AdaBoost']
#定义模型
models = [DecisionTreeRegressor(),
            AdaBoostRegressor(n_estimators=30)]
#模型训练并返回 R2 值
def R2(model,x_train, x_test, y_train, y_test)：
        model_fitted = model.fit(x_train,y_train)
        y_pred = model_fitted.predict(x_test)
        score =R2_score(y_test, y_pred)
        return score
#输出模型测试结果
for name,model in zip(names,models)：
        score = R2(model,x_train, x_test, y_train, y_test)
        print("{}：{:.6f}".format(name,score.mean()))
```

步骤 3 的运行结果如下：

```
Decision Tree：0.461254
AdaBoost：0.657742
```

步骤 4：模型超参数优化。

这里主要通过网格搜索的方式进行模型超参数 n_estimators 和 learning_rate 优化，相关代码如下：

```
X = np.concatenate((X1, X2))
y = np.concatenate((y1, - y2 + 1)) #网格搜索选择较好的框架参数
parameters = {
    'n_estimators'：[50,60,70,80],
    'learning_rate'：[0.5,0.6,0.7,0.8,0.9],
}
model = GridSearchCV(AdaBoostRegressor(), param_grid=parameters, cv=3)
model.fit(x_train, y_train)
```

```
#输出最合适的参数值
print("Optimal parameter list:", model. best_params_)
print("Optimal model:", model. best_estimator_)
print("Optimal R2 value:", model. best_score_)
```

步骤 4 的输出结果如下：

```
Optimal parameter list: {'learning_rate': 0.6, 'n_estimators': 80}
Optimal model: AdaBoostRegressor(learning_rate=0.6, n_estimators=80)
Optimal R2 value: 0.8356690414326865
```

步骤 5：拟合效果可视化。

相关代码如下：

```
#拟合效果可视化
ln_x_test = range(len(x_test))
y_predict = model. predict(x_test)
plt. figure(figsize=(16,8), facecolor='w')
plt. plot(ln_x_test, y_test, 'r-', lw=2, label=u'Value')
plt. plot(ln_x_test, y_predict, 'g-', lw = 3, label=u'Estimated value of the AdaBoost algorithm,
$ R^2 $ =%.3f' % (model. best_score_))
plt. legend(loc ='upper left')
plt. grid(True)
plt. title(u"Boston Housing Price Forecast (AdaBoost)")
plt. xlim(0, 101)
plt. show()
```

步骤 5 的运行结果如图 10-4 所示。从图中可以看出，AdaBoost 的拟合效果不错。

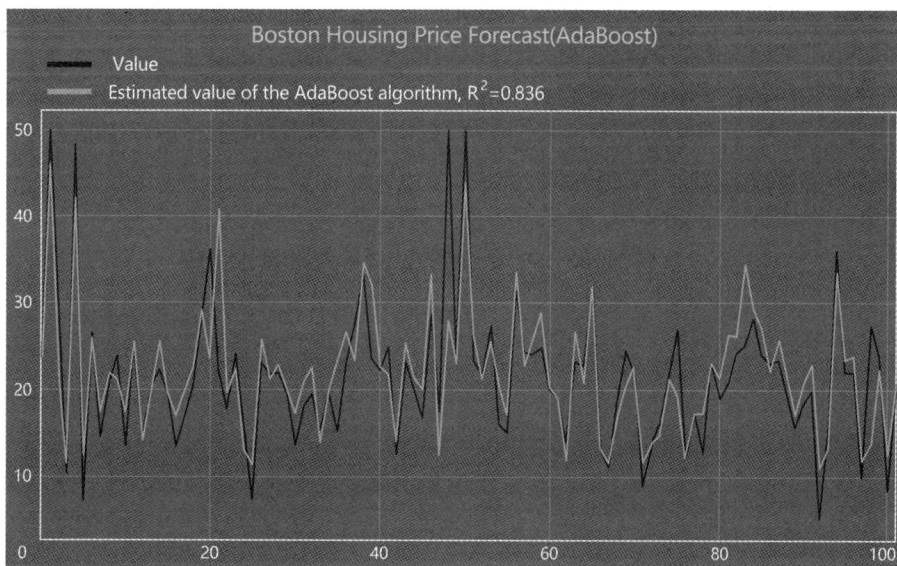

图 10-4　拟合效果可视化

● 模块小结

　　本模块主要介绍了集成学习中提升算法的基本原理、AdaBoost 算法的思想、scikit-learn 中 AdaBoost 算法的应用方式以及在解决实际问题时需要注意的事项，并结合案例实训引导读者理解和掌握提升算法在解决实际问题时的基本流程。实训过程主要包括算法包的导入、数据集预处理、数据分析、模型训练和模型优化等主要步骤，最终通过模型参数优化，提升模型准确率和模型应用效果，从而帮助读者提升应用机器学习方法解决实际问题的能力。

　　技能实训部分主要结合波士顿房价预测的案例对数据分析的整体流程进行实践操作。其中重点演练了模型参数优化，相关操作在实际场景中使用较多，属于模型调优的典型操作之一，希望读者能够以此为基础，对其他模型参数进行优化，从而提升机器学习算法的应用能力。

● 重点知识树

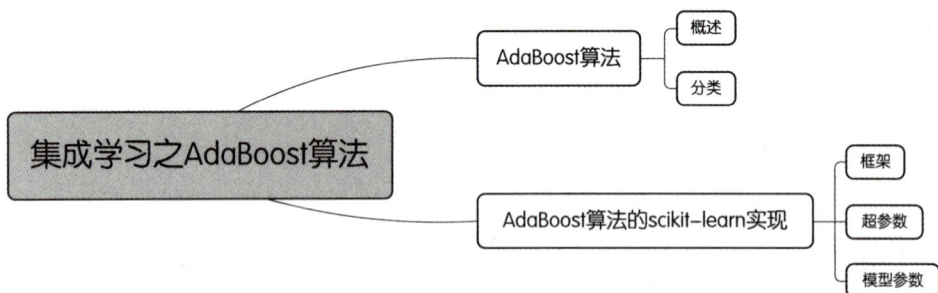

● 知识巩固

　　1.（单选）在 scikit-learn 中，哪一类思想能够用来处理多类分类（Multi-class classification）问题？（　　）

　　A. scikit-learn 无法实现多类分类

　　B. scikit-learn 只能用 one-vs-all 实现多类分类

　　C. scikit-learn 只能用 one-vs-rest 实现多类分类

　　D. scikit-learn 可以使用 one-vs-one 或 one-vs-rest 方法实现多类分类，即将多分类问题转化为构建若干个二分类问题

　　2.（单选）在 scikit-learn 中实现 AdaBoost 算法时，可以设置 CART 树的相关参数。min_samples_split 表示中间节点再划分所需的最小样本数，其默认值是（　　）。

A. 2   B. 3   C. 4   D. 5

3.（判断）AdaBoost 算法训练分类器的过程中，会将每一个分类器分类的样本权重增加。（   ）

4.（判断）AdaBoost 算法训练过程中每次都会对样本权重进行重新初始化，然后再训练数据，得到新的分类器。（   ）

5.（简答）简述 AdaBoost 算法的实现原理。

6.（简答）简述提升算法和 AdaBoost 算法之间的关系。

拓展实训

一、实训目的

使用 AdaBoost 算法完成泰坦尼克号乘客生存概率预测。

二、实训内容

（1）使用 AdaBoost 算法完成泰坦尼克号乘客生存概率预测。

（2）优化 n_estimators 和 learning_rate 等参数。

三、实训设备

本实训所需设备为安装有 Windows 操作系统的计算机，并在模块 1 中已安装好 Anaconda 或 PyCharm 开发环境，且已安装 scikit-learn 库。

附录　scikit-learn 简单动手实践

scikit-learn 是机器学习中经典的专用库，涵盖了几乎所有主流机器学习算法，包括分类、回归、聚类、集成学习等，还包括特征提取、数据处理和模型评估这三大模块，可以在各种环境中重复使用。由于 scikit-learn 库是在常用的 Numpy、SciPy 和 Matplotlib 基础上开发的，因此具备较好的兼容性。

1. 安装

scikit-learn 库的安装比较简单，一般在 Anaconda 上集成。而最新版本的安装也比较容易，只需在完成 Python 安装，并安装 Numpy、SciPy 和 Joblib 后，在联网的状态下通过如下 pip 命令行安装即可：

```
pip install −U scikit-learn
```

该方法安装过程中会访问国外镜像，有时安装过程会比较缓慢，也可以使用国内镜像的安装命令（这里使用的是清华的镜像）：

```
pip install −i https://pypi. tuna. tsinghua. edu. cn/simple −U scikit-learn
```

对于需要先卸载再重新安装的情况，使用如下 pip 命令：

```
pip uninstall scikit-learn
```

2. 模块介绍

scikit-learn 库主要包含监督学习、无监督学习、模型选择和评估、检验、数据集转换、数据集加载等模块。其中：监督学习主要包含监督学习相关算法，用于有监督学习的场景，如欺诈检测、信用卡盗刷检测等；无监督学习主要包含无监督算法，如聚类、矩阵分解和密度估计等算法，主要用于人群画像和特征挖掘；模型选择和评估则主要是对训练的模型进行评价和调优；数据集转换和加载主要应用于数据集处理。具体应用分析代码可以参考 scikit-learn 官方网站。

3. 使用 scikit-learn 进行机器学习实践

本部分会接触到在使用 scikit-learn 过程中用到的机器学习词汇，并且用花卉识别和手写体识别的例子进行简要阐述，包含从问题定义、数据集加载和理解、学习预测、模型存储、类型转换、再次训练到参数更新和模型应用等基本流程。其中问题定义在该过程中比较重要，因此重点阐述。

1）问题定义

一般来说，学习问题通常会考虑一系列样本数据，然后尝试预测未知数据的属性。如果每个样本都是多个属性的数据（如多维记录），就说它有许多"属性"，或称许多 features（特征）。通常可以将学习问题分为监督学习和无监督学习两类。

（1）监督学习：通过学习已有的标记数据样本构建模型，再利用模型对新的数据进行预测。其数据带有附加属性，即要预测的结果值。这个问题可以应用于分类或者回归。

· 分类：样本属于两个或更多类，需要从已经标记的数据中学习如何预测未标记数据的类别。分类问题的一个场景是手写数字识别，其目的是将每个输入向量分配给有限数目的离散类别之一。通常把分类视作监督学习的一个离散形式（区别于连续形式），从有限的类别中，给每个样本贴上正确的标签。

· 回归：如果期望的输出由一个或多个连续变量组成，则该任务称为回归。回归问题的一个经典应用场景是预测鲑鱼的长度和其年龄、体重的函数关系。

（2）无监督学习：也可称为非监督学习，通过学习没有标记的数据样本，发掘未知数据间的隐藏结构关系，从而实现预测。其训练数据由没有任何相应目标值的一组输入向量x组成。这种问题的目标是在数据中发现彼此类似的实例所聚成的组，这种问题称为聚类，或者确定输入空间内的数据分布，称为密度估计，又或从高维数据投影数据空间缩小到二维或三维以进行可视化。

2）加载示例数据集

scikit-learn 提供了一些标准数据集，如用于分类的 iris 和 digits 数据集、波士顿房价回归数据集。在下述代码中，从 shell 启动一个 Python 解释器，然后加载 iris 和 digits 数据集。约定 $ 表示 shell 提示符，而 >>> 表示 Python 解释器提示符。

```
$ python
>>> from scikit-learn import datasets
>>> iris = datasets.load_iris()
>>> digits = datasets.load_digits()
```

数据集是一个类似字典的对象，它保存有关的数据和元数据。该数据存储在 data 中，它是 n_samples，n_features 数组。在监督学习的情况下，一个或多个响应变量存储在 .target 中。

例如，在数字数据集的情况下，digits.data 使我们能够得到一些用于分类的样本特征，示例如下：

```
>>> print(digits.data)
[[  0.   0.   5. ...   0.   0.   0.]
 [  0.   0.   0. ...  10.   0.   0.]
 [  0.   0.   0. ...  16.   9.   0.]
 ...
 [  0.   0.   1. ...   6.   0.   0.]
 [  0.   0.   2. ...  12.   0.   0.]
 [  0.   0.  10. ...  12.   1.   0.]]
```

digits.target 表示数据集内每个数字的真实类别，也就是我们期望从每个手写数字图像中学得的相应的数字标记，示例如下：

```
>>> digits.target
array([0, 1, 2, ..., 8, 9, 8])
```

3）学习和预测

在数字数据集的情况下，需要给出图像来预测其表示的数字。我们给出了 10 个可能类（数字 0~9）中的每一个样本，在这些类上拟合一个估计器，以便能够预测未知的样本所属的类。

在 scikit-learn 中，分类的估计器是一个 Python 对象，它实现了 fit(x,y)和 predict(T)等方法。

估计器的一个例子类 scikit-learn.svm.SVC 实现了支持向量分类。估计器的构造函数以相应模型的参数为参数，但目前将估计器视为黑箱即可，示例如下：

```
>>> from scikit-learn import svm
>>> clf = svm.SVC(gamma=0.001, C=100.)
```

把估计器实例命名为 clf，因为它是一个分类器（classifier）。现在需要拟合模型，也就是说必须从模型中学习（learn）。通过将训练集传递给 fit 方法来完成。作为一个训练集，我们使用数据集中除最后一张以外的所有图像。用[:-1]这个 Python 语法选择训练集，产生一个包含 digits.data 中除最后一个条目之外的所有条目的新数组。

```
>>> clf.fit(digits.data[:-1], digits.target[:-1])
SVC(C=100.0, cache_size=200, class_weight=None, coef0=0.0, decision_function_shape='ovr',
degree=3, gamma=0.001, kernel='rbf', max_iter=-1, probability=False, random_state=None,
shrinking=True, tol=0.001, verbose=False)
```

现在可以预测新的值，特别是我们可以向分类器询问 digits 数据集中最后一个图像（没有用来训练的一条实例）的数字是什么。相关代码如下：

```
>>> clf.predict(digits.data[-1:])
array([8])
```

上述内容相应的图像如附图 1-1 所示。

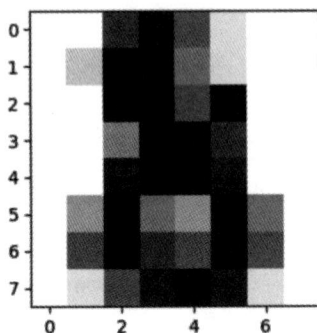

附图 1-1　类问题预测图像

正如所看到的，这是一项具有挑战性的任务，图像分辨率很差。这种分类问题的一个完整例子是手写数字识别。

4）模型持久化

我们可以通过使用 Python 的内置持久化模块（pickle）将模型保存，相关代码如下：

```
>>> from scikit-learn import svm
>>> from scikit-learn import datasets
>>> clf = svm.SVC()
```

```
>>> iris = datasets.load_iris()
>>> X, y = iris.data, iris.target
＃模型训练
>>> clf.fit(X, y)
SVC(C=1.0, cache_size=200, class_weight=None, coef0=0.0,
decision_function_shape='ovr', degree=3, gamma='auto', kernel='rbf',
max_iter=-1, probability=False, random_state=None, shrinking=True,
tol=0.001, verbose=False)
>>> import pickle
＃模型保存
>>> s = pickle.dumps(clf)
>>> clf2 = pickle.loads(s)
>>> clf2.predict(X[0:1])
array([0])
>>> y[0]
0
```

在 scikit 的具体情况下，使用 joblib 替换 pickle(joblib. dump&joblib. load)可能会更有趣，这对大数据更有效，但只能序列化(pickle)到磁盘而不是字符串变量，代码如下：

```
>>> from joblib import dump, load
>>> dump(clf, 'filename.joblib')
```

之后可以加载已保存的模型(可能在另一个 Python 进程中)，代码如下：

```
>>> clf = load('filename.joblib')
```

注意：pickle 有一些安全性和维护问题。

5）类型转换

除非特别指定，输入将被转换为 float64 数据类型，代码如下：

```
>>> import Numpy as np
>>> from scikit-learn import random_projection
>>> rng = np.random.RandomState(0)
>>> X = rng.rand(10, 2000)
>>> X = np.array(X, dtype='float32')
>>> X.dtype
dtype('float32')
>>> transformer = random_projection.GaussianRandomProjection()
>>> X_new = transformer.fit_transform(X)
>>> X_new.dtype
dtype('float64')
```

在这个例子中，X 原本是 float32 数据类型，被 fit_transform(X)转换成 float64 数据类型。回归目标被转换为 float64 数据类型，但分类目标维持不变，具体代码如下：

```
>>> from scikit-learn import datasets
>>> from scikit-learn.svm import SVC
```

```
>>> iris = datasets. load_iris()
>>> clf = SVC()
>>> clf. fit(iris. data, iris. target)
SVC(C=1.0, cache_size=200, class_weight=None, coef0=0.0,decision_function_shape='ovr',
degree=3, gamma='auto', kernel='rbf',max_iter=−1, probability=False, random_state=None,
shrinking=True,tol=0.001, verbose=False)
>>> list(clf. predict(iris. data[:3]))
[0, 0, 0]
♯模型训练
>>> clf. fit(iris. data, iris. target_names[iris. target])
SVC(C=1.0, cache_size=200, class_weight=None, coef0=0.0,decision_function_shape='ovr',
degree=3, gamma='auto', kernel='rbf',max_iter=−1, probability=False, random_state=None,
shrinking=True,tol=0.001, verbose=False)
>>> list(clf. predict(iris. data[:3]))
['setosa', 'setosa', 'setosa']
```

这里，第一个 predict()返回一个整数数组，因为在 fit 中使用了 iris. target(一个整数数组)；第二个 predict()返回一个字符串数组，因为 iris. target_names 是一个字符串数组。

6）再次训练和更新参数

估计器的超参数可以通过 scikit-learn. pipeline. Pipeline. set_params 方法在实例化之后进行更新。调用 fit()多次将覆盖以前的 fit()所学习到的参数。相关代码如下：

```
>>> import Numpy as np
>>> from scikit-learn. datasets import load_iris
>>> from scikit-learn. svm import SVC
>>> X, y = load_iris(return_X_y=True)
>>> clf = SVC()
>>> clf. set_params(kernel='linear'). fit(X, y)
SVC(C=1.0, cache_size=200, class_weight=None, coef0=0.0,decision_function_shape='ovr',
degree=3, gamma='auto_deprecat',kernel='linear', max_iter=−1, probability=False,
random_state=None,shrinking=True, tol=0.001, verbose=False)
>>> clf. predict(X[:5])
array([0, 0, 0, 0, 0])
>>> clf. set_params(kernel='rbf', gamma='scale'). fit(X, y)
SVC(C=1.0, cache_size=200, class_weight=None, coef0=0.0,decision_function_shape='ovr',
degree=3, gamma='scale', kernel='rbf',max_iter=−1, probability=False, random_state=None,
shrinking=True,tol=0.001, verbose=False)
>>> clf. predict(X[:5])
array([0, 0, 0, 0, 0])
```

在这里，估计器被 SVC()构造之后，默认内核 rbf 首先被改变到 linear，然后改回到 rbf 重新训练估计器并进行第二次预测。

7）多分类与多标签拟合

当使用多类分类器时，执行的学习和预测任务取决于参与训练的目标数据的格式，相关代码如下：

```
>>> from scikit-learn. svm import SVC
>>> from scikit-learn. multiclass import OneVsRestClassifier
>>> from scikit-learn. preprocessing import LabelBinarizer
>>> X = [[1, 2], [2, 4], [4, 5], [3, 2], [3, 1]]
>>> y = [0, 0, 1, 1, 2]
>>> classif = OneVsRestClassifier(estimator=SVC(random_state=0))
>>> classif. fit(X, y). predict(X)
array([0, 0, 1, 1, 2])
```

在上述情况下，分类器使用含有多个标签的一维数组训练模型。由于每个样本只对应一个类别标签，因此 predict()方法可提供相应的多标签预测。分类器也可以通过标签二值化后的二维数组来训练，相关代码如下：

```
>>> y = LabelBinarizer(). fit_transform(y)
>>> classif. fit(X, y). predict(X)
array([[1, 0, 0],
       [1, 0, 0],
       [0, 1, 0],
       [0, 0, 0],
       [0, 0, 0]])
```

分类器 fit()方法在 y 的二维二元标签表上执行，每个样本可同时属于两种类别，同时具有两个种类的标签，所以要使用 LabelBinarizer 将目标向量 y 转化成二值化后的二维数组。在这种情况下，predict()返回一个多标签预测相应的二维数组。

使用多标签输出，类似地可以为一个实例分配多个标签，代码如下：

```
>> from scikit-learn. preprocessing import MultiLabelBinarizer
>> y = [[0, 1], [0, 2], [1, 3], [0, 2, 3], [2, 4]]
>> y = MultiLabelBinarizer(). fit_transform(y)
>> classif. fit(X, y). predict(X)
array([[1, 1, 0, 0, 0],
       [1, 0, 1, 0, 0],
       [0, 1, 0, 1, 0],
       [1, 0, 1, 1, 0],
       [0, 0, 1, 0, 1]])
```

在这种情况下，用来训练分类器的多个向量被赋予多个标记，MultiLabelBinarizer 用来二值化多个标签产生二维数组并用来训练。predict()函数返回带有多个标签的二维数组作为每个实例的结果。

参 考 文 献

［1］ 莫凡. 机器学习算法的数学解析与 Python 实现［M］. 北京：机械工业出版社，2020.

［2］ 杨云，段宗涛. 机器学习算法与应用［M］. 北京：清华大学出版社，2020.

［3］ 巴蒂蒂·罗伯托，布鲁纳托·毛罗. 机器学习与优化［M］. 王彧弋，译. 北京：人民邮电出版社，2018.

［4］ 陈强. 机器学习及 R 应用［M］. 北京：高等教育出版社，2020.

［5］ 魏贞原. 机器学习：Python 实践［M］. 北京：电子工业出版社，2018.

［6］ 贝尔·詹森. 机器学习实用技术指南［M］. 邹伟，王燕妮，译. 北京：机械工业出版社，2018.

［7］ 特里帕蒂·阿图尔. 机器学习实践指南［M］. 王喆，曹建勋，译. 北京：机械工业出版社，2018.

［8］ 海克·加文. scikit-learn 机器学习［M］. 2 版. 张浩然，译. 北京：人民邮电出版社，2019.

［9］ 方巍. Python 数据挖掘与机器学习实战［M］. 北京：机械工业出版社，2019.